꼼지락걸의

스토리가 있는 손뜨개 인형

꼼지락걸의

스토리가 있는

손뜨개 인형

문주희 지음

팜파스

let's go!

prologue

저는 맥가이버처럼 뚝딱하면 모든 걸 만들어내시고 고쳐주시던 아버지를 닮았어요.
어릴 적부터 항상 꼼지락거리는 것을 좋아하던 아이였거든요.
선생님, 시인, 동화작가, 화가도 되고 싶었지만 꿈과는 다르게 오랜 회사생활을 했어요.
한 분야에서 오래 근무해서 나름 전문가가 된 편안한 생활이었지만 뭔가 그리고 오리고 붙이고 꿰매는 등의 '꼼지락거리기'에 대한 열망은 사라지질 않았습니다.
그래서 남는 시간에는 그림을 그리거나 바느질, 뜨개질을 즐겨 했었는데, 그 중 뜨개질을 할 때만큼은 시간 가는 줄 모르고 즐거움을 만끽하게 되었어요.
그러던 중 우연히 외국잡지에서 보게 된 털실로 만든 사과가 제 눈길을 이끌었고, 그 이후로 코바늘인형을 만드는 사람들이 있다는 것을 알게 되었죠. 그때만 해도 책도 거의 없고 가르쳐주는 곳도 없었던 터라 뜨고 풀기를 반복하며 많은 시행착오를 겪었어요.
하지만 그 실패의 시간조차도 어찌나 달콤하고 그간의 스트레스를 잊게 만들어주던지요.
그렇게 호기심과 즐거움으로 시작하게 된 인형 만들기는 이렇게 책을 낼 수 있는 시간으로 저를 이끌어주었습니다.
처음에는 취미였고 단순한 인형놀이였지만, 어느새 이름을 지어주고 어떤 성격을 갖고 있는지 어떤 이야기를 하고 있는지에 대해 생각하며 새로운 인형들을 만들었습니다.
인형을 만들기 시작할 때는 스케치를 하곤 하는데, 종이 위에서 웃고 있던 그림이 어느 순간 손으로 만들어지고 있을 때의 그 좋은 기분은 말로 표현할 수가 없을 정도랍니다.
손뜨개 인형이 주는 따뜻함과 폭신폭신한 느낌에 빠져보세요.
한 땀 한 땀 팔과 다리를 만들고, 한 줄 두 줄 만들어지는 얼굴과, 솜을 넣어 예쁜 형체가 살아나기 시작할 때, 다양한 표정을 손으로 만들어줄 때의 느낌을 즐겨보세요.
무조건 빨리빨리를 외치는 요즘 천천히, 느리게 그리고 정성스레 한 코씩 완성하는 인형을 통해 잠시라도 스트레스에서 벗어날 수 있는 시간을 선물로 받을 수 있을 거랍니다.

책이 나오기까지 옆에서 항상 조언해주고 물심양면으로 도와준 짝꿍, 언제나 나의 편이 되어주는 가족들, 제 인형이 제일 예쁘다고 칭찬과 응원을 아끼지 않는 수강생 분들, 책이 나오기만을 기다려주시는 블로그 이웃 분들에게 감사의 말씀 전합니다. 그리고 알찬 책이 나올 수 있도록 애써주신 이진아 실장님, 팜파스 식구들 정말 감사합니다.

꼼지락걸 문주희

Contents

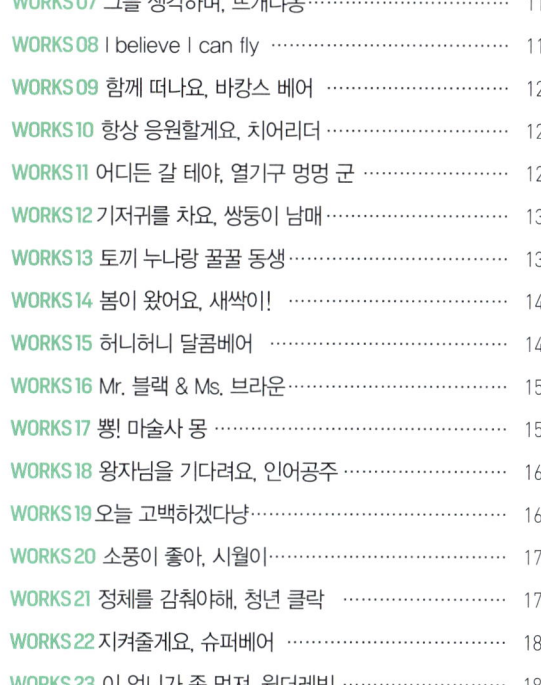

| WORKS 01 |

달콤한 친구들

즐거운 파티에 달콤한 컵케이크 친구들이 빠질 수 없겠죠?
맛있는 크림을 뾰족하게 올린 친구들을 만나보아요.
오늘 하루가 달콤해질 거예요!

How to Make P.92

How to Make P.94

WORKS 02

꽉꽉 패밀리

아빠, 엄마 그리고 세 꽉꽉이 아기들이 다 같이 소풍을 나왔어요.
멋진 보타이를 맨 아빠, 아빠가 사준 빨간 스카프를 곱게 두른 엄마
그리고 세 꽉꽉이들은 소풍이 너무너무 즐겁답니다.

WORKS 03

부엉 군 1, 2, 3

각자의 개성을 뽐내는 부엉 군 1, 2, 3이 한 곳에 모였어요.
햇빛 좋은 날, 나무 아래서 쉬고 있으니 슬슬 눈이 감기나 봐요.

How to Make P.96

| WORKS 04 |

깡총 토끼 양과 늠름 곰돌 군

이제 막 커플이 된 토끼 양과 곰돌 군이 놀이동산에 놀러갔어요.
한쪽 손에는 예쁜 풍선을, 한쪽 손은 서로의 손을 꼭 잡고 걷는 이 순간이 너무 행복하답니다.

How to Make P.100

| WORKS 05 |

선물을 기다려요, 루돌프 군

1년 동안 착한 일을 하며 크리스마스만 기다려온 루돌프 군,
올해는 산타 할아버지가 어떤 멋진 선물을 가져다주실까요?
두근두근, 설레는 마음으로 산타 할아버지를 기다려요.

How to Make P.104

| WORKS 06 |

낚시왕 김곰돌

하얀 눈과 얼음이 뒤덮인 곳에서 사는 김곰돌 군의 취미는 낚시예요.
작년 '올해의 낚시왕'이 됐던 김곰돌 군은 올해에도 낚시왕이 되기 위해 열심히 낚시 중이랍니다.
"와! 월척이다!"

How to Make P.108

| WORKS 07 |

그를 생각하며, 뜨개냐옹

흰색이 잘 어울리는 그를 위해 흰색 조끼를 뜨고 있어요.
잘못 떠서 다 풀기도 하고, 어렵기도 하지만 그를 생각하며
한 땀 한 땀 뜨고 있는 이 순간이 참 행복하답니다. 그가 좋아해주겠죠?

How to Make P.112

WORKS 08

I believe I can fly

바람이 좋은 날, 예쁜 모자와 배낭을 메고
알록달록 풍선도 준비해요.
바람과 풍선만 있다면 어디든 갈 수 있어요.
바람이 저를 좋은 곳으로 데려다주겠죠?

How to Make P.116

| WORKS 09 |

함께 떠나요, 바캉스 베어

여름을 제일 좋아하는 곰돌 군은 오늘도 자전거를 타고 바다로 향한답니다.
샛노란 오리튜브를 타고 바다에 떠 있으면 아무것도 부럽지 않아요.
여기가 바로 지상낙원!

How to Make P.120

WORKS 10

항상 응원할게요.
치어리더!

How to Make P.124

알록달록 예쁜 응원도구를 들고 있는 딸기 양은 치어리더랍니다.
오늘도 두 팔 높이 올려 우리 팀을 응원해요.
"힘내세요! 파이팅!"

| WORKS 11 |

어디든 갈 테야, 열기구 멍멍 군

자신을 닮은 멍멍열기구를 만든 멍멍 군의 취미는 여행이에요.
아직은 가까운 곳밖에 못 가봤지만, 이제 멍멍열기구와 함께라면 어디든지 갈 수 있어요.
예쁜 꽃밭과 멋진 나무들까지 잘 만나고 올게요!

How to Make P.128

| WORKS 12 |

기저귀를 차요, 쌍둥이 남매

항상 붙어다니는 쌍둥이 남매, 우유도 함께 먹어요.
폭신한 침대 위에서 함께 놀고 자고, 맛난 우유도 먹다 보면 하루가 금세 지나간답니다.
"엄마, 저희 기저귀 갈아주세요~."

How to Make P.132

| WORKS 13 |

토끼 누나랑 꿀꿀 동생

엄마 화장대에는 재미있는 것들이 너무 많아요.
화장품은 알록달록 색깔도 예쁘고, 반짝반짝 목걸이는 참 예쁘기도 하지요.
토끼 누나랑 꿀꿀 동생은 엄마 화장대 앞에서 소꿉놀이하는 게 이 세상에서 제일 재미있답니다.

How to Make P.138

새싹이

| WORKS 14 |

봄이 왔어요, 새싹이!

How to Make P.142

제 이름은 새싹이에요. 봄에 태어났지요.
부드러운 새싹이 볼록 하고 머리 위로 올라오니
예쁜 숲속 요정이 날아와 새싹이에게 물을 뿌려주네요.
건강하게 자라 예쁜 꽃도 피울 거랍니다.

| WORKS 15 |

허니허니 달콤베어

코끝을 간지럽히는 향긋한 꽃 내음에 허니허니 달콤베어가 날아왔어요.
봄 소식을 전하기 위해 바쁜 달콤베어를 보신다면 반갑게 맞아주세요.

How to Make P.146

How to Make P.150

WORKS 16

Mr. 블랙 & Ms. 브라운

상자 속이 제일 좋은 블랙 군과 브라운 양은 오늘도 서로 상자 속에 들어가겠다고 다투지만
어느새 좁은 상자 안에 함께 들어가 사이좋게 놀고 있어요.
가장 좋아하는 장난감은 엄마가 만들어준 생선 장난감이에요.
제일 좋아하는 것은 물론, 상자 속에서 생선 장난감 갖고 놀기죠!

How to Make P.158

| WORKS 17 |

뿅! 마술사 몽

우리의 멋쟁이 몽은 요즘 제일 잘나가는 마술사랍니다.
몽이 쓰고 있는 모자 속에는 없는 것이 없어요. 향기로운 장미부터 하얀 비둘기까지!
멋쟁이 몽의 마술 속으로 함께 빠져볼까요?

| WORKS 18 |

왕자님을 기다려요, 인어공주

멋진 왕자님을 만나고 싶은 인어공주는
오늘도 해변가에 하루 종일 누워서 왕자님을 기다린답니다.
그런데 인어공주의 정체는?
사실은 백마 탄 왕자님 같은 남자친구를 기다리는 곰돌 양이에요.

How to Make P.164

| WORKS 19 |

오늘 고백하겠다냥

뭘 입을지 한 시간째 고민 중인 냐옹 군은 아직까지 옷장을 뒤지고 있어요.
오늘은 그녀에게 고백하기로 마음먹은 날이거든요.
"세상에게 하나뿐인 아름다운 그녀에게 어떻게 고백하면 제 마음을 받아줄까요?"

How to Make P.168

| WORKS 20 |

소풍이 좋아, 시월이

엄마가 저를 시월에 낳으셔서 제 이름은 시월이랍니다.
가방에 돗자리랑 도시락을 넣어서 가까운 공원으로 산책 가는 것을 제일 좋아해요.
형형색색의 꽃들이 가득한 꽃밭에서 제 이름처럼 시원한 바람이 불어올 때
도시락 드셔보셨어요? 오늘 한 번 해보세요!

How to Make P.172

TELEPHONE

| WORKS 21 |

정체를 감춰야 해, 청년 클락

검정 뿔테 안경을 쓰고 흰 와이셔츠를 입은 청년 클락은 사실 정체를 감추고 있는 슈퍼베어랍니다.
평소에는 순진하고 조용한 청년이지만, 어디선가 도움을 요청하는 소리가 들리면
가까운 공중전화나 회전문에서 재빠르게 슈퍼베어로 변신해요.
"도움이 필요하시면 저를 크게 불러주세요!"

How to Make P.176

TELEPHONE

TELEPHONE

WORKS 22

지켜줄게요, 슈퍼베어

슈퍼베어로 변신해서 당신을 향해 날아갈게요.
저를 필요로 하는 곳이라면 누구에게든, 어디라도 갈 수 있어요.
악의 무리여, 모두 나와라!
"걱정 마세요, 제가 지켜줄게요!"

How to Make P.180

WORKS 23

이 언니가 좀 멋져, 원더레빗

평소에는 티타임을 즐기는
뭘 좀 아는 멋진 언니 원더레빗이에요.
우아한 티타임을 즐기던 그녀,
어디선가 그녀를 찾는 목소리가 들리자 벌떡 일어서요.
"누구야, 내 우아한 시간을 방해하는 녀석들이!
가만두지 않겠어!"
우리의 멋진 언니,
원더레빗이 출동합니다.

How to Make P.184

SO EASY~

BASIC INFORMATION

손뜨개 인형 만들기 기초

BASIC 01

도구와 재료

털실

인형을 뜰 때는 보통 모사, 면사, 아크릴사 등을 사용합니다.

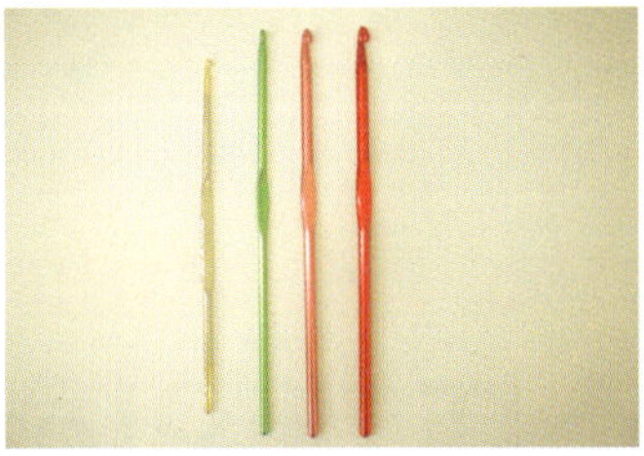

코바늘

코바늘은 모사용, 레이스용으로 나뉘는데 인형을 뜰 때는 모사나 면사 등의 두께가 있는 실을 사용하기 때문에 모사용 코바늘이 필요합니다. 책에서는 3, 5호 2가지 바늘을 사용했습니다.

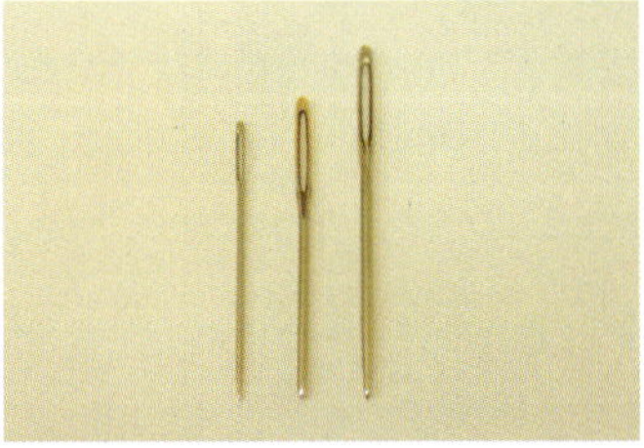

돗바늘

머리, 몸통 등의 부분을 연결할 때 쓰이는 털실용 바늘로 일반 바늘에 비해 끝이 둥글고 바늘귀가 큽니다.

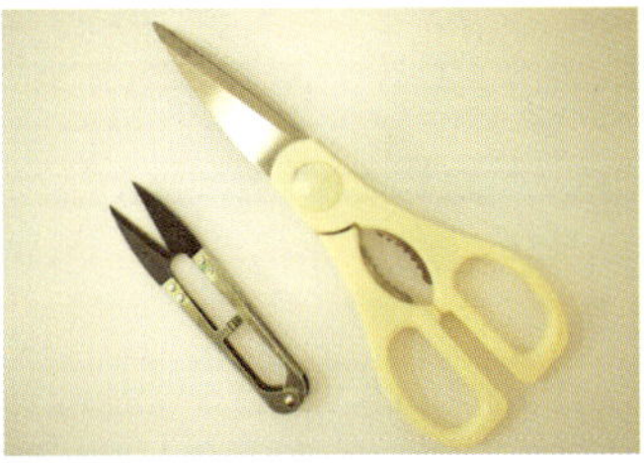

가위

펠트를 자를 때는 큰 가위, 실을 자를 때는 쪽가위가 편리합니다.

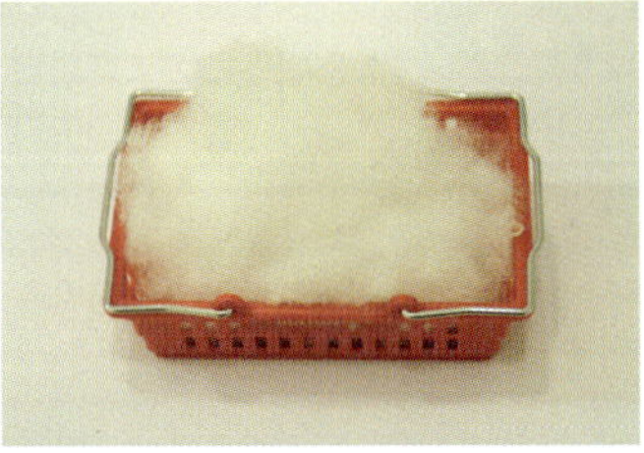

구름솜

인형의 속을 채울 때 사용합니다. 솜은 방울솜과 구름솜으로 나뉘는데, 방울솜은 채우기 힘들고 코 사이로 빠져나오기 쉽기 때문에 구름솜을 사용하는 것이 더 좋습니다.

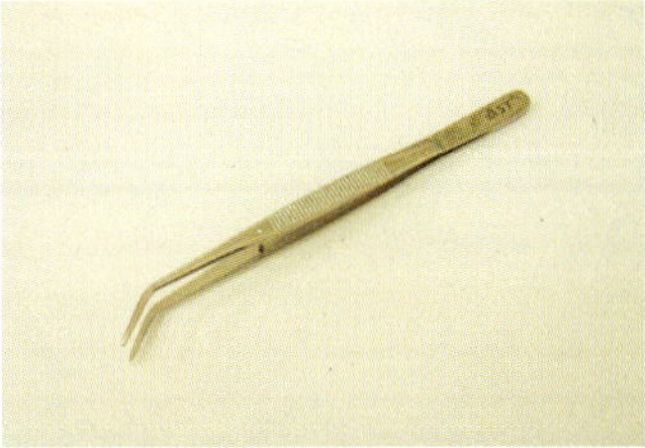

핀셋

팔이나 다리 등 얇은 부분의 실을 채울 때 사용하면 편리합니다.

나사형 눈

나사형으로 되어 있어 돌리면서 얼굴 부분에 꽂아주면 됩니다. 나사의 끝 부분에 목공용 풀을 살짝 발라서 넣어주면 솜 사이에 고정되어 눈이 빠지지 않습니다.

나사형 코

나사형으로 되어 있어 돌리면서 코 부분에 꽂아주면 됩니다. 나사의 끝 부분에 목공용 풀을 살짝 발라서 넣어주면 솜 사이에 고정되어 코가 빠지지 않습니다.

펠트

다양한 색상의 펠트를 오려서 소품을 만들어줍니다. 눈썹, 벨트 등의 작은 부분을 예쁘게 표현할 때 사용합니다. 펠트를 고정할 때는 글루건을 이용합니다.

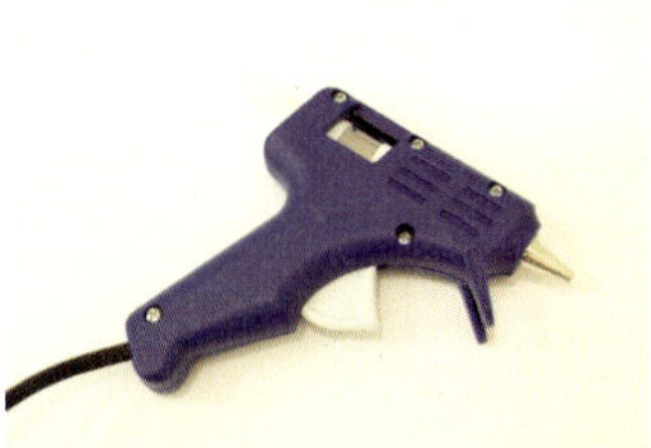

글루건

털실 위에 펠트나 장식 등을 붙일 때 사용합니다. 한 번 굳으면 수정이 어려우니 붙일 곳을 표시해놓고 붙여주는 것이 좋습니다.

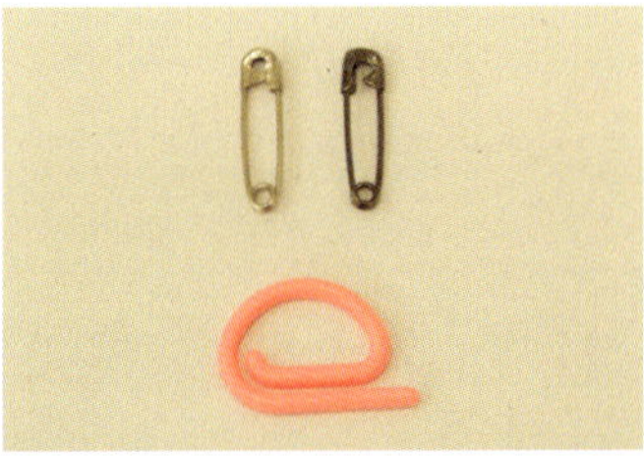

옷핀

실이나 옷핀, 단수링 등으로 단을 표시해두면 몇 단까지 떴는지, 끝난 곳이 어딘지 체크할 수 있어서 편리합니다.

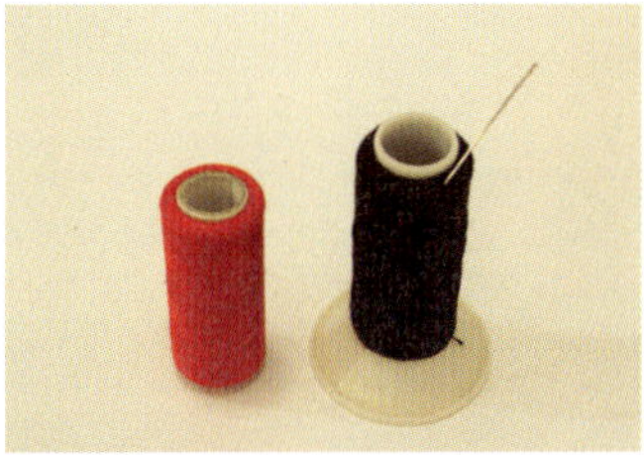

수실과 바늘

코나 입을 수놓을 때, 단추를 연결할 때는 일반 바늘과 실을 사용합니다.

목공용 풀

눈과 코를 끼울 때 목공용 풀을 끝에 살짝 발라 넣어주면 빠져 나오지 않게 고정시킬 수 있습니다.

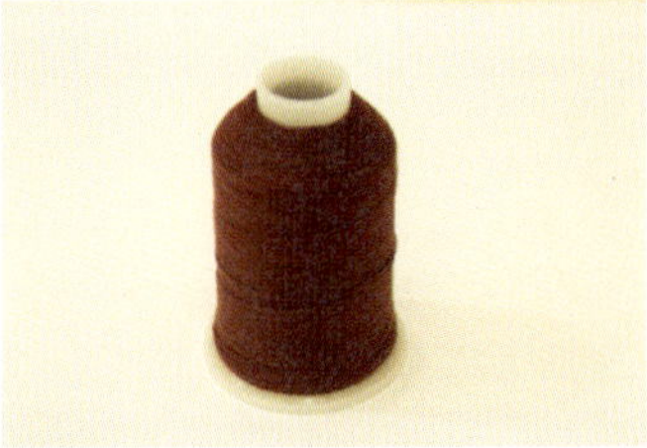

재봉사

인형의 머리카락을 만들 때 청바지용 재봉사(두꺼운 실)를 여러 겹 감아서 사용하면 다양한 머리카락을 표현할 수 있습니다.

단추

인형의 옷, 소품 등으로 포인트를 줄 때 사용합니다. 또한 팔, 다리를 조인트해준 후에 단추로 고정해주면 장식 효과를 줄 뿐만 아니라 팔다리를 더 단단히 고정할 수 있습니다.

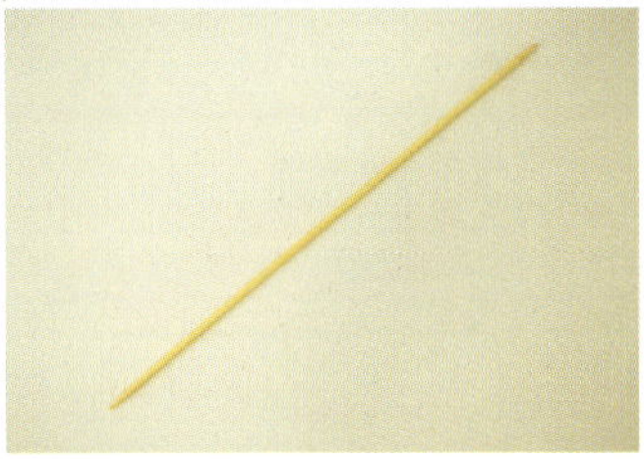

장갑용 대바늘

인형의 소품으로 사용합니다(3mm 바늘로 반을 잘라서 뜨개냐옹 대바늘로 사용합니다).

방울

인형의 소품으로 사용합니다(어디든 갈 테야, 열기구 멍멍 군의 목에 연결합니다).

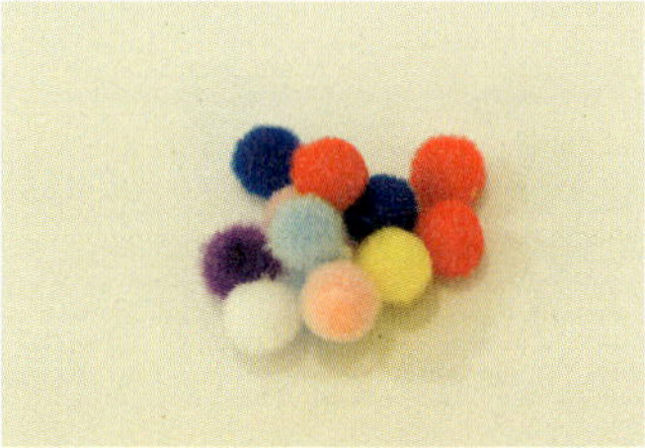

폼폼

인형의 소품에 장식용으로 사용합니다(선물을 기다려요, 루돌프 군, 허니허니 달콤베어에 사용했습니다).

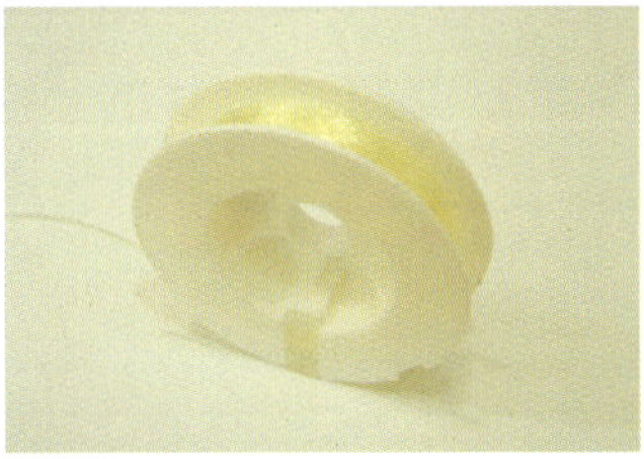

낚싯줄

투명한 낚싯줄을 사용하여 천장에 매달아 놓을 수 있습니다(I believe I can fly, 어디든 갈 테야, 열기군 멍멍 군 등을 매달아 놓을 때 활용해보세요).

화장품, 색연필

블러셔, 아이섀도 등의 화장품을 손가락에 발라 인형 볼 위에 살살 문질러 주면 예쁜 볼터치가 완성됩니다. 화장품 대신 색연필을 사용해도 좋습니다.

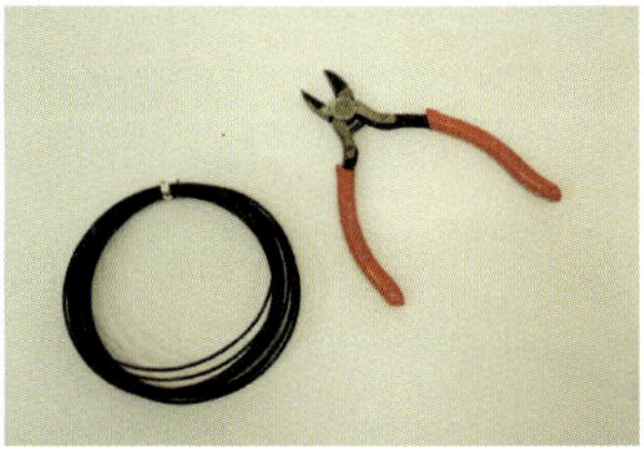

공예용 철사와 펜치

공예용 철사는 잘 구부려지기 때문에 모양을 만들기 쉽습니다. 소품을 만들 때 사용하며 자를 때는 펜치를 사용합니다(정체는 감춰야 해, 청년 클락의 안경에 사용되었습니다).

BASIC
02

손뜨개 인형 만들기의 기초
코바늘 뜨개 기법

원형코 만들기

원형코 만들기는 대부분의 인형을 만들 때 쓰이는 기법으로 만들고 나면 동그란 모양이 됩니다. 여러 번 풀고, 반복해서 연습을 해야 완성할 수 있으니 사진을 보고 천천히, 여러 번 반복하며 방법을 익혀주세요.

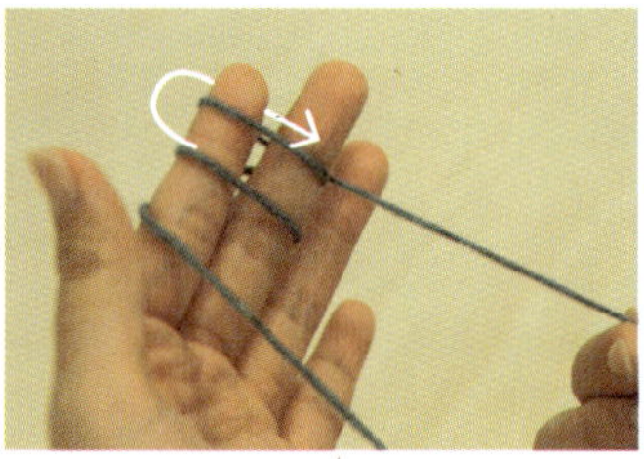

1 실의 끝 부분을 잡고 왼손의 검지와 중지손가락에 2번 감아줍니다. 감는 방향은 손바닥 쪽에서 손등 쪽으로 감아줍니다.

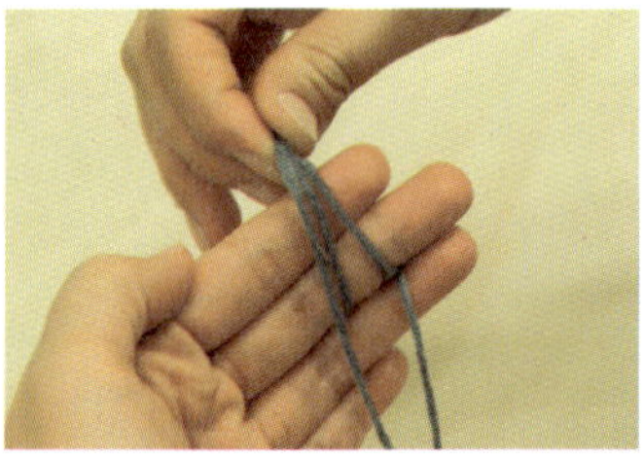

2 왼손에 감겨 있는 실을 오른손으로 모두 잡아 바깥쪽으로 빼줍니다.

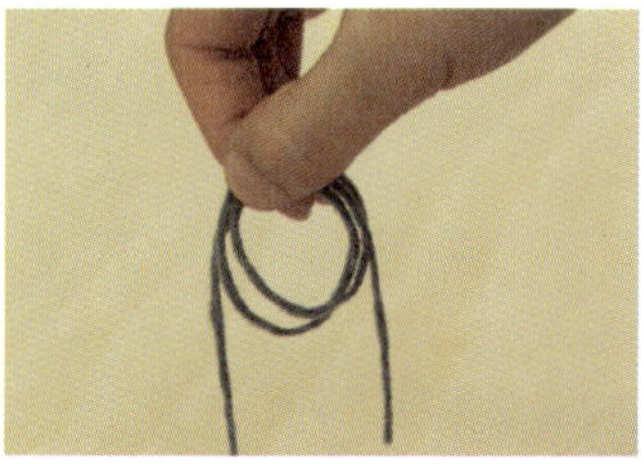

3 왼손에 걸려 있던 실을 빼서 오른손으로 옮긴 후 실의 끝 부분이 오른쪽으로 오도록 잡아줍니다.

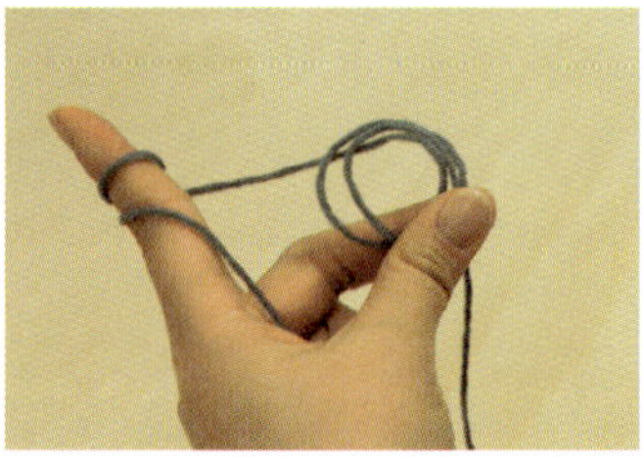

4 원 모양의 고리가 풀리지 않도록 오른손으로 고리를 잡은 상태로 왼손의 검지로 실타래의 실을 감아준 후 오른손에 있던 고리를 왼손의 엄지와 중지로 잡아서 옮겨줍니다. 옮겨진 모양은 사진과 같습니다.

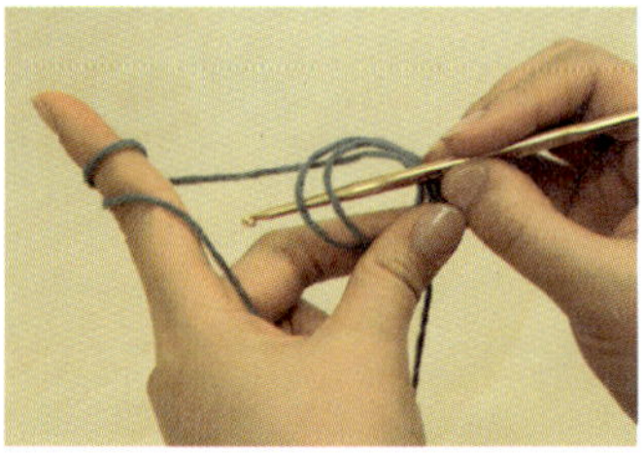

5 이제 오른손으로는 바늘을 잡고 원 모양의 고리 안으로 바늘을 넣어줍니다(바늘을 잡을 때는 사진과 같이 엄지 손가락이 바늘의 아래쪽, 검지와 중지 손가락이 위쪽으로 가도록 잡아줍니다).

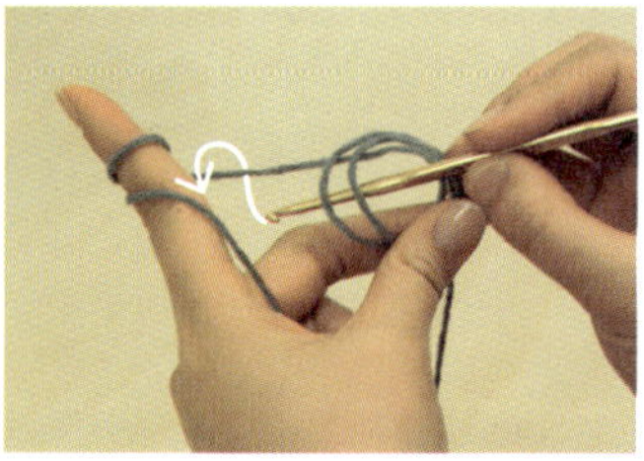

6 바늘을 실과 손가락 틈 사이로 넣어서 바깥쪽에서 실을 감아서 와야 합니다(실 감는 방향은 항상 손가락과 실 사이 공간으로 바늘을 통과시킨 후 사진에 표시된 화살표처럼 바깥쪽에서 실을 감아 옵니다).

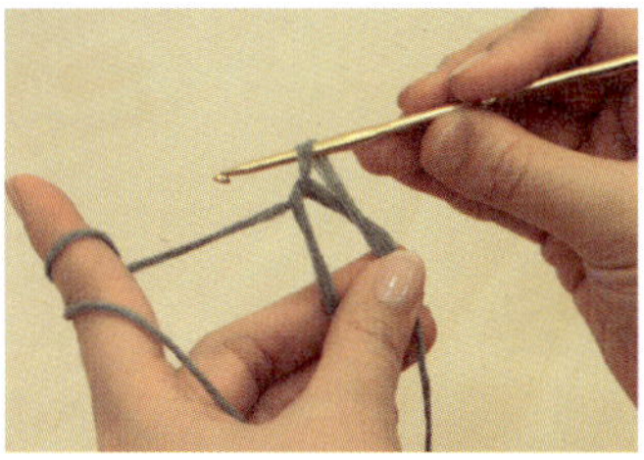

7 6번 과정에서 감아온 실을 원 모양의 고리 위쪽으로 들어 올리면 사진과 같은 모양이 됩니다.

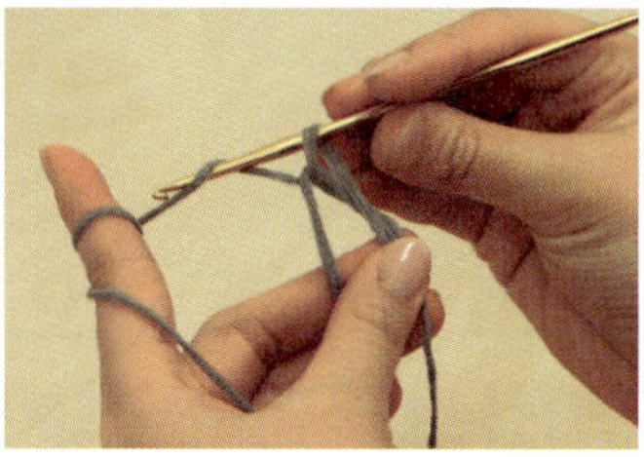

8 다시 검지에 걸린 실을 감아줍니다(감는 방향은 항상 6번 과정과 같습니다).

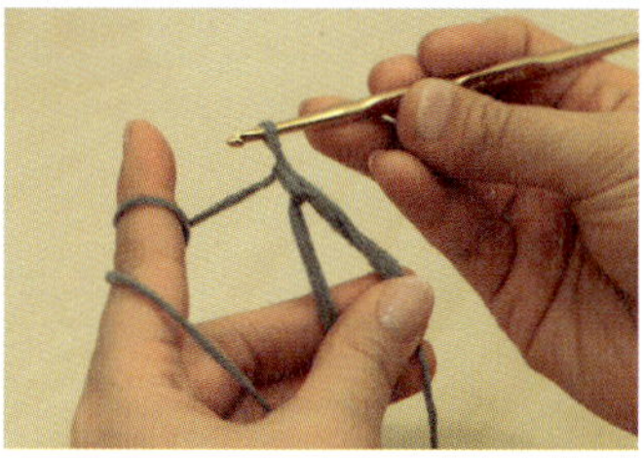

9 감은 실을 7번 과정에서 만들어진 고리 사이로 빼줍니다.

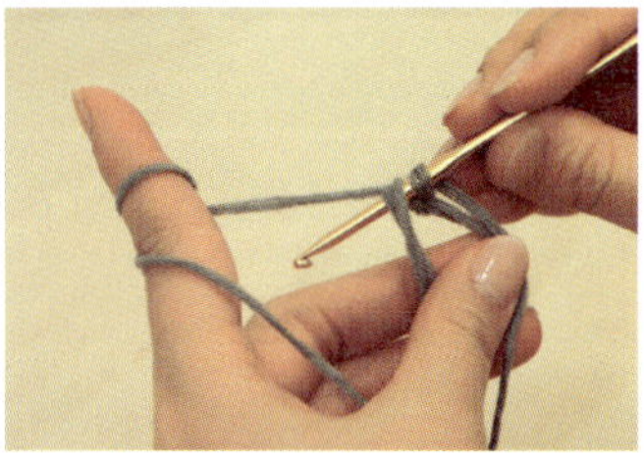

10 원 모양의 고리 안으로 바늘을 넣어줍니다.

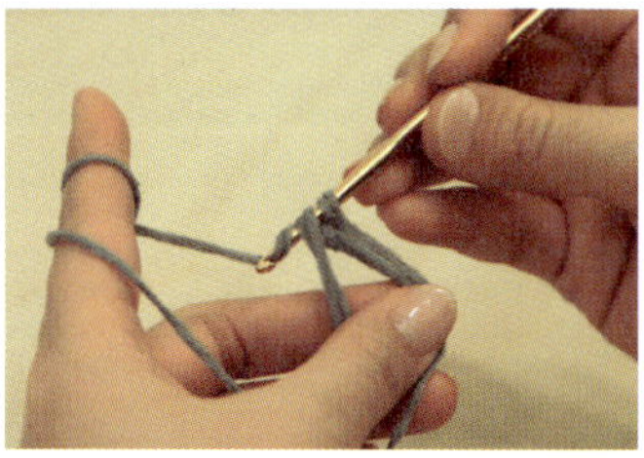

11 검지에 걸린 실을 감아줍니다.

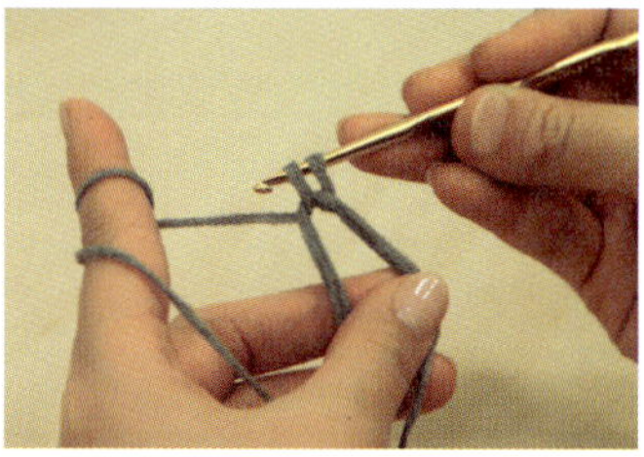

12 11번 과정에서 감은 실을 원 모양의 고리 위쪽으로 올려줍니다. 바늘에 감긴 실을 9번 과정에서 생긴 고리 사이로 빼주는 것이 아니라 그대로 끌어올려서 바늘 위에 2줄이 감겨 있도록 합니다.

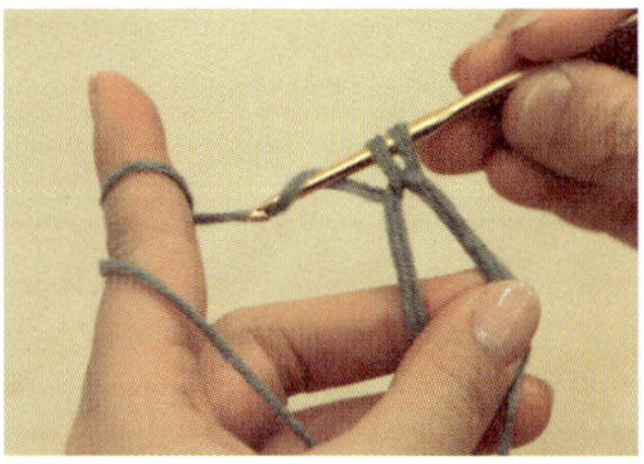

13 검지에 걸려 있는 실을 감아줍니다.

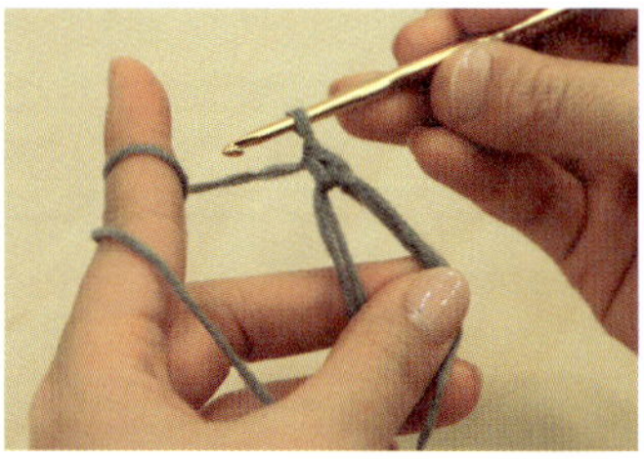

14 13번 과정에서 감은 실을 바늘 위에 걸린 2줄 사이로 빼주면 원형코 중에 첫 번째 코가 완성됩니다.

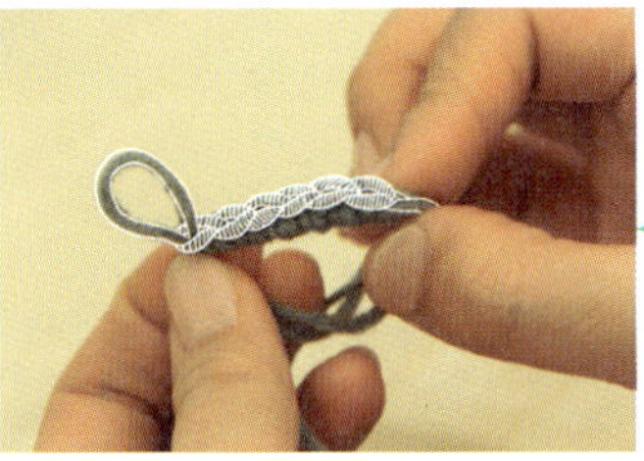

15 10~14번의 과정을 원형코의 개수만큼 반복해줍니다. 사진은 원형코 6코를 만든 모습입니다.

원형코의 개수를 셀 때는 바늘이 걸려 있던 코는 세지 않고 그 아래 사슬 모양의 코부터 세기 시작합니다. 빗금으로 표시된 부분만 세서 코의 개수를 확인한 후에 코를 오므려줘야 합니다.

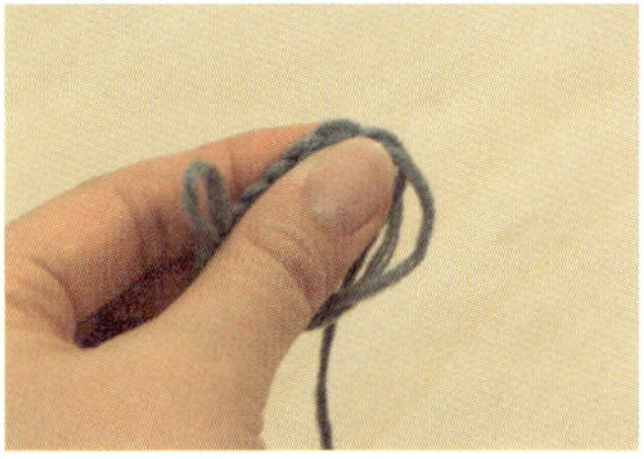

16 바늘이 걸려 있던 코가 왼쪽으로 오도록 하고 사슬코가 위쪽을 보도록 왼손으로 잡아서 정렬해줍니다. 이렇게 해줘야 먼저 당길 실을 잘 찾을 수 있습니다.

17 원 모양의 고리 중에서 앞쪽에 있는 실을 찾아서 화살표처럼 오른쪽 아래로 당겨줍니다. 실이 더 이상 안 나올 때까지 당겨줍니다.

18 사진과 같이 남아 있던 실의 끝 부분을 잡고 끝까지 당겨줍니다.

19 모두 잘 당겨주면 사진과 같이 원형코가 완성됩니다.

사슬코 만들기

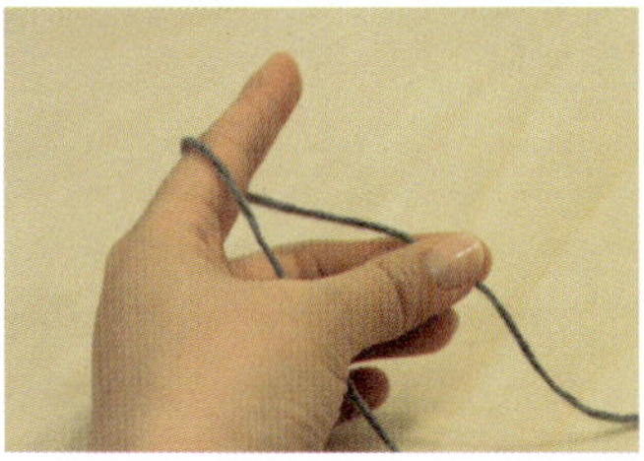

1 검지에 실을 걸어 엄지와 중지로 실을 잡아줍니다.

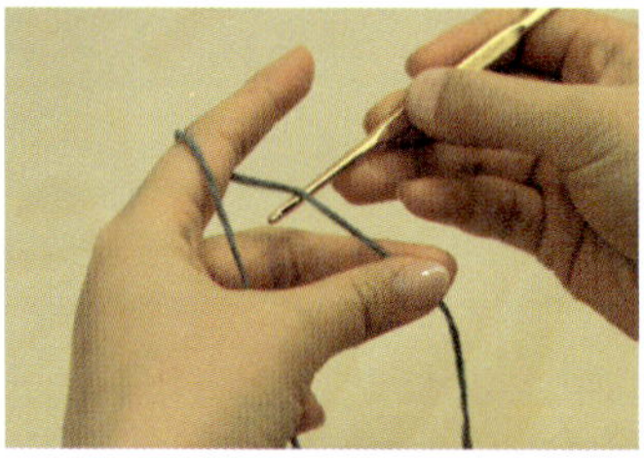

2 실의 뒤쪽으로 바늘을 위치해줍니다.

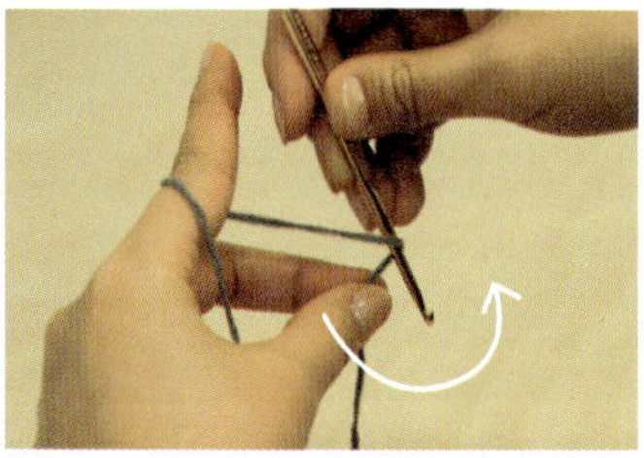

3 실의 뒤쪽에 대고 있던 바늘을 아래에서 위쪽으로 꺾어서 실을 감아줍니다.

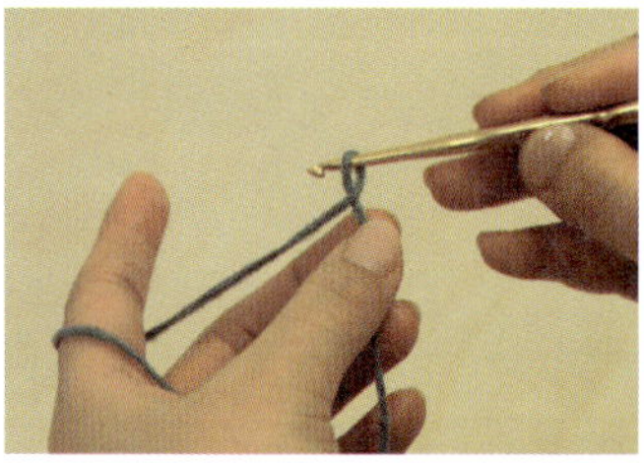

4 3번 과정을 해주면 사진과 같은 고리가 생기는데 고리의 실이 교차하는 지점을 엄지와 중지로 꼭 잡아줍니다.

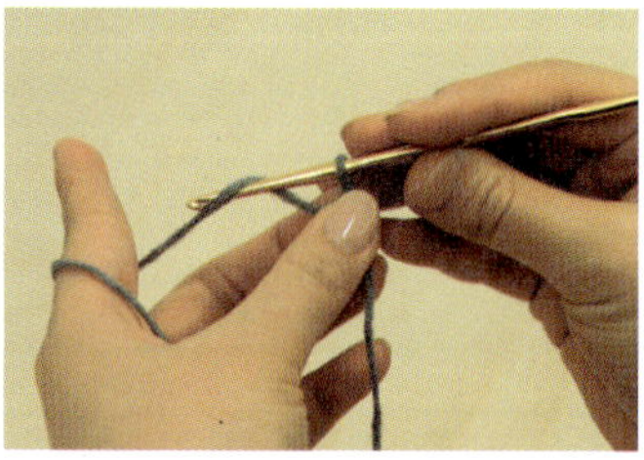

5 사진과 같이 실을 감아서 고리 사이로 빼준 다음 실의 끝 부분을 당겨 매듭을 지어줍니다. 지금 생긴 매듭은 실이 풀리지 않도록 만들어 준 것이기 때문에 사슬코 개수로 세지 않습니다.

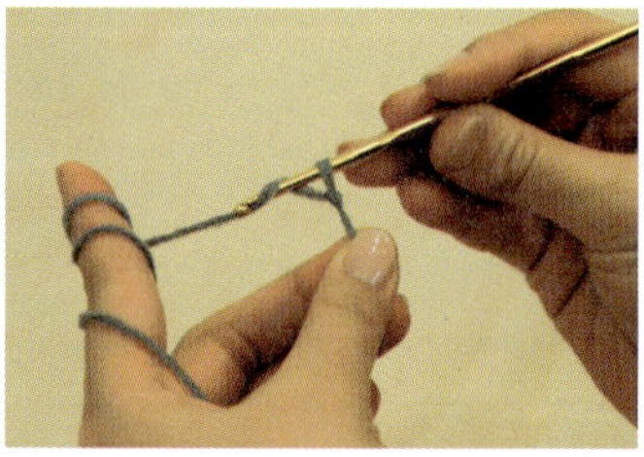

6 5번 과정에서 만든 고리 사이로 검지에 걸린 실을 걸어 빼주게 되면 만들려는 사슬코 개수 중 하나가 완성됩니다.

7 사슬코 10개를 만들어준 모습입니다.

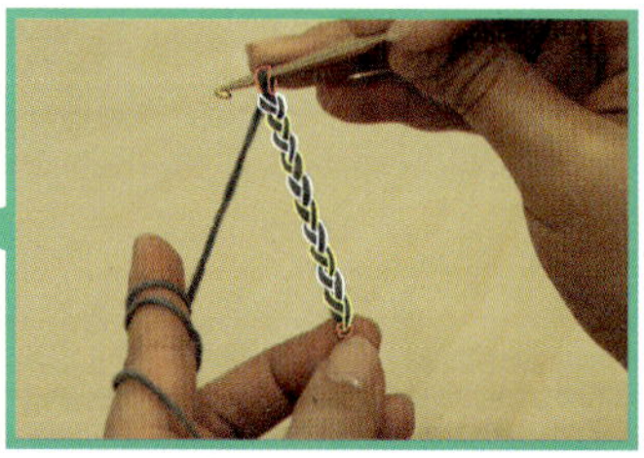

- 위쪽의 빨간 줄은 바늘에 걸려 있는 코로 사슬코 개수로 세지 않습니다.
- 아래쪽의 빨간 줄은 5번 과정에서 만들어준 매듭입니다.
- 흰색, 노란색은 사슬코 1코씩 표시한 것으로 사슬코 총 10코를 만든 모습입니다.

짧은뜨기

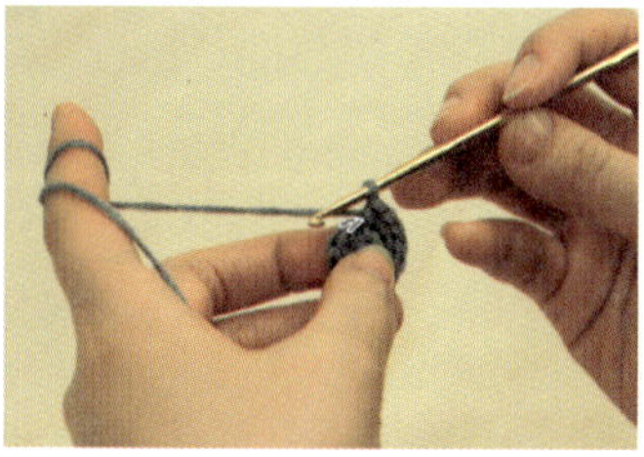

1 짧은뜨기를 떠야 할 코를 확인합니다. 사진에서 흰색으로 표시된 부분과 같이 사슬 모양 아래쪽으로 코바늘을 넣습니다(바늘이 걸려 있던 곳의 아래코부터 세어서 바늘을 넣어야 할 코를 찾아줍니다).

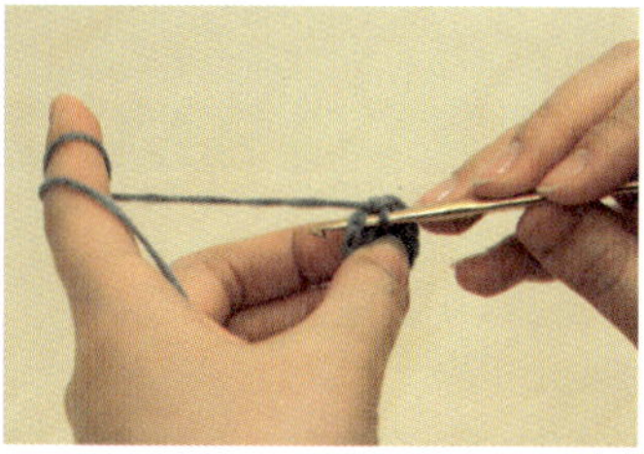

2 1번의 표시된 부분에 바늘을 넣은 모습입니다.

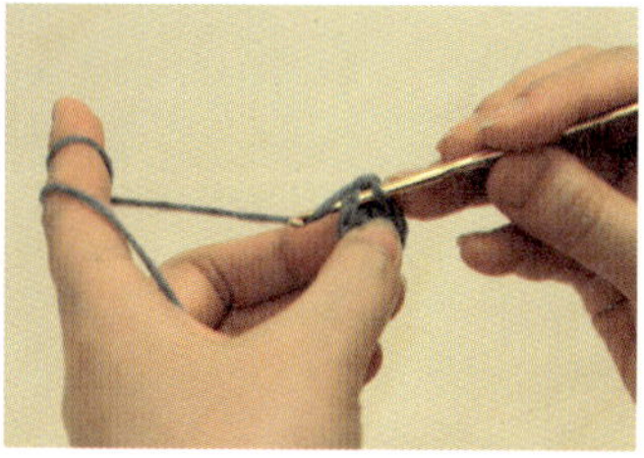

3 검지에 걸린 실을 코바늘로 감아옵니다.

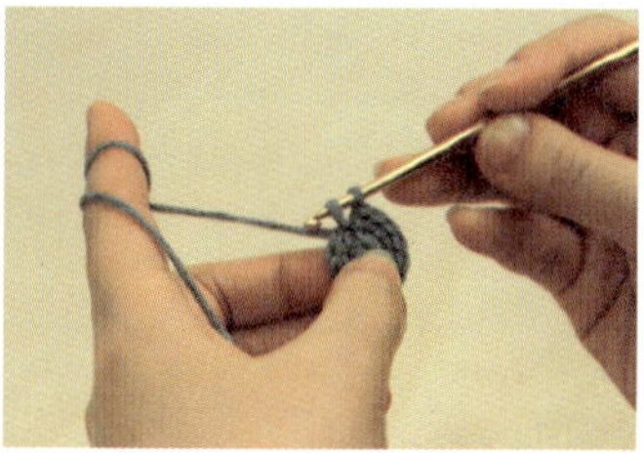

4 1번에서 표시된 사슬코 위쪽으로 감아올린 실을 빼주면 바늘 위에 실이 2줄 감겨 있는 모양이 됩니다.

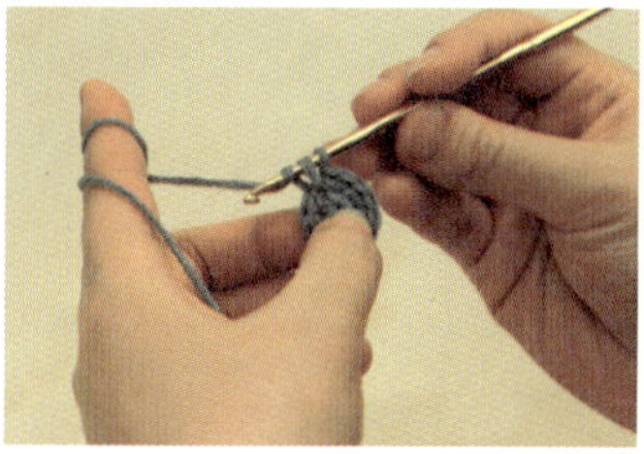

5 검지에 걸린 실을 다시 코바늘로 감아서 두 줄 사이로 빼줍니다.

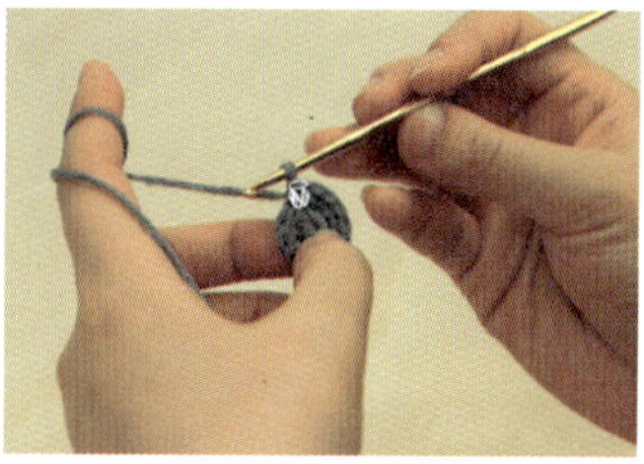

6 실을 빼고 나면 사진과 같이 코가 만들어진 모습을 볼 수 있습니다(짧은뜨기를 하고 나면 빗금으로 표시된 부분과 같이 V자 모양의 코가 생깁니다).

코 늘리기 = 한 코에 짧은뜨기 2개

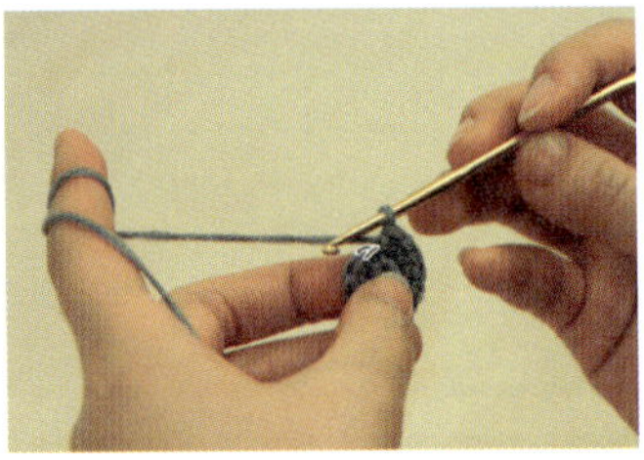

1 짧은뜨기를 떠야 할 코를 확인합니다. 사진에서 흰색으로 표시된 부분과 같이 사슬 모양 아래쪽으로 코바늘을 넣습니다.

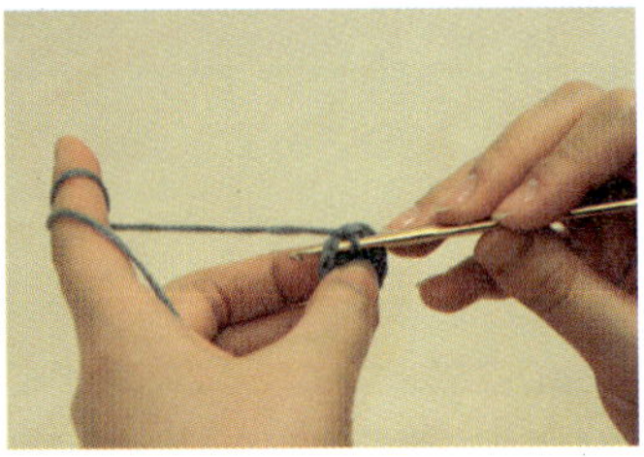

2 1번의 표시된 부분에 바늘을 넣은 모습입니다

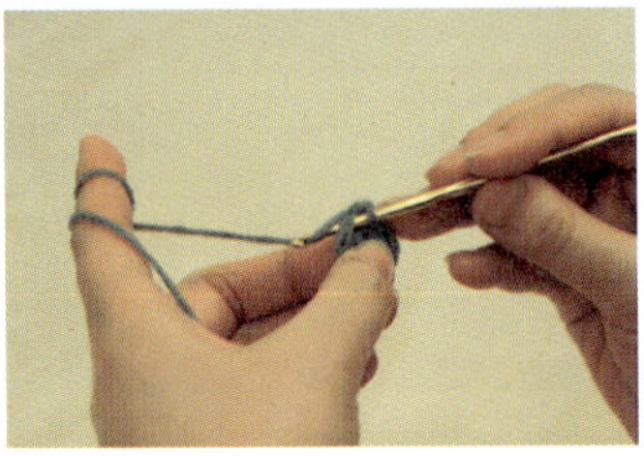

3 검지에 걸린 실을 코바늘로 감아옵니다.

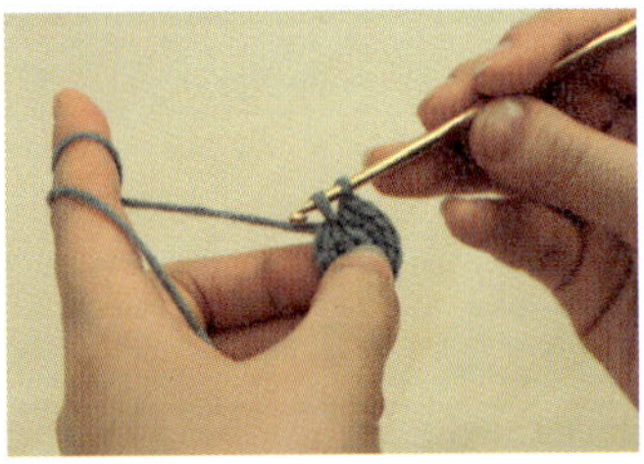

4 1번에서 표시된 사슬코 위쪽으로 감아올린 실을 빼주면 바늘 위에 실이 2줄 감겨 있는 모양이 됩니다.

5 검지에 걸린 실을 다시 코바늘로 감아서 두 줄 사이로 빼줍니다.

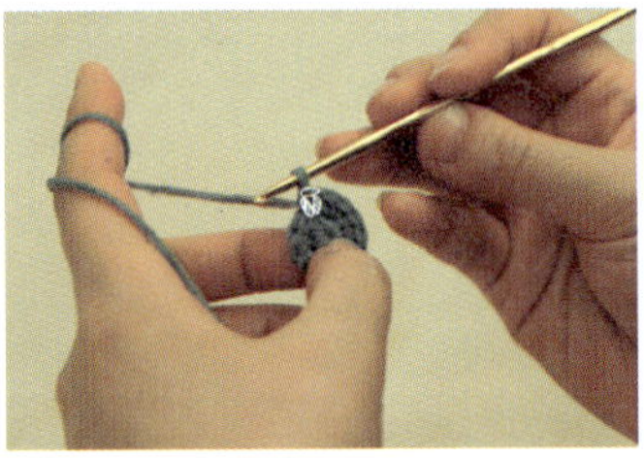

6 실을 빼고 나면 사진과 같이 코가 만들어진 모습을 볼 수 있습니다(짧은뜨기를 하고 나면 빗금으로 표시된 부분과 같이 V자 모양의 코가 생깁니다).

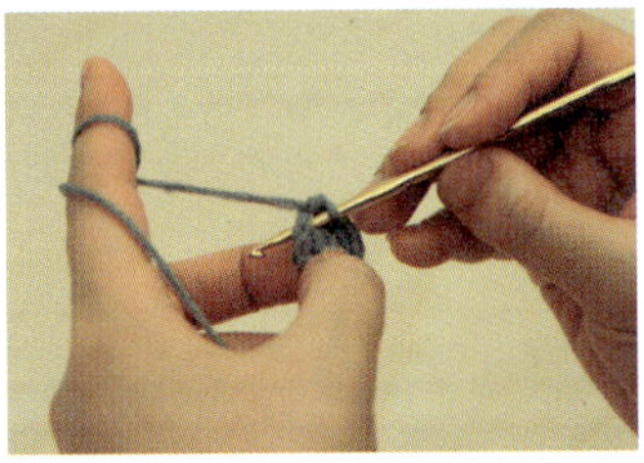

7 1번 과정에서 표시되어 있던 같은 코로 다시 바늘을 넣어줍니다.

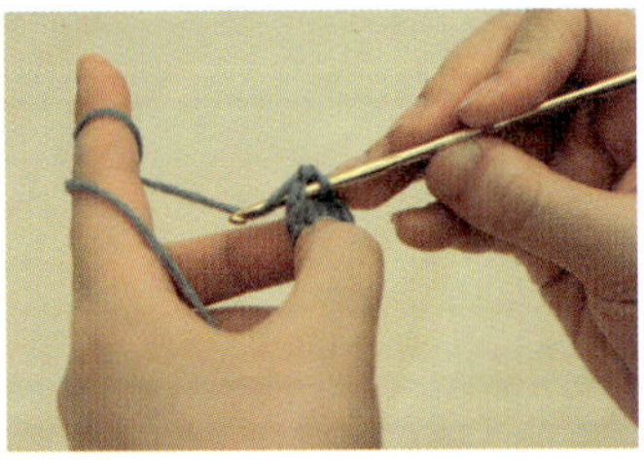

8 걸린 실을 코바늘로 감아옵니다.

9 4번 과정과 같이 사슬코 위쪽으로 감아올린 실을 빼주면 바늘 위에 실이 2줄 감겨 있는 모양이 됩니다.

10 검지에 걸린 실을 다시 감아서 바늘에 걸려 있는 2줄의 실 사이로 빼줍니다.

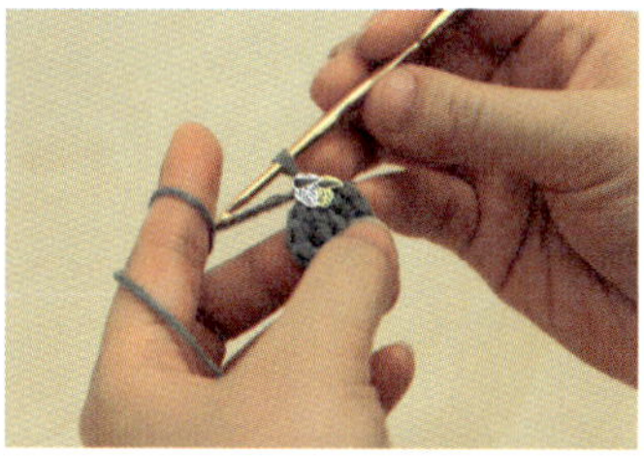

11 실을 빼고 나면 사진과 같이 2코가 생긴 모습을 볼 수 있습니다(코 늘리기=한 코에 짧은뜨기 2개를 뜨고 나면 빗금으로 표시된 부분과 같이 W자 모양의 코가 생깁니다).

코 줄이기 = 짧은뜨기 2코 모아뜨기

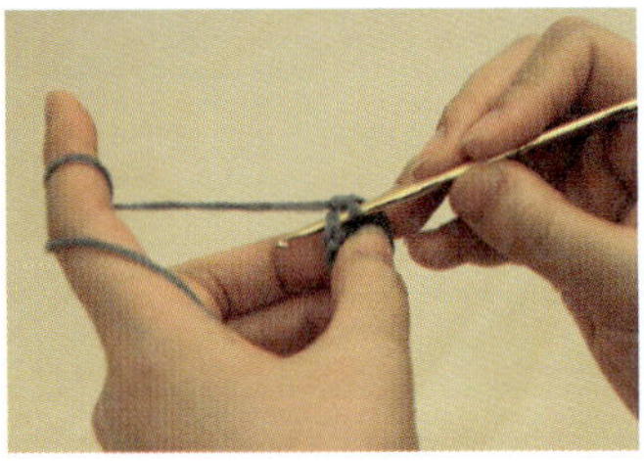

1 코 줄이기를 해야 할 코 아래로 코바늘을 넣습니다.

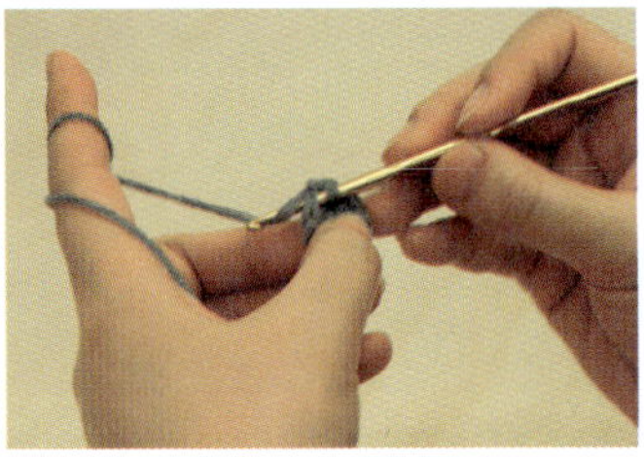

2 검지에 걸린 실을 코바늘로 감아옵니다.

3 1번에서 들어갔던 코의 위쪽으로 감아올린 실을 빼주면 바늘 위에 실이 2줄 감겨 있는 모양이 됩니다.

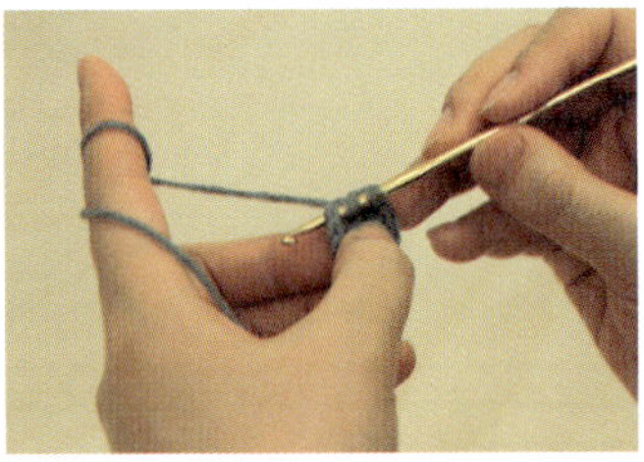

4 3번 과정에서 생긴 2줄의 실은 그대로 둔 채, 1번에서 바늘을 넣었던 코의 다음 코로 바늘을 넣어줍니다.

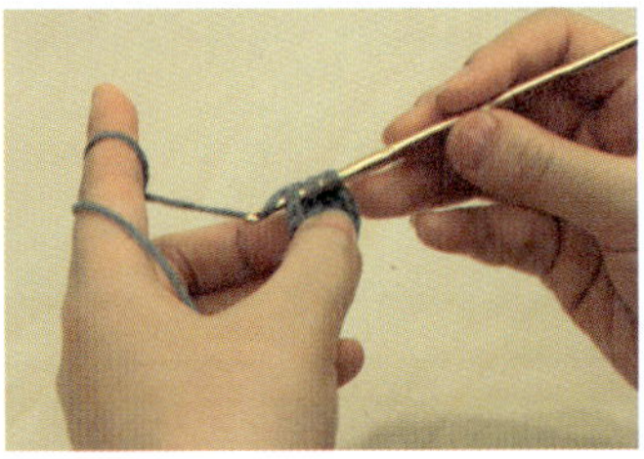

5 검지에 걸린 실을 코바늘로 감아옵니다.

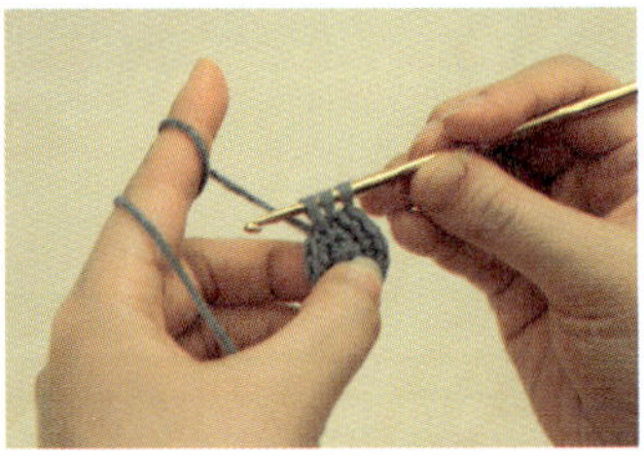

6 감아온 실을 4번 과정에서 바늘을 넣었던 코의 위쪽으로 빼주면 바늘 위에 총 3줄의 실이 남아 있게 됩니다.

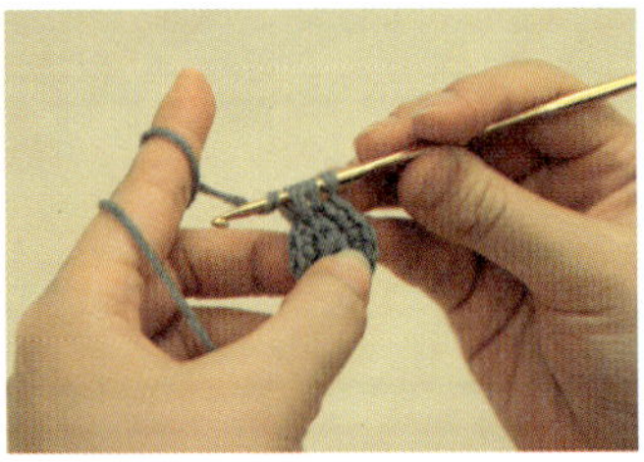

7 검지에 걸린 실을 다시 감아서 바늘에 감겨 있는 3줄의 실 사이로 빼줍니다.

8 실을 빼주고 나면 2코가 1개의 코로 줄어든 모습을 볼 수 있습니다.

빼뜨기 = 마무리코

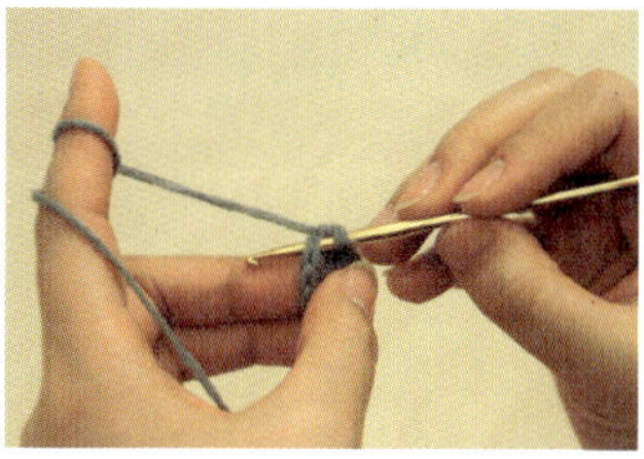

1 빼뜨기 할 코 아래로 바늘을 넣어줍니다.

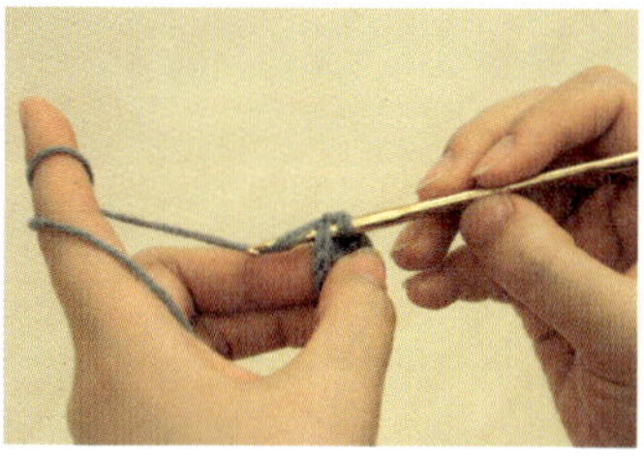

2 검지에 걸린 실을 감아 와서 코 위로 빼줍니다.

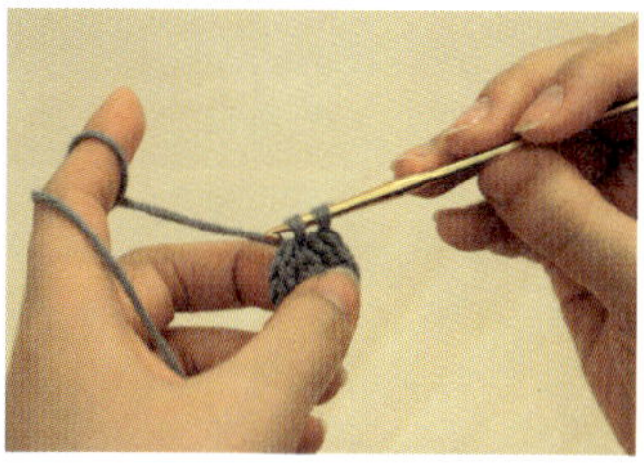

3 바늘 위에 실이 2줄 남아 있는 모양이 됩니다.

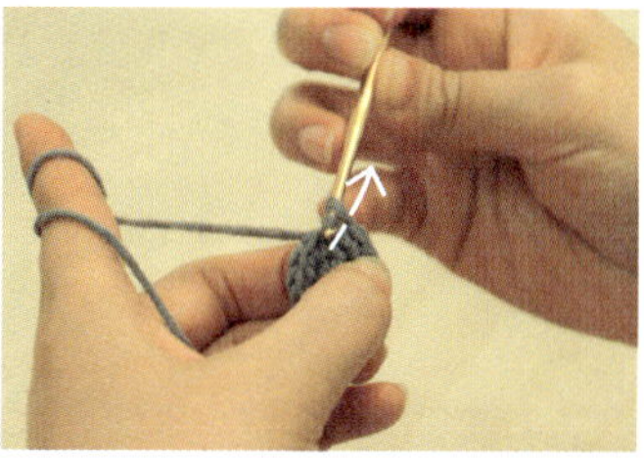

4 이때 검지에 걸려 있는 실을 감아오지 않고 바늘에 걸려 있는 2줄 중 앞쪽에 있는 실을 뒤쪽에 있는 실 아래로 빼줍니다.

5 빼뜨기가 완성된 모습입니다.

긴뜨기

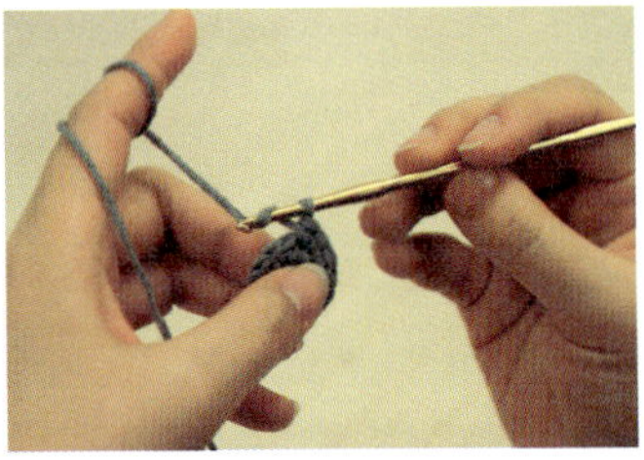

1 긴뜨기를 떠야 할 코로 바늘을 넣기 전에 검지에 걸린 실을 미리 감아줍니다.

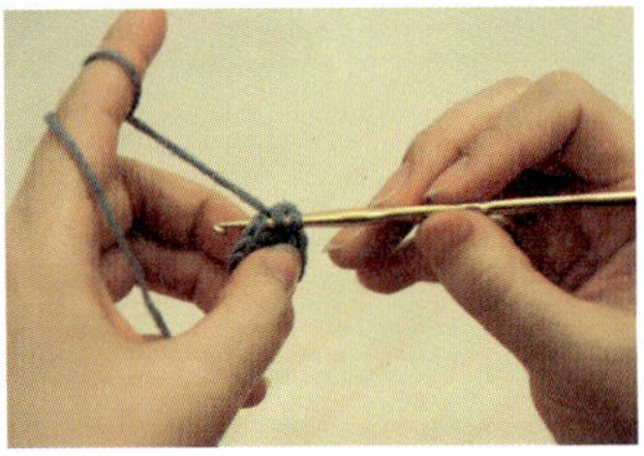

2 1번과 같이 실을 미리 감은 후에 긴뜨기를 떠야 할 코 아래로 바늘을 넣습니다.

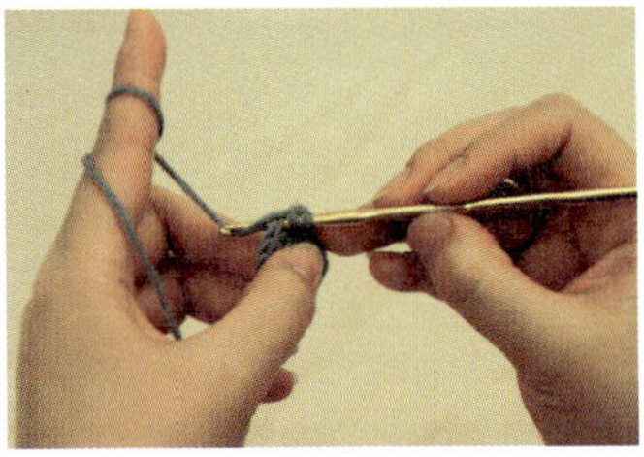

3 검지에 걸린 실을 감아옵니다.

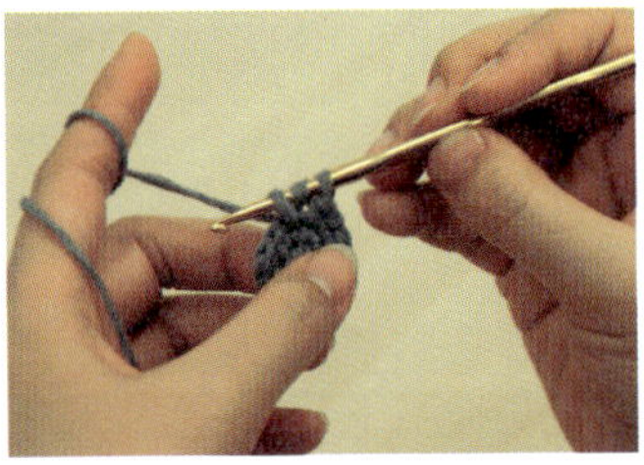

4 바늘을 넣었던 코의 위로 감아 올린 실을 빼주면 바늘 위에 3줄의 실이 남아 있는 모양이 됩니다.

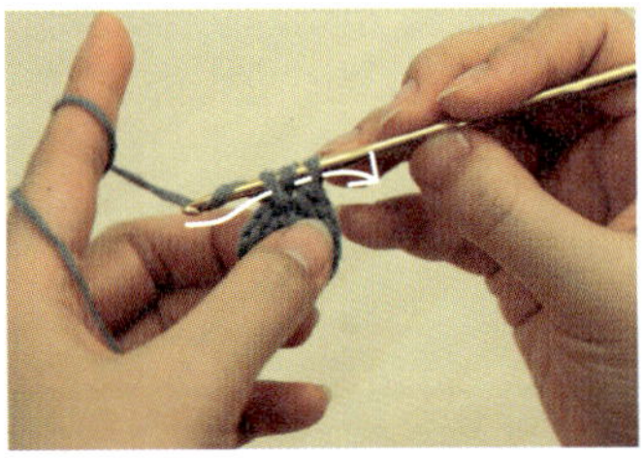

5 다시 검지에 걸린 실을 감아서 바늘 위에 걸려 있는 3줄의 실 사이로 한 번에 빼줍니다.

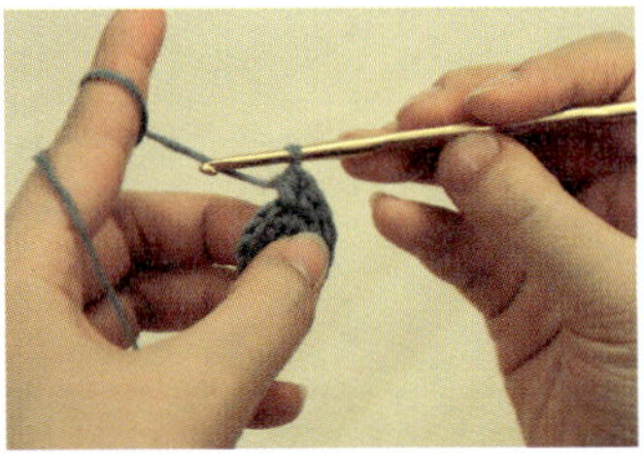

6 긴뜨기가 완성된 모습입니다.

한길긴뜨기

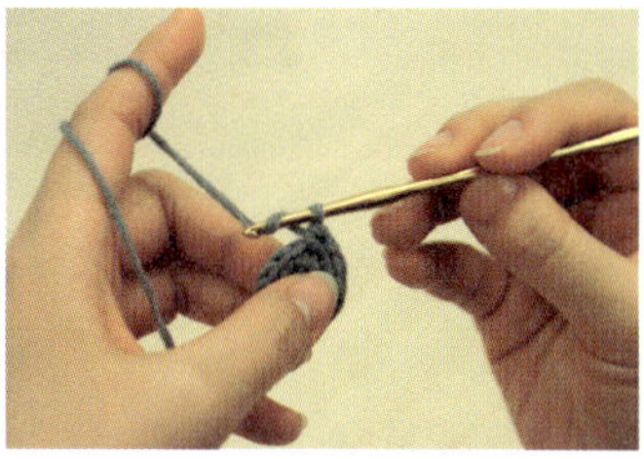

1 긴뜨기를 떠야 할 코로 바늘을 넣기 전에 검지에 걸린 실을 미리 감아줍니다.

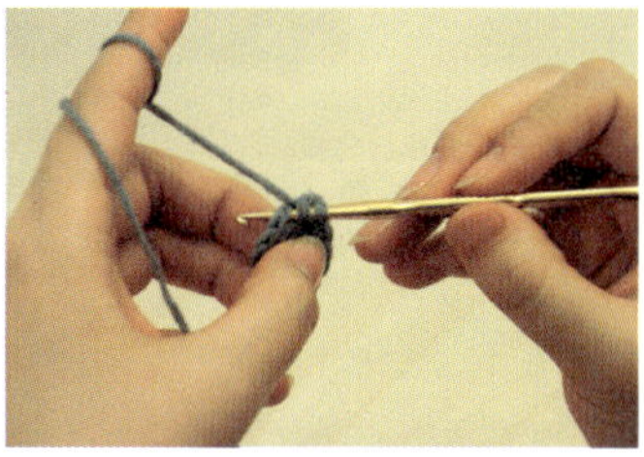

2 1번과 같이 실을 미리 감은 후에 긴뜨기를 떠야 할 코 아래로 바늘을 넣습니다.

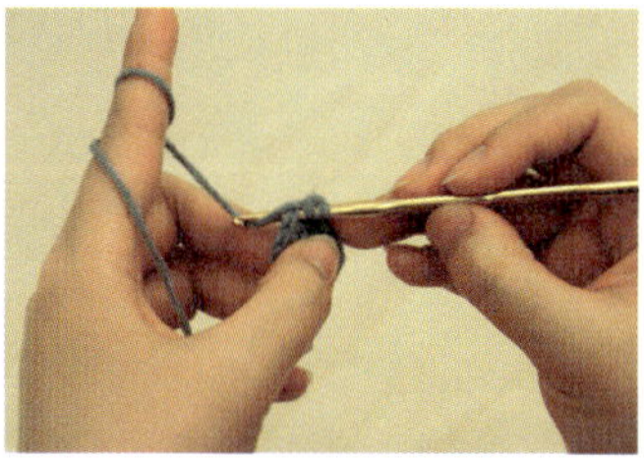

3 검지에 걸린 실을 감아옵니다.

4 바늘을 넣었던 코의 위로 감아 올린 실을 빼주면 바늘 위에 3줄의 실이 남아 있는 모양이 됩니다.

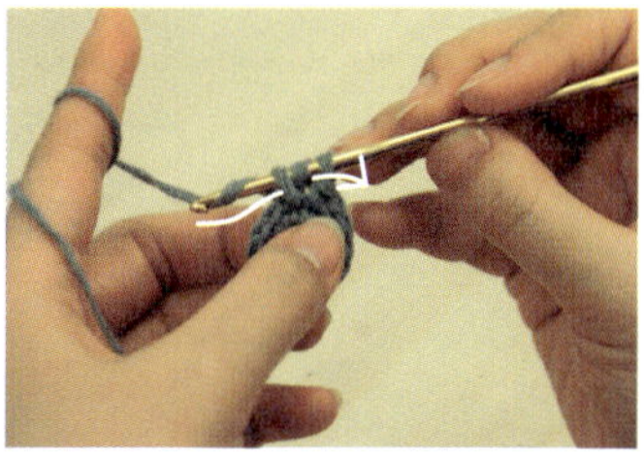

5 검지에 걸린 실을 감아 바늘 위에 걸려 있는 3개의 줄 중에 앞쪽의 2줄로만 빼줍니다.

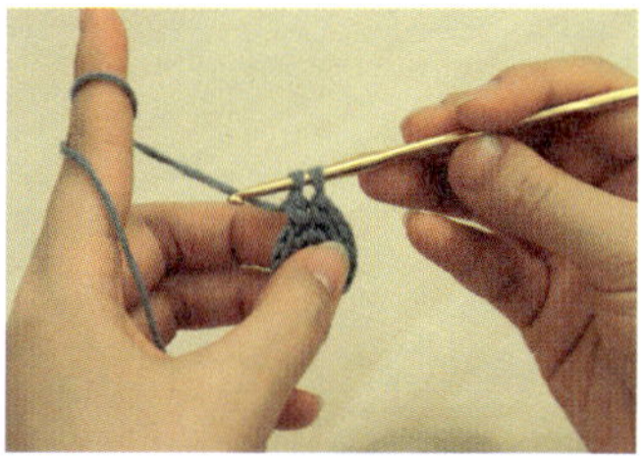

6 그럼 다시 바늘 위에 2개의 줄만 남게 됩니다.

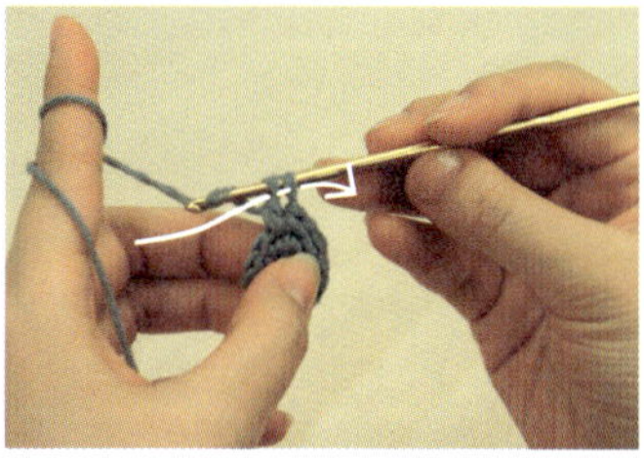

7 검지에 걸린 실을 감아 남아 있는 2줄 사이로 빼줍니다.

8 한길긴뜨기가 완성된 모습입니다.

사슬코로 시작해서 뜨기

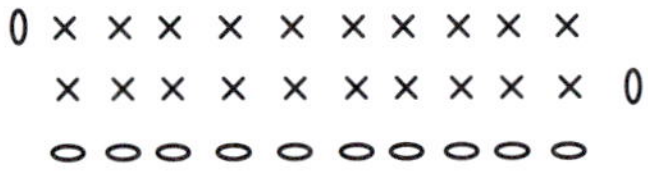

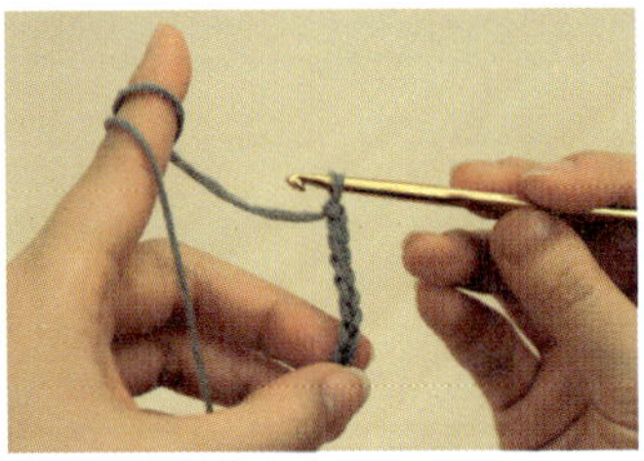

1 사슬코를 만든 모습입니다.

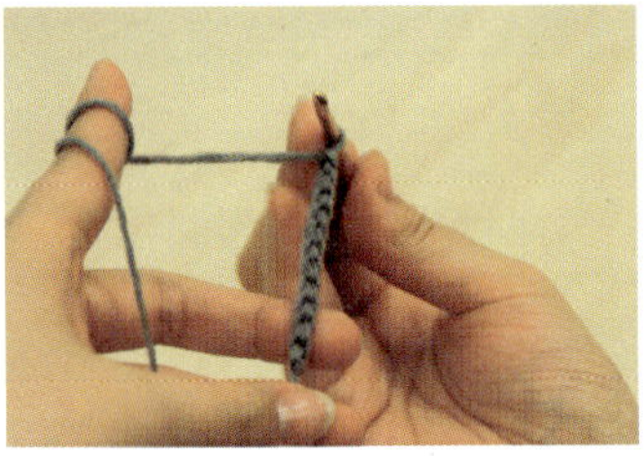

2 1번에서 보이는 사슬코의 반대편으로 돌리면 사진과 같은 모양의 코가 보입니다.

3 자세히 보면 흰색으로 표시된 부분과 같이 '–'자 모양의 코가 보입니다.

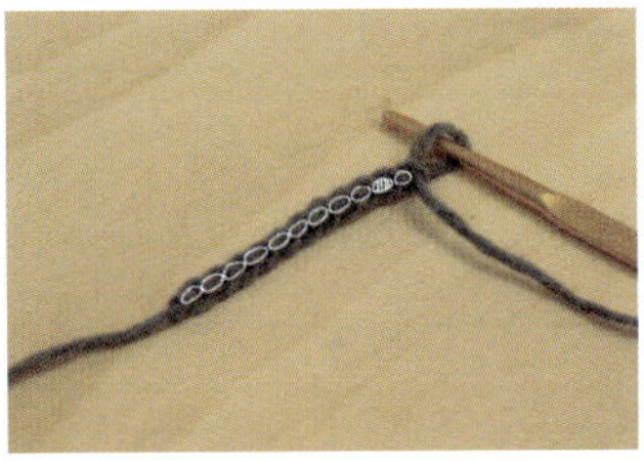

4 빗금 친 부분부터 뜨기 시작합니다.

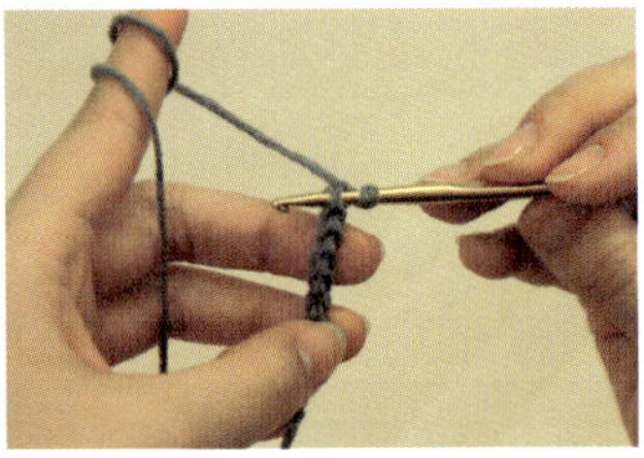

5 4번의 빗금 친 부분으로 바늘을 넣은 모습입니다.

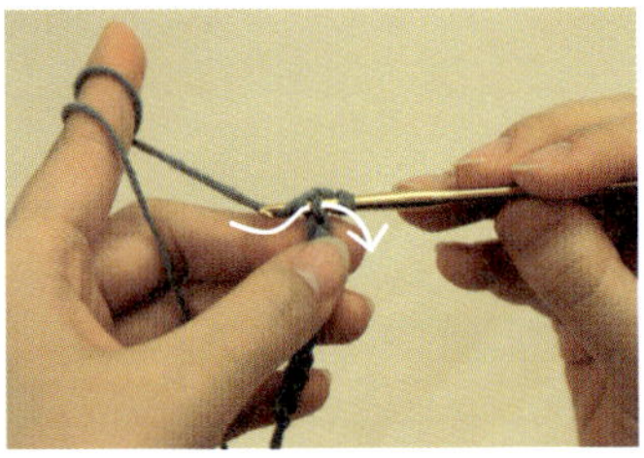

6 검지에 걸린 실을 감아서 빼줍니다.

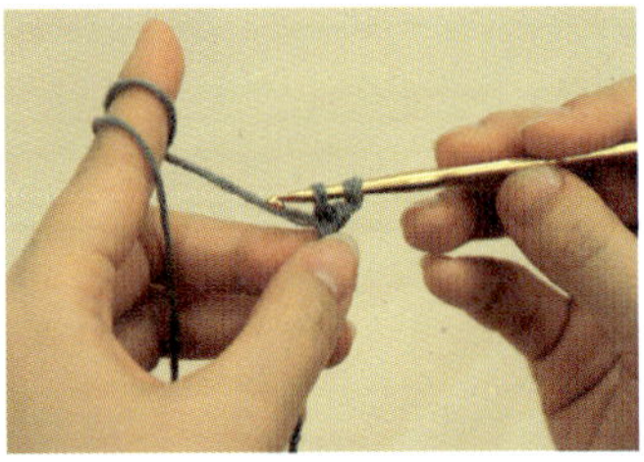

7 바늘 위에 2개의 줄이 남아 있게 됩니다.

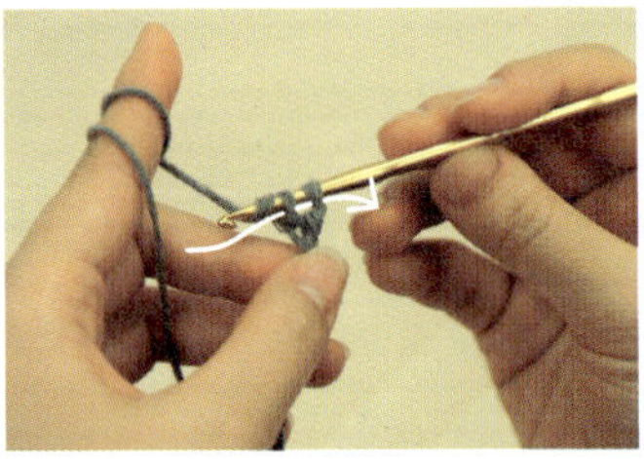

8 검지에 걸린 실을 감아 빼줍니다.

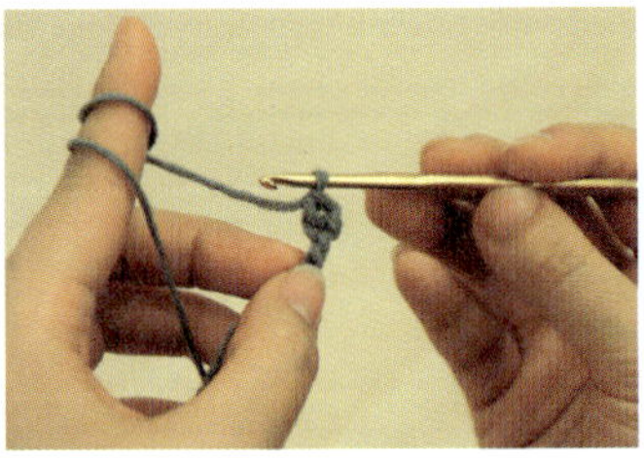

9 사슬코에 짧은뜨기가 완성된 모습입니다.

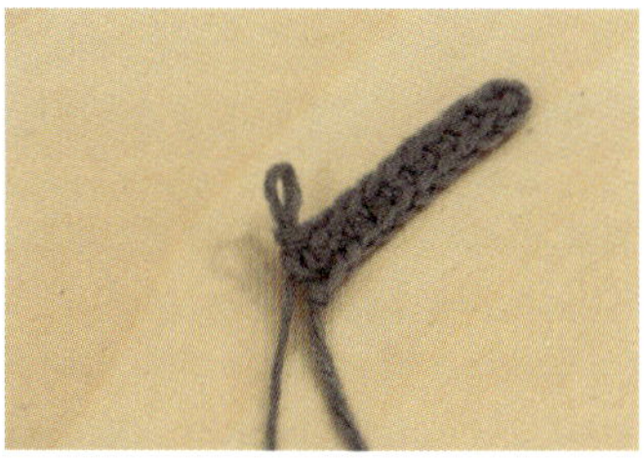

10 사슬코 위에 짧은뜨기로 한 줄을 뜬 모습입니다.

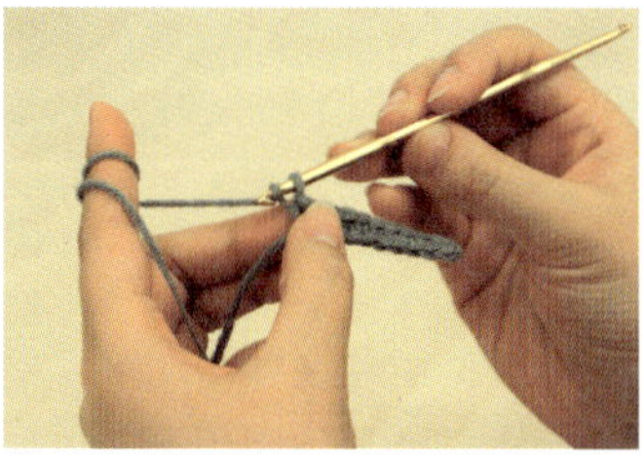

11 검지에 걸린 실을 감아줍니다.

12 감은 실을 빼주면 사슬코 1개가 완성됩니다.

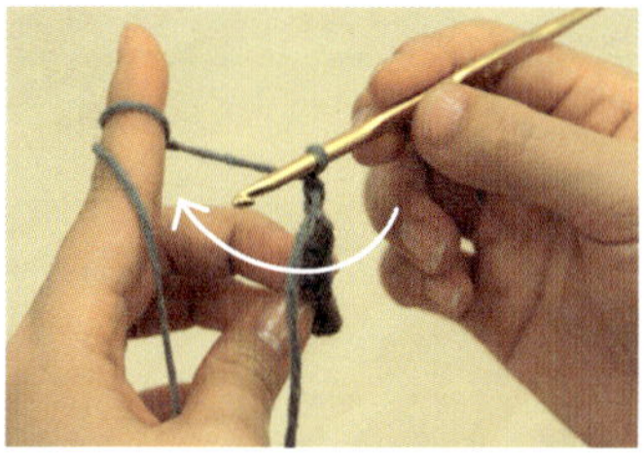

13 반대로 돌려서 잡아줍니다.

14 반대로 돌려서 잡은 모습입니다.

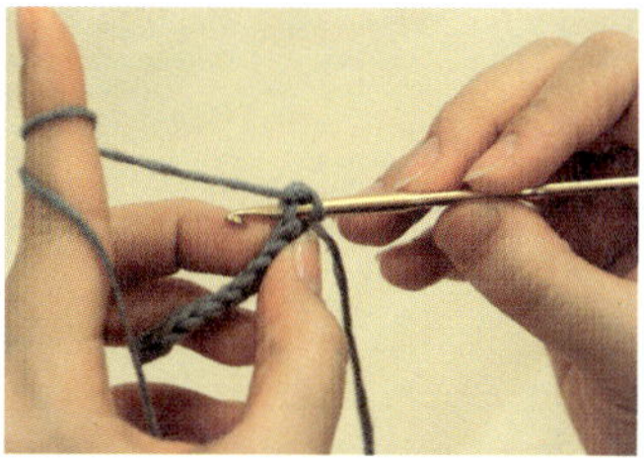

15 12번 과정에서 만든 사슬코를 제외하고 다음 코로 바늘을 넣어 짧은뜨기해 줍니다.

16 사슬코로 시작해서 짧은뜨기로 2단을 뜬 모습입니다.

얼굴, 몸통, 팔, 다리, 코 연결

1 머리, 몸통, 귀 2개, 팔 2개, 다리 2개를 모두 뜬 후 솜을 채워줍니다.

• 솜

머리, 몸통, 다리 100%, 팔 아래쪽으로 70%, 위쪽 30% 정도는 비워두세요. 귀는 솜을 넣지 않아요(다 뜬 후에 머리는 약 15cm, 나머지 부분은 약 30cm 정도 실을 남기고 잘라줍니다).

• 연결 순서

1. 머리 부분 실 정리
2. 몸통의 남은 실로 머리와 연결하기
3. 팔은 반으로 접어서 꿰맨 후 몸통에 연결하기
4. 팔과 일직선이 되는 부분에 다리 연결하기
5. 팔, 다리와 일직선이 되는 부분에 귀 연결하기
6. (코가 있을 경우) 귀, 양쪽 팔의 중앙 부분에 코 연결하기

2 머리 부분의 남은 실을 돗바늘에 끼워둔 후 마지막으로 뜬 코의 다음 코로 돗바늘을 넣습니다. 돗바늘은 바깥쪽에서 안쪽으로 사진과 같이 넣어줍니다.

3 안쪽으로 실을 당겨 뺀 후 매듭을 바짝 지어 묶어둡니다.

4 매듭을 묶은 후 솜 안쪽으로 바늘을 넣어 바깥으로 바늘을 빼줍니다.

5 바깥쪽으로 바늘을 당겨 빼줍니다.

6 처음 바늘을 뺐던 곳으로 다시 바늘을 넣은 후 다시 다른 곳으로 바늘을 넣어 뺍니다(넣었던 곳으로 바늘이 다시 들어가야 바깥쪽에 실이 지나간 자국이 남지 않아요). 이 과정을 3~4번 정도 반복해주면 솜 안쪽으로 실이 지나게 되면서 남은 실이 빠지지 않고 정리됩니다.

7 6번 과정 후에 실을 바짝 당겨 잘라주세요.

8 몸통의 남은 실을 돗바늘에 끼운 후 머리와 마찬가지로 다 뜨고 난 다음 코에 바깥에서 안쪽으로 돗바늘을 넣어줍니다.

9 머리의 코들 중 하나로 바늘을 넣습니다(바늘은 사진과 같이 계속 바깥에서 안쪽으로 넣어주세요).

10 8번에서 바늘을 넣었던 곳의 옆쪽 코로 바늘을 넣어줍니다(연결할 때는 원형코 뜰 때와 마찬가지로 왼쪽 방향으로 돌면서 바늘을 넣어 연결합니다).

11 머리→몸통→머리→몸통의 순서로 한 코씩 바늘을 넣으며 연결합니다.

12 머리와 몸통을 한 코씩 번갈아 가며 몇 코를 연결하면 사진과 같은 모양이 됩니다.

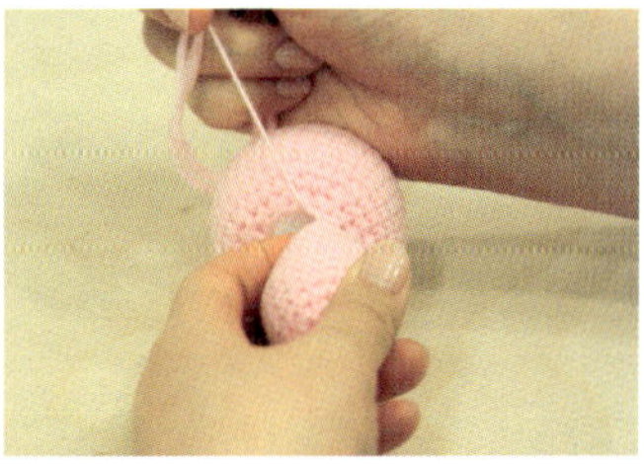

13 연결할 때 주의할 점은 실이 지나다닌 곳이 보이지 않도록 실을 세게 당겨주어야 합니다(여러 코를 넣은 후에 한꺼번에 당기면 잘 당겨지지 않습니다. 1코씩 옮겨갈 때마다 실을 당겨주며 연결합니다).

14 손가락이 들어갈 정도의 공간이 남았을 때 목 부분에 솜을 조금 더 채워주세요. 그 외에도 솜이 부족한 부분이 없는지 확인해보며 솜을 채워 모양을 예쁘게 다듬어줍니다.

15 끝까지 연결해준 후 끝난 부분에서 다른 곳으로 사진과 같이 바늘을 빼줍니다.

16 바깥쪽에서 매듭을 지어줍니다.

17 매듭을 지어준 곳에서 다른 곳으로 바늘을 뺀 후 솜 사이로 실을 3~4번 정도 왔다 갔다 하며 실을 정리해줍니다.

18 팔은 사진과 같이 반으로 접어 꿰매어 붙여줍니다. 끝난 다음 코에 돗바늘을 넣은 후 사진과 같이 엄지와 검지로 잡고 있는 실이 걸려 있는 코로 바늘을 빼줍니다. 즉 안쪽 사슬과 바깥쪽 사슬 2개씩 합쳐서 꿰매주는 방법입니다.

19 18번 과정에서는 안쪽에서 바깥쪽으로 바늘이 들어가게 했다면, 이번에는 사진과 같이 바깥쪽에서 안쪽으로 바늘을 넣어 빼줍니다.

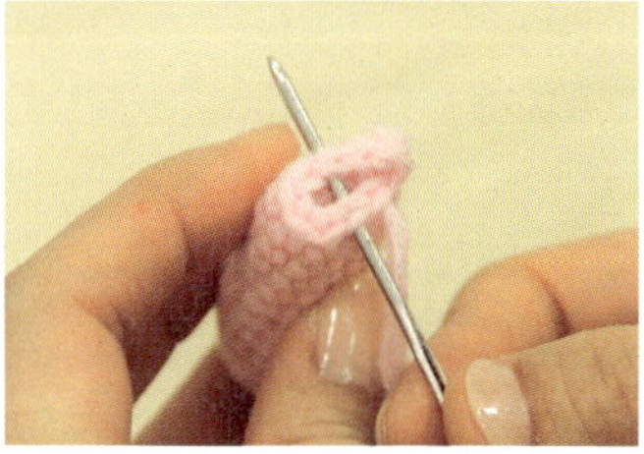

20 다시 안쪽에서 바깥쪽으로 바늘을 넣고 빼며 꿰매줍니다.

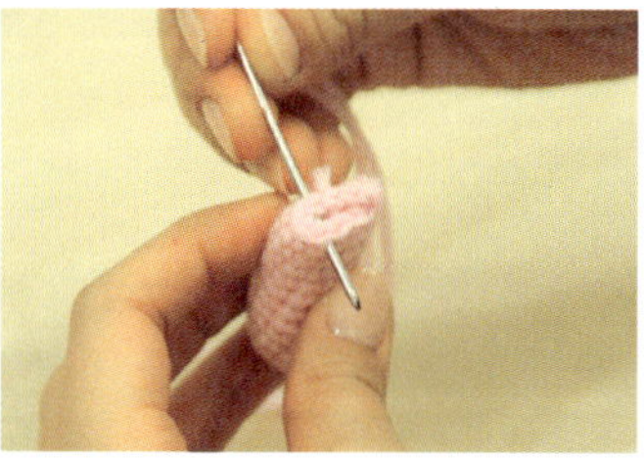

21 끝 부분까지 잘 꿰매줍니다.

22 끝 부분까지 잘 꿰매준 후에 마지막 부분에 남아 있는 한줄 사이로 바늘을 빼주면 정중앙에 실이 위치하게 되어 팔을 더욱 예쁘게 달 수 있습니다.

23 얼굴과 몸통의 경계 부분의 실(얼굴→몸통을 연결해주었던 목 부분의 실) 하나를 정하여 바늘을 넣어줍니다. 연결이 고르지 않은 부분이 있다면 그 부분을 팔로 가려서 달아주면 더 좋습니다.

24 팔은 바깥에서 안쪽으로 바늘을 넣습니다. 팔을 반으로 접어 꿰맸던 것처럼 2개의 사슬 사이로 바늘로 넣어 꿰매줘야 팔이 안쪽까지 예쁘게 고정됩니다(팔 또한 왼쪽 방향으로 꿰매줍니다).

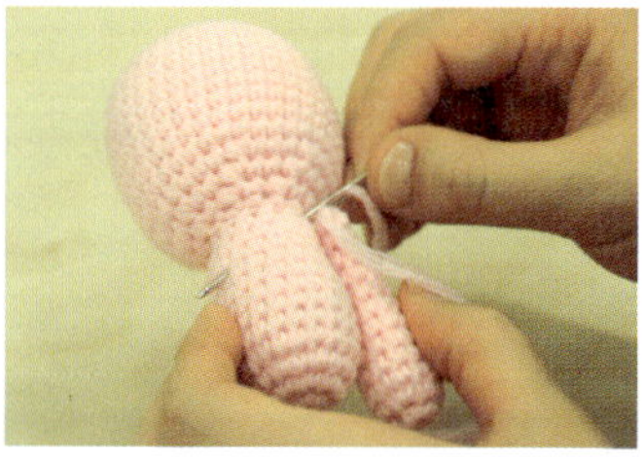

25 목→팔→목→팔을 반복하며 끝까지 연결해준 후에 끝난 부분 바로 아래로 바늘을 넣어 사진과 같이 다른곳으로 바늘을 뺍니다. 16, 17번 과정과 마찬가지로 실을 정리해줍니다.

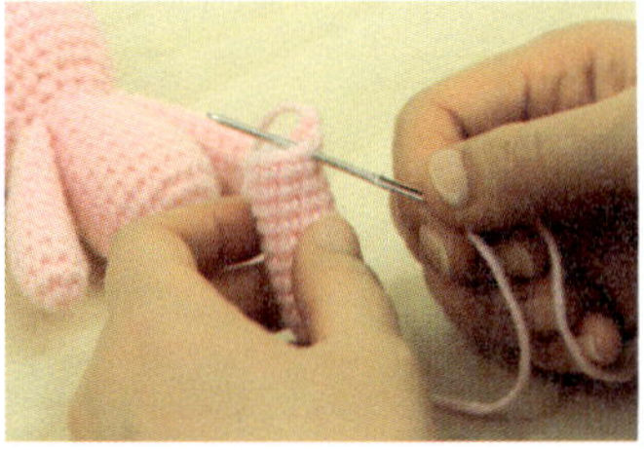

26 다리를 연결해줍니다. 다른 부분과 마찬가지로 다음 코로 바늘을 넣습니다.

27 몸통의 원형코를 경계로 다리를 달아줍니다. 먼저 원형코 바로 옆 코로 바늘을 넣어줍니다.

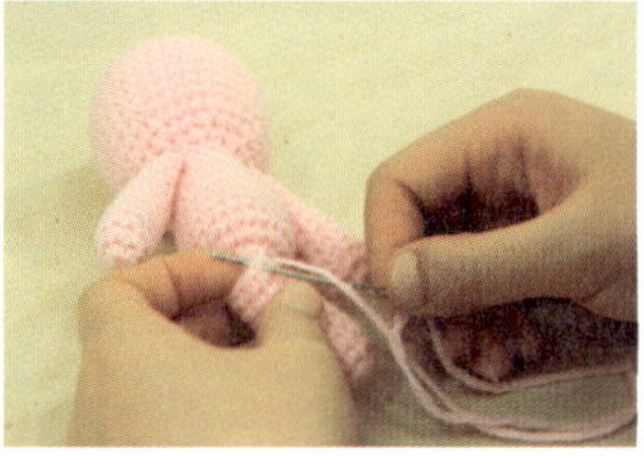

28 몸통→다리를 반복하며 1코씩 연결해줍니다(왼쪽 방향).

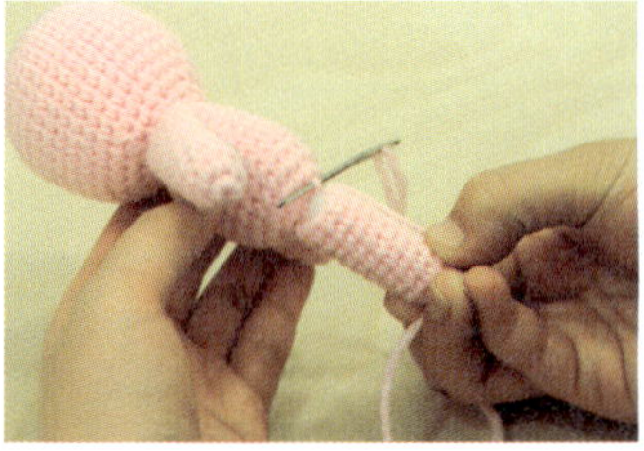

29 솜을 100% 채운 다리가 찌그러지지 않도록 다리의 동그란 모양 그대로 몸통에 붙여서 꿰매줍니다(다리를 붙일 때는 팔과 일직선이 되도록 자리를 잡아 꿰매줍니다).

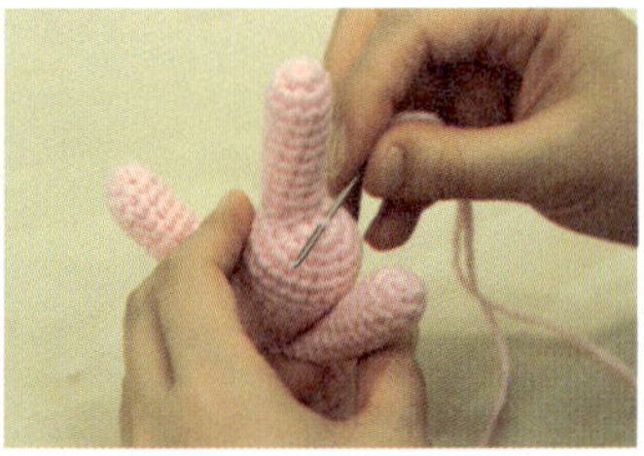

30 한쪽 다리를 붙인 후 다른 한쪽 다리도 중앙 부분부터 바늘을 넣어 연결하기 시작합니다.

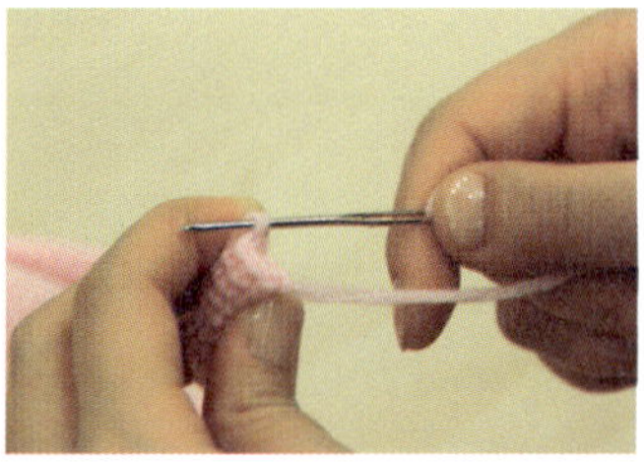

31 귀는 팔처럼 반으로 접어 꿰맨 후에 끝난 부분에서 반대쪽 코로 사진과 같이 바늘을 넣어줍니다.

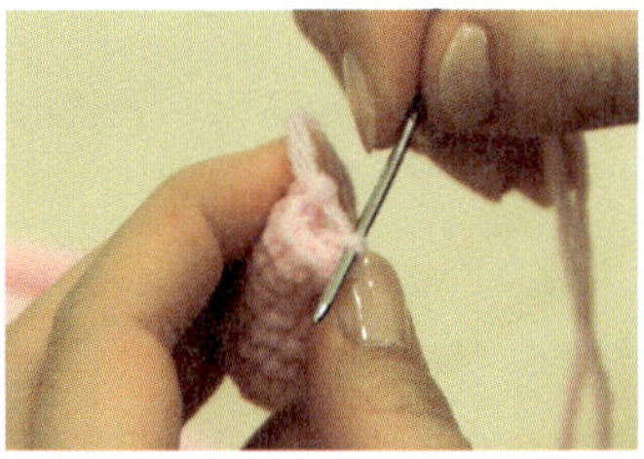

32 다시 반대쪽으로 바늘을 보내주며 실을 당겨줍니다.

33 2~3번 정도 실을 왔다 갔다 하며 당겨주면 토끼 귀 모양으로 접힌 형태가 됩니다.

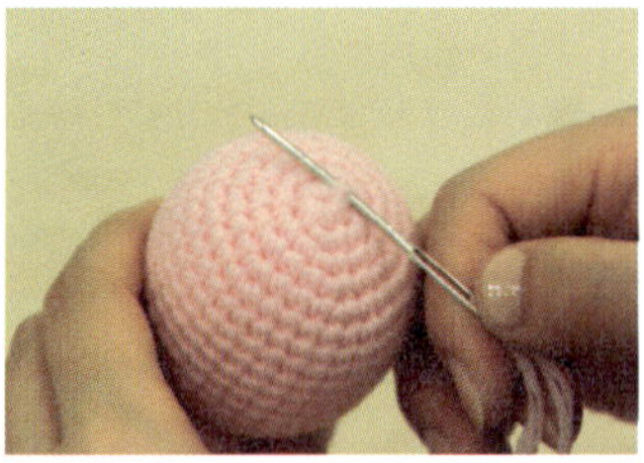

34 귀도 머리의 가운데 부분부터 달기 시작합니다.

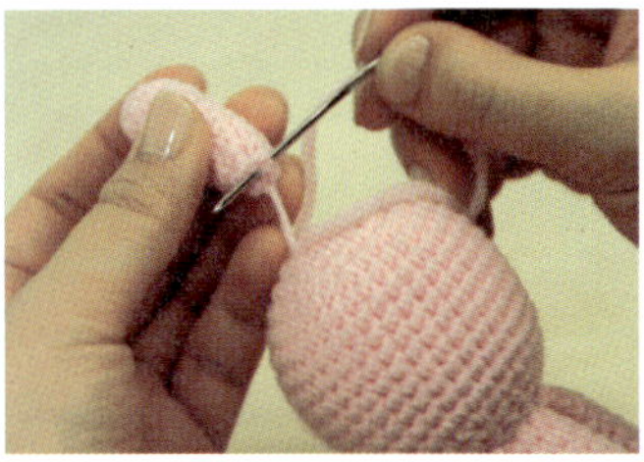

35 머리→귀 순서로 반복하며 귀를 꿰매줍니다. 귀의 위치 또한 팔, 다리와 일직선이 되도록 달아줍니다.

36 늠름 곰돌 군의 얼굴과 몸통, 팔은 깡총 토끼 양과 같은 방법으로 꿰매줍니다. 곰돌 군의 다리는 앞뒤의 모양이 다르기 때문에 몸통 가운데부터 붙이지 않는 것에 주의하세요. 다리의 모양이 앞을 보도록 몸통 위에 대본 후에 사진과 같이 다리의 남은 실과 맞붙는 부분부터 꿰매기 시작합니다. 시작하는 부분만 다르고 꿰매는 방법은 동일합니다.

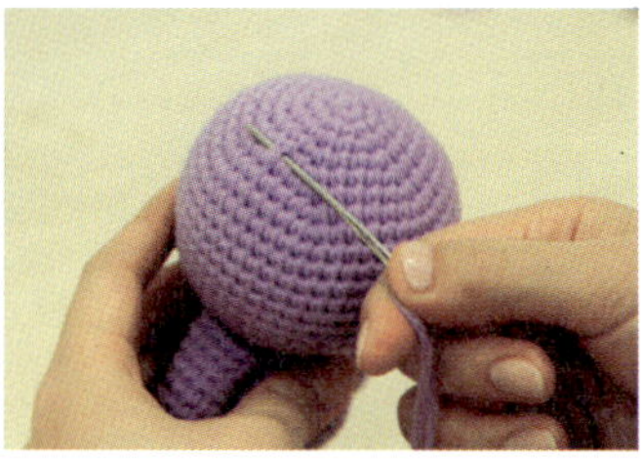

37 귀는 팔처럼 반으로 접어 꿰매준 후 머리에 달아줍니다. 머리의 안쪽에서 바깥쪽으로 바늘을 넣어서 처음 코를 잡아줍니다(머리 중앙에서 5코 아래쪽부터 시작합니다).

38 귀는 바깥쪽에서 안쪽으로 반으로 접어 꿰맸던 귀의 사슬 2코 사이로 바늘을 넣어 빼줍니다. 머리는 안쪽에서 바깥쪽, 귀는 바깥쪽에서 안쪽으로 바늘을 넣어가며 끝까지 연결한 후 실을 정리해줍니다.

39 코는 얼굴의 아래쪽부터 시작해서 왼쪽 방향으로 달아줍니다. 나사형 코를 넣은 후 달아주면 방향을 잡으며 꿰매줄 수 있어서 더 예쁘게 연결할 수 있습니다.

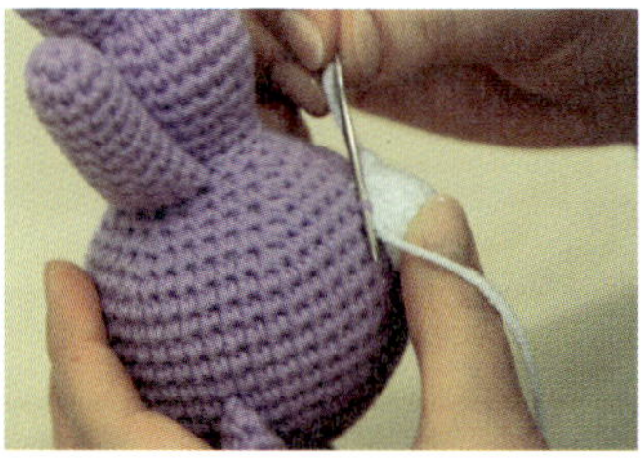

40 흰색 코가 붙는 바로 얼굴 아래쪽으로 코를 함께 연결해야 흰색 실이 지나다닌 자리가 보이지 않고 예쁘게 연결됩니다. 너무 바깥쪽 코와 연결하면 코가 납작하게 붙고 흰색 실이 보여서 예쁘지 않으니 주의하세요.

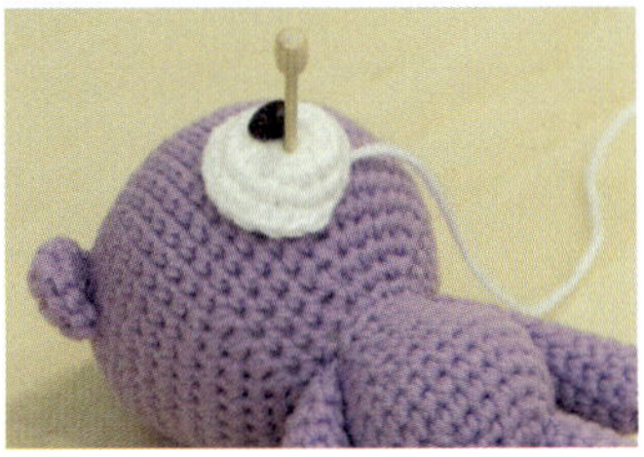

41 코를 붙일 때 바늘 등으로 코를 임시로 고정해준 후에 연결하면 더 안정적으로 연결할 수 있습니다.

42 손가락이 들어갈 정도의 공간이 남으면 솜을 넣은 후 마무리해줍니다.

43 눈, 코를 넣어주면 모두 완성입니다(눈, 코를 넣을 때 목공용 풀을 나사 부분에 살짝 발라 끼워주면 빠지지 않아요).

실색 바꾸기(공통)

1 색이 바뀌기 바로 전 마지막 코를 짧은뜨기 과정 4번까지 뜬 모습입니다(p.63). 이 상태에서 배색될 실을 왼손으로 잡아준 후 바늘에 걸어 바늘에 걸려있던 2코를 한 번에 빼줍니다.

2 다음 코로 바늘을 넣어 짧은뜨기를 시작합니다.

3 짧은뜨기 1코가 완성된 모습입니다.

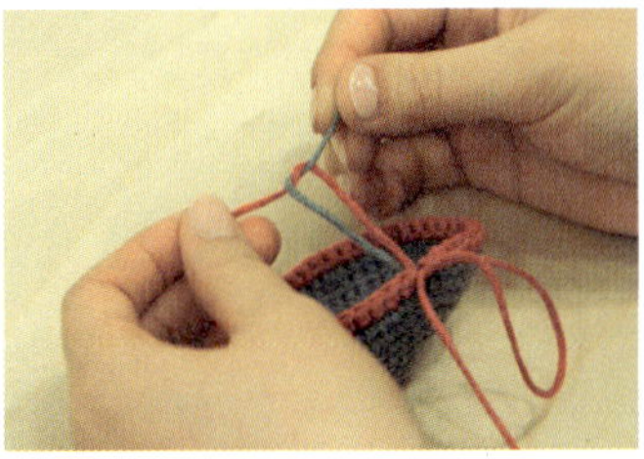

4 실이 바뀌기 전의 실은 짧게 자르고 사진과 같이 새로 배색된 실과 함께 2번 정도 묶어준 후 몸통 안쪽으로 넣어주면 됩니다.

알아두면 좋은 TIP

겉과 안은 어떻게 구분하나요?

- 겉쪽 면은 사진에서 표시해둔 부분과 같이 사슬 모양이 규칙적으로 생깁니다.
- 안쪽 면은 겉쪽 면과 다르게 가로선을 찾아볼 수 있습니다. 어느 정도 뜨다가 코가 늘어나지 않고 위로 단만 늘어날 때 원형코로 뜨고 있는 부분이 말리기 시작하는데, 이때 1번과 사진과 같이 겉면이 바깥쪽으로 보이게 뒤집어준 후 떠줘야 뒤집히지 않고 뜨기에도 편리합니다. 특히 꼬리나 팔과 같이 얇은 부분은 나중에 뒤집을 수 있으니 꼭 겉면이 위로 오게 뒤집어놓고 떠줘야 합니다.

뜨다가 멈출 때, 다 뜬 후에 실은 어떻게 하나요?

- 뜨다가 잠시 쉴 때는 코가 빠지지 않도록 주의하세요.
- 사진 1과 같이 코바늘에 걸려있던 코를 크게 만들어놓으면 코가 빠지지 않아 좋습니다.
- 도안에 따라 모든 코를 다 뜬 후에는 사진 2와 같이 코를 바깥쪽으로 당겨서 남은 실을 모두 빼놓습니다(머리, 몸통, 팔, 다리, 귀, 코 등 다 뜬 후에 실을 빼놓는 방법은 동일합니다).
- 사진 3은 바깥쪽으로 실을 뺀 후의 모습입니다.

1

2

3

단은 어떻게 구분하나요?

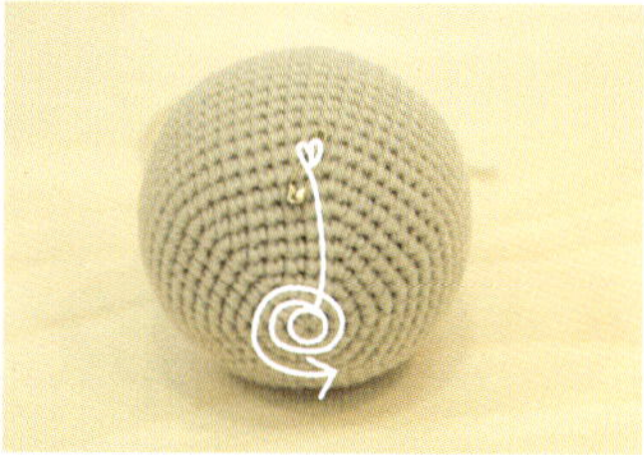

- 빼뜨기 없이 뜨면 빼뜨기 선이 생기지 않아 모양은 예쁘지만 어디까지 떴는지 시작하거나 끝난 곳을 확인하기가 쉽지 않을 때가 있습니다. 단을 표시해둘 때(코 늘이기, 코 줄이기 등이 끝난 부분) 사진과 같이 옷핀이나 단수링, 실을 조금 잘라서 걸어두면 편리합니다.
- 단을 체크할 때는 처음 만든 원형코 부분이 1단이 되고, 그다음 회오리처럼 말려서 코가 시작되는 부분을 찾을 수 있는 데 그 시작 부분이 2단이 됩니다. 회오리 부분과 만나는 부분이 2단의 끝이 되며 그 다음은 3단의 시작이 됩니다. 사진과 같이 끝난 부분의 코를 하나하나 찾아서 올라가면 끝난 점을 쉽게 찾을 수 있습니다.

솜은 어떻게 넣어야 하나요?

- 솜을 넣을 때 너무 적게 넣으면 만질 때마다 모양이 변형되기 때문에 골고루 많이 넣어주는 것이 중요합니다. 긴 모양이나 다리 등을 연결해서 뜰 때는 솜을 넣으면서 뜨면 좋습니다.
- 뚫린 부분으로 솜을 어느 정도 채워준 후에는 전체적인 모양을 위, 아래, 옆에서 보면서 찌그러진 부분을 찾아보며 솜을 넣어줘야 인형을 예쁘게 완성할 수 있습니다. 사진 1의 경우 화살표로 표시되어 있는 부분에 솜을 더 채워줘야 합니다.
- 모자란 부분에 솜을 넣어줄 때는 뚫려 있는 가운데 부분으로만 솜을 넣으면 모양이 변하지 않고 솜만 많이 들어가게 됩니다. 사진 2와 같이 모자란 부분의 표면을 따라서 솜을 넣어줘야 부족한 부분의 솜을 잘 채울 수 있습니다.
- 솜을 골고루 잘 채워주면 사진 3, 4와 같이 동그랗고 예쁜 모양이 완성됩니다.
- 솜을 너무 많이 넣은 상태로 연결하면 돗바늘로 연결할 때마다 솜이 빠져 나와서 연결이 쉽지 않고 완성한 후에 모양도 예쁘지 않습니다. 얼굴, 몸통의 경우 바깥쪽으로 빠져 나오지 않을 정도로 각 부분에 솜을 넣은 후 돗바늘로 연결하다가 손가락이 들어갈 정도의 공간이 남아 있을 때 모자란 부분이 있으면 더 채워줍니다. 또한 얼굴과 몸통을 연결하며 생긴 목 부분의 공간에도 솜을 더 채워준 후 마무리 해주세요.

이 책에서 사용한 인형 만들기 기법

기법 1 오므리기
(1, 2, 3, 6, 11, 12, 16번 공통)

얼굴과 몸통을 따로 뜨지 않고 일체형으로 뜬 인형의 경우 마지막 단을 바늘로 오므려 정리해주는 기법으로 남아 있는 코의 개수만큼 바늘로 둘러서 당겨주면 구멍이 없어진 상태로 마무리할 수 있습니다.

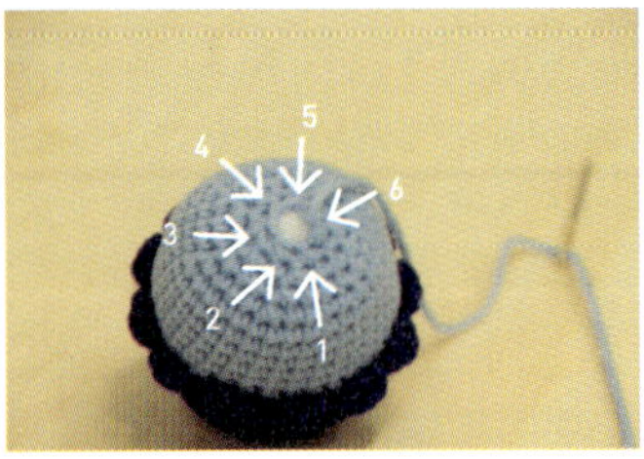

1 마지막 단의 마지막 코까지 뜬 후에 실을 빼서 돗바늘에 끼워둡니다.

2 다음 코부터 차례대로 1코씩(사슬코 아래로) 바늘을 넣어줍니다. 사진과 같이 바깥에서 안쪽으로 바늘을 넣고 실을 쭉 뺀 다음, 남은 코들도 마찬가지로 바늘을 넣고 빼는 과정을 반복합니다. 예를 들어 마지막 단을 뜨고 6코가 남아 있을 경우 1번 사진과 같이 표시되어 있는 순서대로 바늘을 넣어주면 됩니다.

3 모든 코를 돗바늘로 둘러준 후에 왔던 방향으로 실을 당겨주면 벌어져 있던 부분이 예쁘게 오므라들게 됩니다(솜이 밖으로 나오지 않게 주의합니다).

4 사진과 같이 벌어진 부분이 모두 오므라들면 실이 있는 곳 바로 아래로 바늘을 넣어준 후 여러 번 몸통 속을 지나다니며 실을 정리하여 줍니다.

기법 2 이랑뜨기
(1, 3, 7, 9, 10, 11, 13, 14, 15, 18, 20, 23번 공통)

1 사슬코 중에서 뒤쪽 줄 하나만 걸어서 짧은뜨기를 합니다.

2 즉, 도안에서 기호 아래쪽에 줄이 그어져 있을 때는(ex.$\underline{x}$) 사슬코 중에서 뒷줄(안쪽 줄), 즉 사진에서 빗금으로 표시되어 있는 부분만 걸어서 뜨면 됩니다.

3 이랑뜨기로 1줄을 다 뜨고 나면 사진과 같이 뜨지 않았던 앞쪽 줄이 남아 있게 됩니다.

4 또한 위의 설명과 반대로 도안에서 기호 위쪽에 줄이 그어져 있을 때는(ex.$\overline{x}$) 사슬코 중에서 앞줄(바깥쪽 줄), 즉 사진의 빗금으로 표시되어 있는 부분만 걸어서 뜨면 됩니다.

기법 3 이랑뜨기 연결하기
(3번 부엉 군 3)

1 부엉 군 3의 13단을 이랑뜨기(앞쪽 줄=바깥줄만 걸어서 뜹니다)로 뜨고 나면 사진과 같이 안쪽에 줄이 남아 있는 모습이 됩니다.

2 마지막 이랑뜨기로 뜬 코 안쪽에 남아 있는 줄에 바늘을 넣어줍니다.

3 새로운 실을 왼손으로 고리를 만들어 잡고 바늘에 걸어서 빼줍니다.

4 3번에서 바늘을 걸었던 코의 다음 코부터 차례대로 1코씩 걸어서 짧은뜨기를 해주면 됩니다.

기법 4 팔 사선 연결
(6, 7번 공통)

뜨개 바늘이나 낚싯대 등의 물건을 들고 있는 팔을 표현할 때 사용되는 기법으로 팔이 사선으로 연결됩니다.

1 팔을 사선으로 붙이기 위해 자리를 잡아줍니다.

2 먼저 목 부분의 회색 코 사이로 바늘을 넣습니다.

3 바늘을 넣고 빼줄 때 사진과 같이 등 쪽의 아무 코나 잡아 그 사이로 빼줍니다.

4 3번에서 바늘이 나왔던 같은 코 사이로 다시 바늘을 넣어줍니다.

5 팔을 연결할 부분 아래로 바늘을 빼줍니다.

6 팔의 코를 바깥에서 안쪽 방향으로 걸어 넣어줍니다.

7 5번에서 나왔던 곳으로 다시 들어가며 등 쪽의 코 사이로 바늘을 빼줍니다.

8 4~7번 과정을 반복하며 팔의 끝부분까지 잘 연결해준 후 다른 곳으로 실을 빼서 남은 실을 정리해줍니다.

9 남은 실을 잘라준 후의 모습입니다.

기법 5 치마단 정리
(7, 10, 14, 15, 20, 23번 공통)

1 마지막 코는 빼뜨기 해주고 실을 바깥쪽으로 빼둡니다.

2 빼뜨기 해둔 곳으로 바늘을 넣어서 빼줍니다.

3 안쪽의 코 사이사이로 바늘을 넣어서 남은 실을 숨겨줍니다.

4 어느 정도 숨겨준 후에 실을 바짝 당겨서 가위로 잘라줍니다.

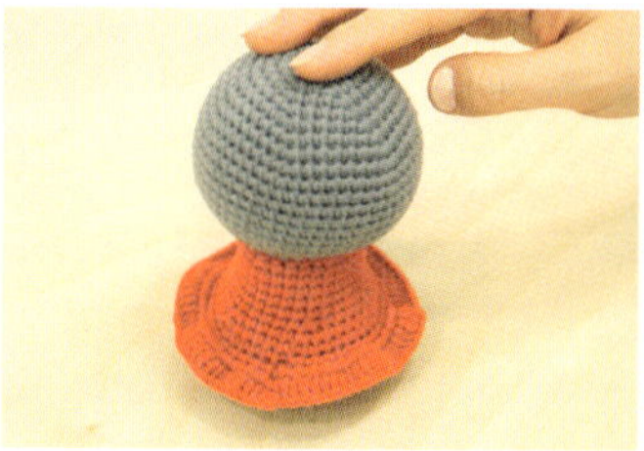

5 실을 안쪽으로 정리해주고 난 후의 모습입니다.

기법 6 중간 사슬코
(8, 9, 12, 19, 21번 공통)

중간에 사슬코를 넣는 기법으로 사슬코를 통해 구멍이 생기게 되어 귀, 꼬리 등이 바깥으로 나올 수 있게 해줍니다.

1 도안 중간에 사슬코가 나오면 사슬코의 개수만큼 코를 만듭니다.

2 사슬코의 개수만큼 아래쪽도 코를 띄우고 다음 코로 들어가서 떠줍니다. 예를 들어 도안에서 사슬의 개수가 4개라면 4코를 띄고 5번째 코부터 뜨기 시작하면 됩니다.

3 사슬의 개수만큼 건너뛰고 다음 코로 들어가 실을 걸어온 모습입니다. 사진과 같이 구멍이 생겨서 나중에 귀나 꼬리를 바깥쪽으로 뺄 수 있게 됩니다. 다음 단에서 사슬코의 윗부분을 뜰 때는 사슬코를 통째로 감싸서 떠주면 쉽게 뜰 수 있습니다.

기법 7 스커트 연결
(8, 11, 15, 16, 21, 24번 공통)

몸통에서 만들어뒀던 이랑뜨기를 통해 스커트를 연결하는 기법으로 몸통 바깥쪽에 남아 있는 줄에 바늘을 걸어서 뜰 수 있어 편리하게 스커트를 만들 수 있습니다.

1 뒷줄 이랑뜨기를 하고 나면 사진과 같이 몸통 앞쪽에 실이 1줄씩 남게 됩니다.

2 이랑뜨기에 스커트를 연결할 때는 사진과 같이 엉덩이 쪽이 아닌 목 부분(뚫린 쪽)을 보고 연결해줘야 합니다. 위의 사진처럼 이랑뜨기를 뜰 때 첫 코가 되었던 부분부터 바늘을 넣어 스커트를 연결합니다.

3 바늘에 실을 넣어서 사진과 같이 바깥쪽으로 바늘을 빼둡니다.

4 다음 코로 바늘을 넣어 짧은뜨기를 시작합니다.

5 1줄을 다 뜨고 나면 사진과 같은 모양이 됩니다.

6 다음 단은 사진과 같이 처음 만들어진 짧은뜨기의 사슬 아래로 들어가서 뜨기 시작하면 됩니다.

기법 8 팔, 다리 조인트
(12, 16번 공통)

팔, 다리를 다 만들어놓은 다음 바늘로 몸통을 꿰뚫어 이어주는 방법을 조인트라고 하는데, 이때 실을 몸통 속으로 몇 번 왔다 갔다 해줘야 튼튼하게 연결이 됩니다. 팔을 지나 몸통 속으로 들어갈 때 실을 너무 당기면 실이 지나간 자국이 많이 생기므로 살짝 잡아당겨주며 연결해줍니다. 실로 조인트하는 기법을 이용하면 팔, 다리를 자유롭게 위, 아래로 움직일 수 있게 됩니다.

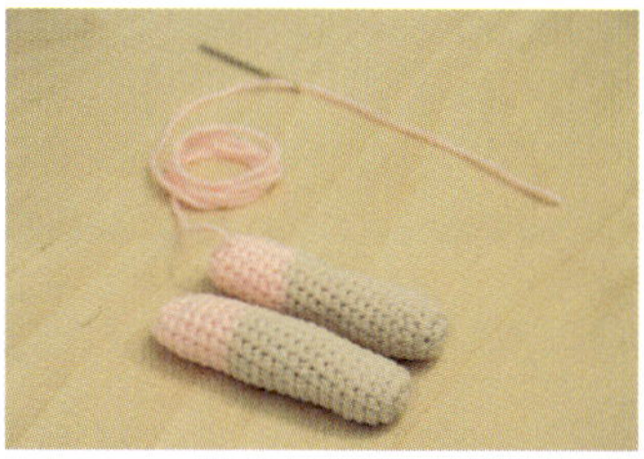

1 팔 한쪽은 실을 정리하여 잘라두고(기법1을 참고하여 끝부분을 오므린 후 실을 정리해 줍니다), 나머지 한쪽은 실을 30cm 정도 남긴 채 2단 아래 코로 바늘을 빼둡니다(팔과 다리의 연결방법은 동일하므로 팔 연결방법만 설명해 드리겠습니다).

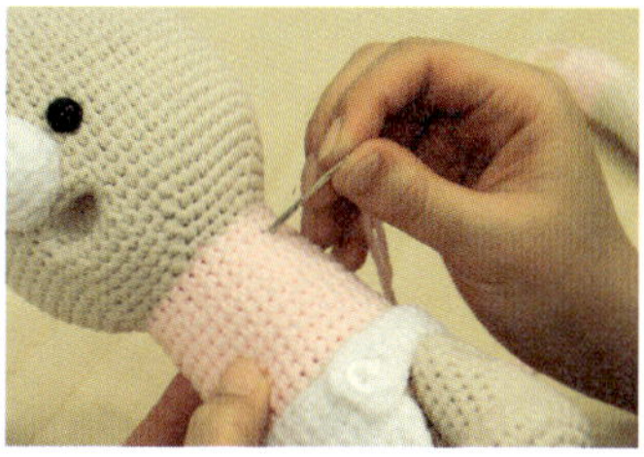

2 몸통에 팔이 달릴 부분을 정하여 바늘을 넣어줍니다.

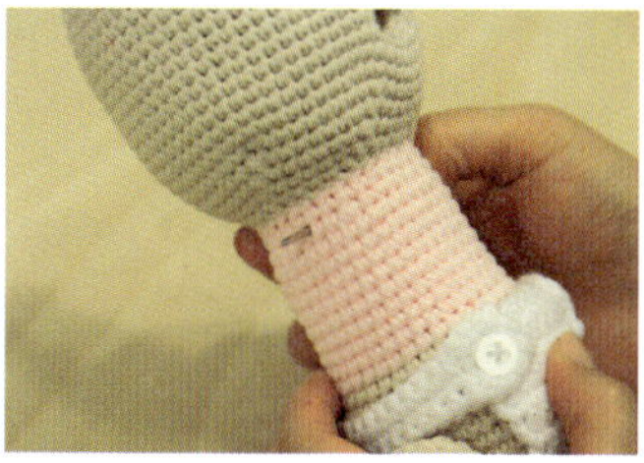

3 처음 바늘을 넣었던 곳에서 반대쪽으로 몸통을 통과하여 바늘을 빼줍니다.

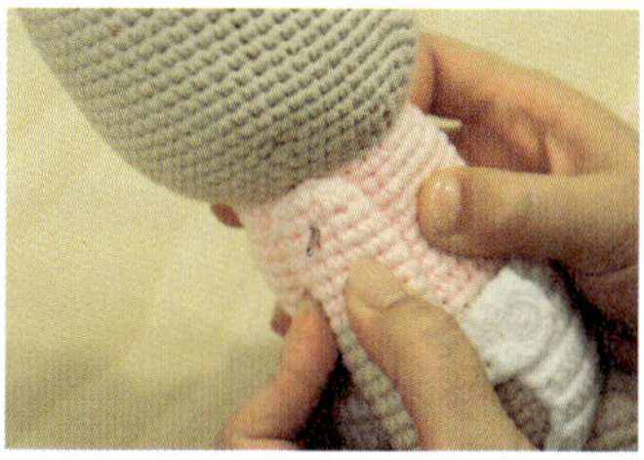

4 정리해뒀던 반대편 팔을 바늘에 꽂고 바늘을 당겨 실을 빼줍니다.

5 바늘로 몸통을 통과하는 과정을 3~4번 정도 반복하면 팔이 고정이 되면서 자유롭게 움직일 수 있게 됩니다. 실이 몸통을 통과할 때 주의할 점은 사진과 같이 바늘이 나왔던 곳의 옆 코로 바늘을 넣어 몸통 속으로 넣어줘야 팔이 빠지지 않고 잘 고정이 됩니다.

기법 9 다리, 몸통 일체형

(13, 18, 21, 22, 23번 공통)

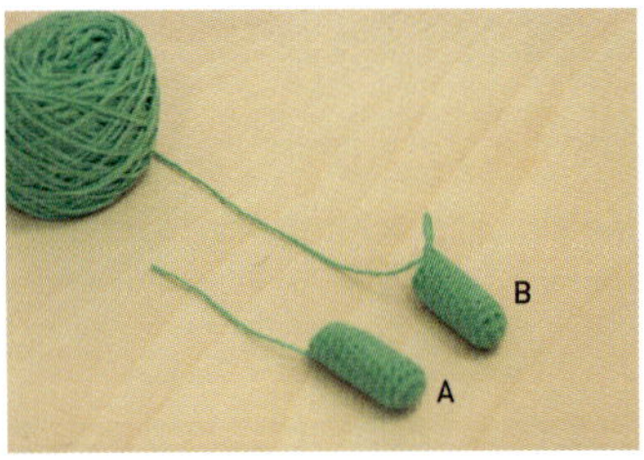

1 사슬코로 연결하는 부분이 나오기 전까지 다리 2개를 모두 뜹니다. 다리 한쪽(A)는 다 뜨고 난 후 5cm 정도로 실을 짧게 자른 후에 남은 실을 바깥쪽으로 빼두고, 다른 한쪽(B)는 실을 자르지 말고 사진과 같이 그대로 둡니다.

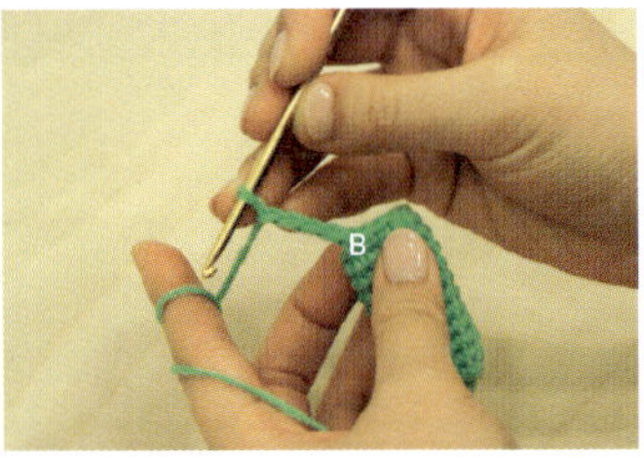

2 다리 B에서 바로 사슬코(도안에 나와 있는 개수만큼)를 만듭니다.

3 다리 A의 첫 코로 바늘을 넣어 뜨기 시작합니다(기법10의 4~7번 과정을 참고하여 다시 A의 남아 있는 실을 감싸서 떠줍니다).

4 다리 A의 코를 모두 뜬 후에 사진과 같이 다리를 들어서 보면 사슬 모양이 잘 보입니다. 흰색으로 표시된 사슬코 부분 중에서 빗금으로 되어 있는 윗줄에만 바늘을 걸어 짧은뜨기 합니다.

5 다리 B를 떠줍니다. 첫 코는 빗금으로 표시된 부분으로 사슬이 연결되어 있는 곳이 아닌 다음 코부터이니 시작점을 주의하여 떠줍니다.

6 다리 B를 다 뜬 후에 다시 사슬 부분을 만나게 되는데 4번 과정에서 사슬 중의 윗줄만 걸어 떠줬기 때문에 반대편은 자동으로 1줄씩 남아 있게 됩니다. 흰색으로 표시된 부분에 1코씩 바늘을 걸어 짧은뜨기 해주면 됩니다. 이 과정은 다리와 몸통을 일체형으로 뜰 수 있는 과정으로 나중에 다리를 연결해주지 않아도 되므로 매우 편리합니다.

토끼 누나와 꿀꿀 동생의 도안을 예를 들어 설명하자면 1~6번 과정을 통해 13번째 단이 완성된 상태입니다. '12코(다리A)+12코(다리B)=24코', 사슬코 4코를 통해 연결하며 생긴 앞, 뒤의 4코씩 총 8코가 합쳐져서 13단은 총 12+4+12+4=32코가 되는 것입니다.

기법 10 사슬코 없이 바지, 다리 연결

(14, 19번 공통)

사슬코 없이 바로 다리나 바지를 연결하는 기법으로 2개의 부분을 뜬 후 각 부분을 바로 연결해서 뜰 수 있어서 나중에 연결할 필요가 없는 편리한 방법입니다.

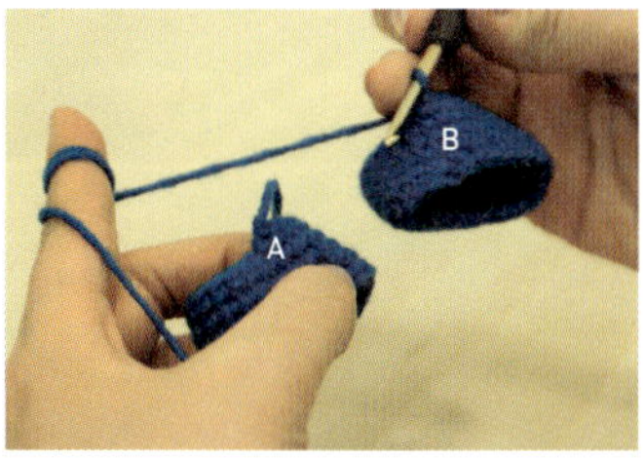

1 바지 A는 실을 잘라서 바깥으로 빼둔 쪽이고, 바지 B는 실이 연결되어 있는 쪽입니다. 왼손에 B의 실을 걸고 A를 잡고 B에는 바늘을 걸고 오른손으로 잡아둡니다.

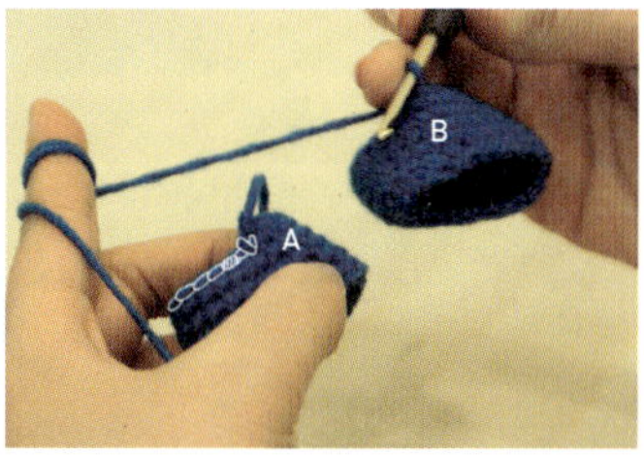

2 1번 사진과 비교해보았을 때 실이 걸려 있는 곳이 아닌 다음 코가 있는 부분, 즉 A의 빗금으로 표시되어 있는 부분으로 코바늘을 넣어 뜨기 시작합니다.

3 2번에서 넣기로 1코 아래로 코바늘이 들어간 모습입니다.

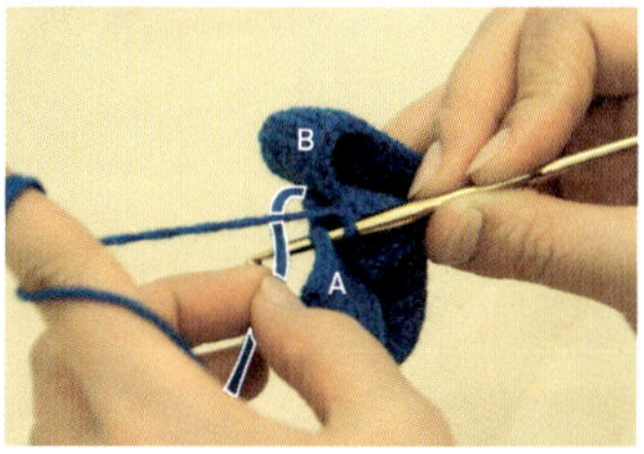

4 다음 코부터 바늘을 넣어서 짧은뜨기 해주면 되는데 A에서 남아 있던 실을 사진과 같이 바늘 위에 올려놓고 뜨면 짧은뜨기 안쪽으로 실이 감싸져서 남은 실을 묶거나 돗바늘을 숨겨줄 필요 없이 깔끔하게 정리됩니다. 나머지 과정을 참고하여 떠봅니다.

5 A의 남은 실을 왼손으로 잡아서 바늘 위에 밀착시켜줍니다.

6 남은 실을 밀착시킨 상태로 왼손 검지에 걸린 실을 걸어옵니다.

7 걸어온 실을 빼준 모습으로 안쪽을 보면 실이 감싸진 것을 확인할 수 있습니다. 남아 있는 실도 모두 감싸서 떠줍니다.

기법 11 바지 끝부분 정리
(19번)

1 바지를 뜨고 나면 아래쪽에 벌어진 부분이 보입니다.

2 돗바늘에 실을 걸어두고 벌어진 곳의 사슬코를 걸어서 빼줍니다.

3 바지 안쪽의 코와 코 사이로 돗바늘을 넣어서 실을 숨겨줍니다. 10코 정도 옆으로 간 후 실을 짧게 잘라주면 됩니다.

기법 12 열기구 연결
(11번)

1 위쪽에서부터 이랑뜨기를 해서 생긴 3번째 줄에 바늘을 걸어 한 줄을 쭉 짧은 뜨기해줍니다. 이때 기법 7의 스커트 연결하는 방법과는 달리 바닥 쪽을 바라보고 연결해야 합니다.

2 한 줄을 모두 떠준 모습입니다.

3 사진과 같이 처음 짧은 뜨기를 했던 코 아래로 바늘을 넣어 빼뜨기를 한 코 해줍니다.

4 빼뜨기 한 코를 완성한 모습입니다.

5 빼뜨기를 하고 난 후 사슬코를 40코 만들어준 후 250~270cm 정도 실을 남기고 바깥쪽으로 실을 빼둡니다.

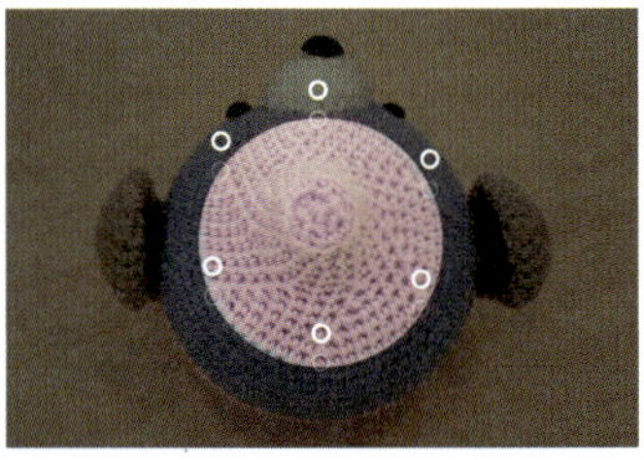

6 동그라미 친 부분은 하늘색에서 보라색으로 색이 바뀐 단에서 코가 줄어든 부분을 표시해놓은 모습입니다.

7 사진과 같이 하늘색과 보라색 경계의 단이자 코가 줄어든 부분에 돗바늘을 넣어줍니다(얼굴의 오른쪽부터 시작합니다).

8 얼굴의 왼쪽 부분의 코가 줄어든 부분으로 돗바늘을 빼줍니다.

9 돗바늘을 넣었던 곳의 옆 코로 코바늘을 넣어 실을 걸어준 후 코를 만들어줍니다.

10 코를 만들어준 모습입니다. 이 상태에서 다시 사슬코를 40코 만들어줍니다.

11 8코를 띄고 9번째 코로 들어가서 빼뜨기를 해주고 실을 바깥쪽으로 빼둡니다.

12 남은 실을 돗바늘에 넣어서 사진과 같이 코 아래쪽으로 숨겨줍니다. 8코 아래로 한 코씩 지나가며 실을 숨겨줍니다.

13 8코를 띄고 9번째 코 아래로 코바늘을 넣어 실을 걸어와 바깥으로 빼주면서 코를 만들어 준 후 다시 사슬코를 40코 만듭니다.

14 사진과 같이 돗바늘을 넣습니다.

15 사진과 같이 옆쪽으로 돗바늘을 빼줍니다. 9~11번 과정을 반복하여 바구니부분에 빼뜨기까지 해준 후 남은 실은 12번과 같이 숨겨주면 완성입니다.

도안보는 법

얼굴 → 인형을 뜰 때 어떤 부분인지 표시해두었습니다.

분홍색 → 색을 확인하고 떠주세요.

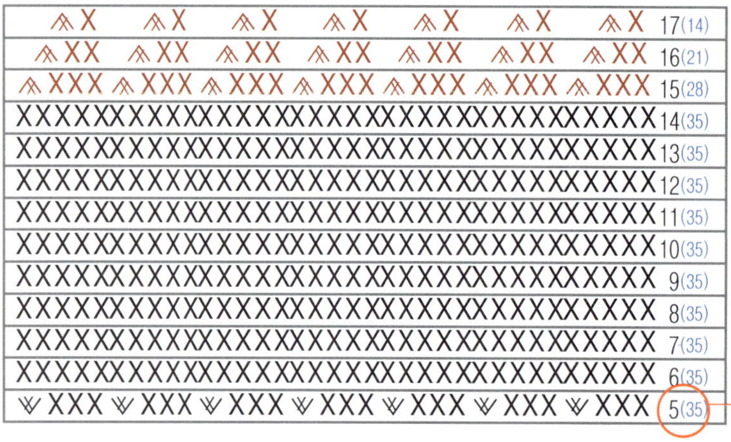

도안 중에 빨간색으로 표시되어 있는 부분은 코를 줄이는 곳이니 빼놓지 말고 줄여주세요.

박스 안의 도안(5단부터 17단)은 원형 코를 평면으로 펼쳐놓은 도안입니다. 오른쪽 숫자가 있는 쪽부터 왼쪽방향으로 도안을 보면서 떠주세요.

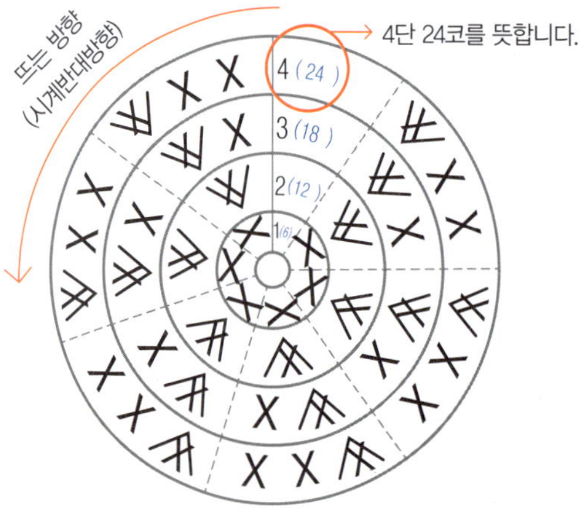

*모든 도안은 단이 끝날 때마다 빼뜨기 없이 뜹니다.

SO EASY~

HOW TO MAKE

손뜨개 인형 만들기

HOW TO MAKE

PAGE 8
LEVEL ★

| WORKS 01 |

달콤한 친구들

완성크기 8cm
바늘 모사용 코바늘 5호, 돗바늘
사용실 노란색, 주황색, 분홍색, 살구색, 베이지색, 갈색, 흰색
부재료 인형솜, 나사형 인형눈 각 2개, 나사형 인형코 각 1개

몸통 4마리 동일

돼지 : 살구색, 토끼 : 분홍색, 곰 : 베이지색, 병아리 : 노란색

∧	∧	∧	∧	∧	∧	25 (6)
∧×	∧×	∧×	∧×	∧×	∧×	24 (12)
∧××	∧××	∧××	∧××	∧××	∧××	23 (18)
∧×××	∧×××	∧×××	∧×××	∧×××	∧×××	22 (24)
∧××××	∧××××	∧××××	∧××××	∧××××	∧××××	21 (30)
∧×××××	∧×××××	∧×××××	∧×××××	∧×××××	∧×××××	20 (36)
∧××××××	∧××××××	∧××××××	∧××××××	∧××××××	∧××××××	19 (42)
××××××××	××××××××	××××××××	××××××××	××××××××	××××××××	18 (48)
××××××××	××××××××	××××××××	××××××××	××××××××	××××××××	17 (48)
××××××××	××××××××	××××××××	××××××××	××××××××	××××××××	16 (48)
××××××××	××××××××	××××××××	××××××××	××××××××	××××××××	15 (48)
××××××××	××××××××	××××××××	××××××××	××××××××	××××××××	14 (48)
××××××××	××××××××	××××××××	××××××××	××××××××	××××××××	13 (48)
××××××××	××××××××	××××××××	××××××××	××××××××	××××××××	12 (48)
××××××××	××××××××	××××××××	××××××××	××××××××	××××××××	11 (48)
∨××××××	∨××××××	∨××××××	∨××××××	∨××××××	∨××××××	10 (48)
∨×××××	∨×××××	∨×××××	∨×××××	∨×××××	∨×××××	9 (42)
∨××××	∨××××	∨××××	∨××××	∨××××	∨××××	8 (36)
∨×××	∨×××	∨×××	∨×××	∨×××	∨×××	7 (30)
∨××	∨××	∨××	∨××	∨××	∨××	6 (24)
∨×	∨×	∨×	∨×	∨×	∨×	5 (18)

돼지 귀

살구색

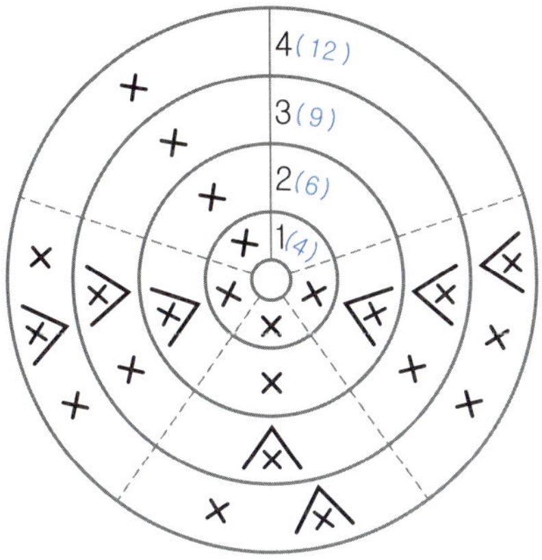

돼지 코

살구색

3단 이랑뜨기

토끼 귀

분홍색

××	×	××	×	××	×	10(9)
××	×	××	×	××	×	9(9)
××	×	××	×	××	×	8(9)
××	×	××	×	××	×	7(9)
××	×	××	×	××	×	6(9)
××	×	××	×	××	×	5(9)

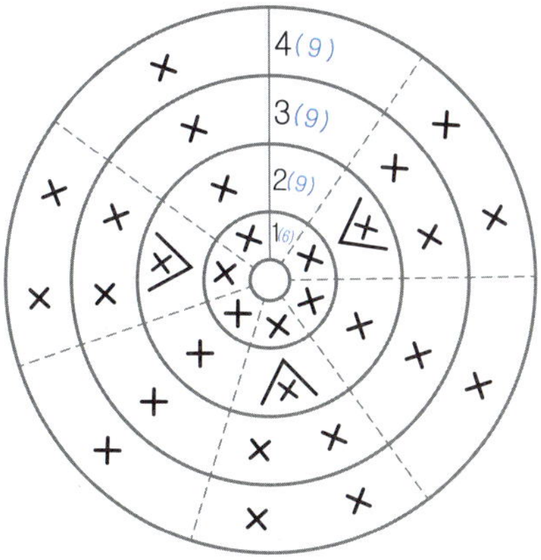

곰 코

흰색

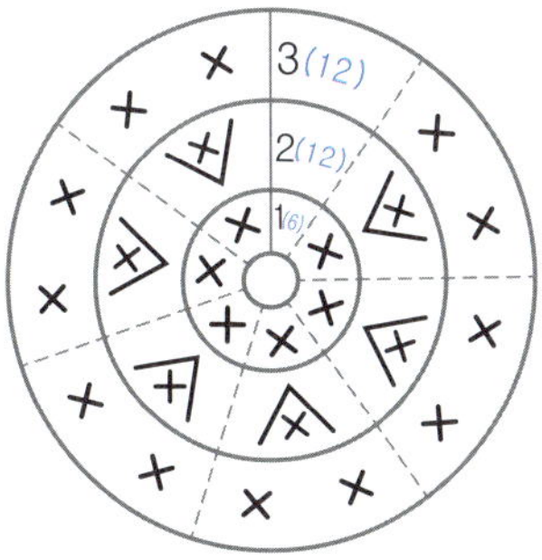

곰 귀

진갈색

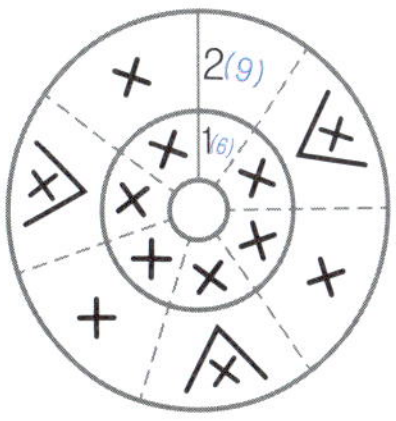

병아리 날개

노란색

병아리 부리

주황색

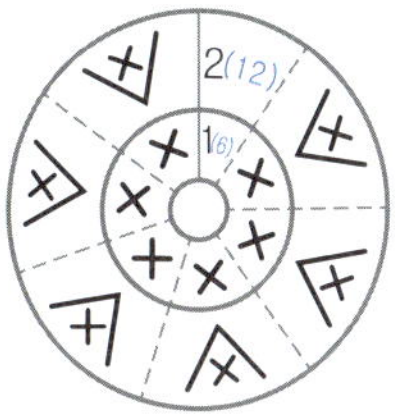

병아리 부리 붙이는 법

겉면을 위로 오게 두고 돗바늘로 홈질하듯 몸체와 함께 꿰매줍니다.

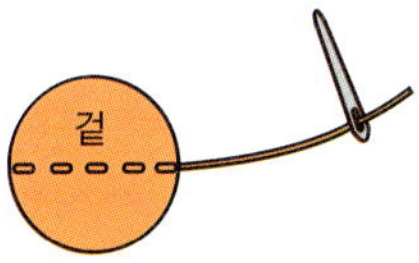

| WORKS 02 |

꽉꽉 패밀리

완성크기 아빠 13cm, 엄마 11cm, 세 꽉꽉이 5.5cm
바늘 아빠와 세 꽉꽉이 모사용 코바늘 5호, 엄마 모사용 코바늘 3호, 돗바늘
사용실 노란색, 주황색
부재료 인형솜, 나사형 인형눈 4개, 리본, 빨간색 펠트, 검은색 펠트

아가오리들 얼굴 & 몸통

노란색 5호

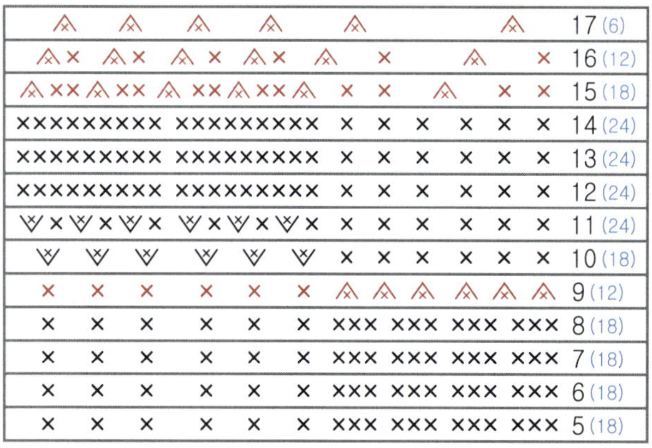

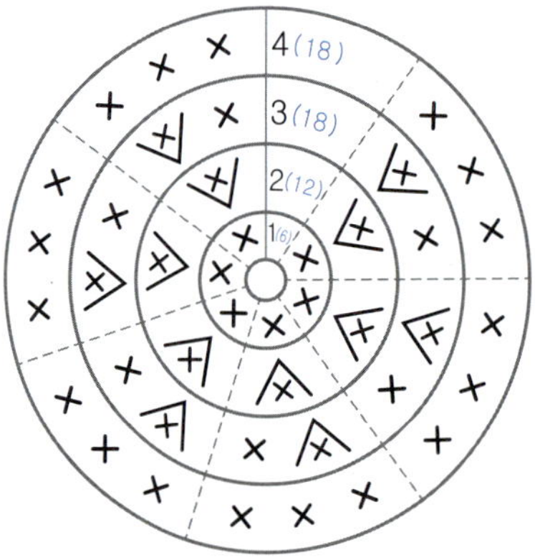

아빠, 엄마 발 4개

주황색(아빠 : 5호, 엄마 : 3호)

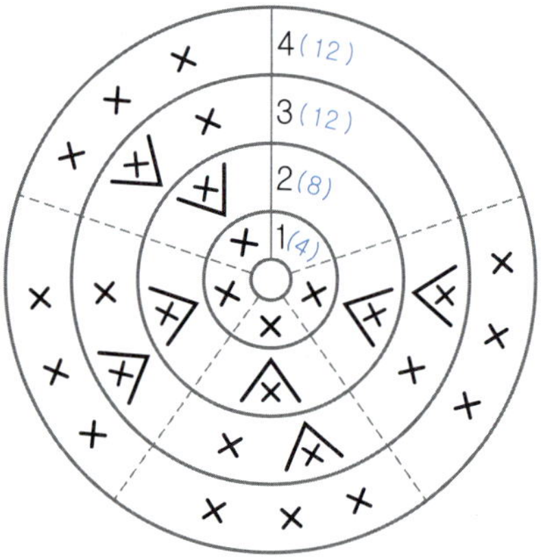

아빠, 엄마 부리 2개

주황색(아빠 : 5호, 엄마 : 3호)

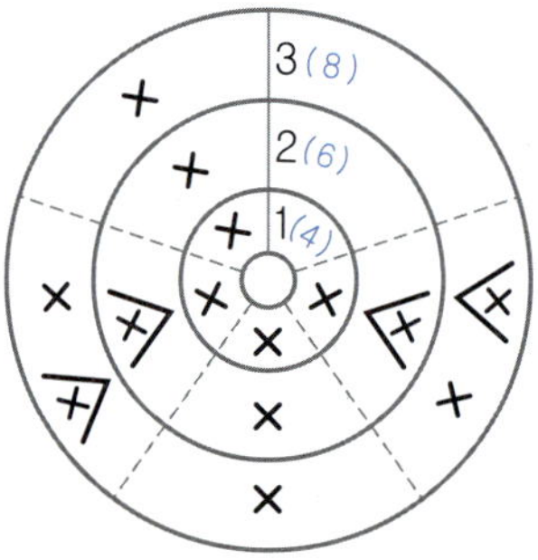

아가부리

주황색

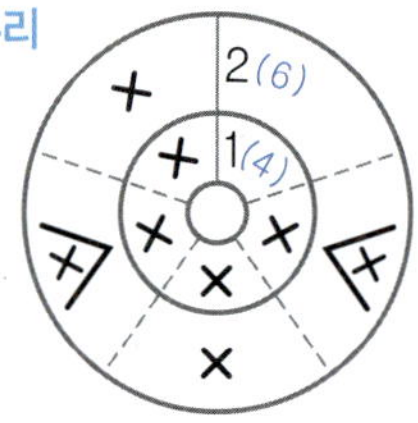

아빠, 엄마 얼굴 & 몸통

노란색(아빠 : 5호, 엄마 : 3호)

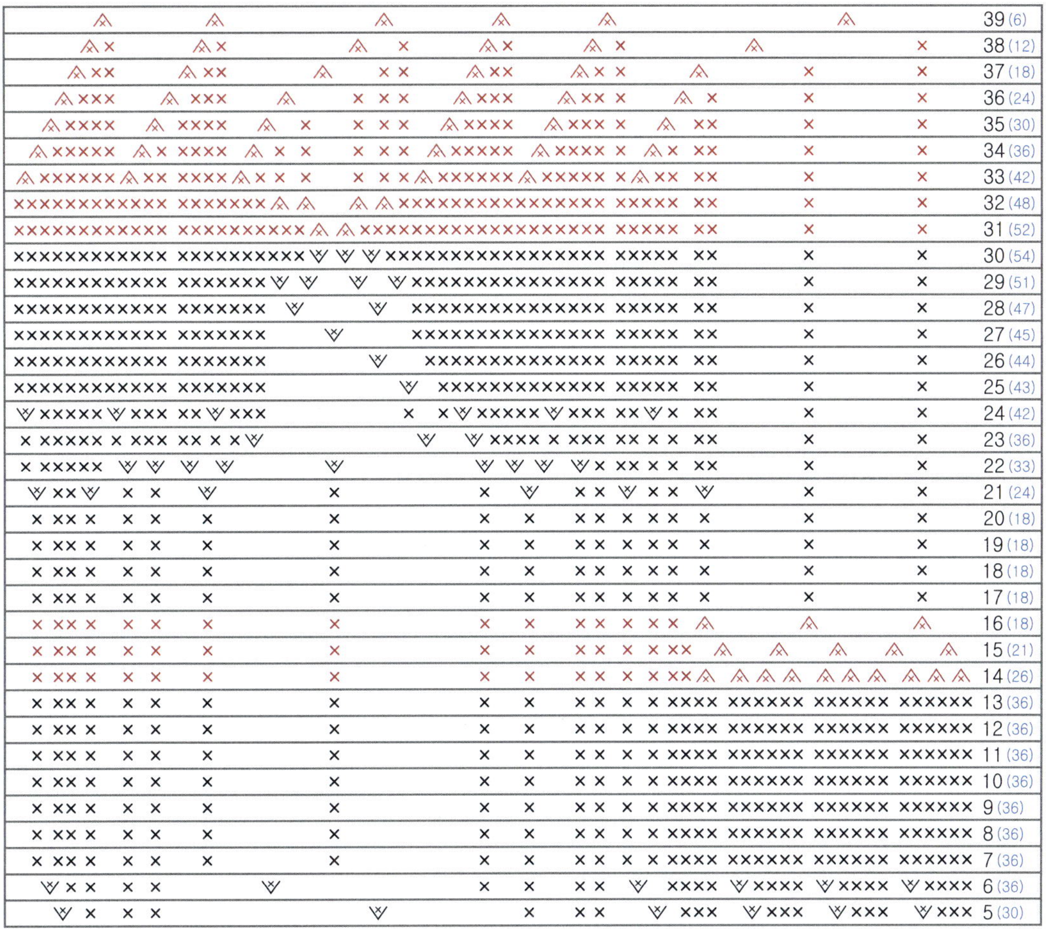

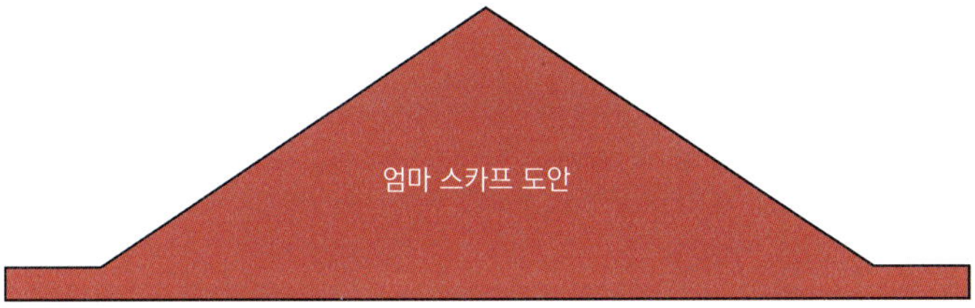

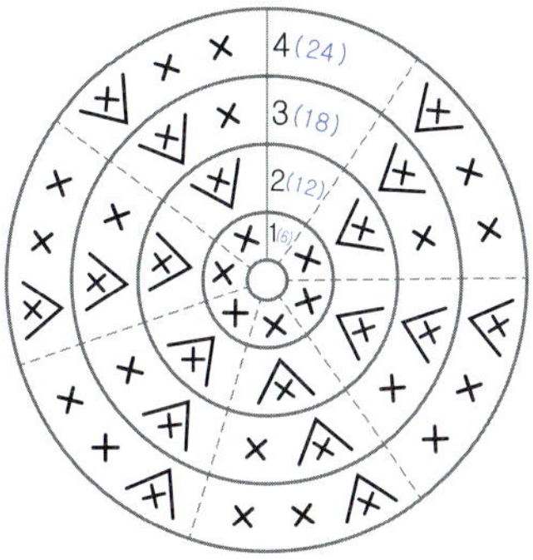

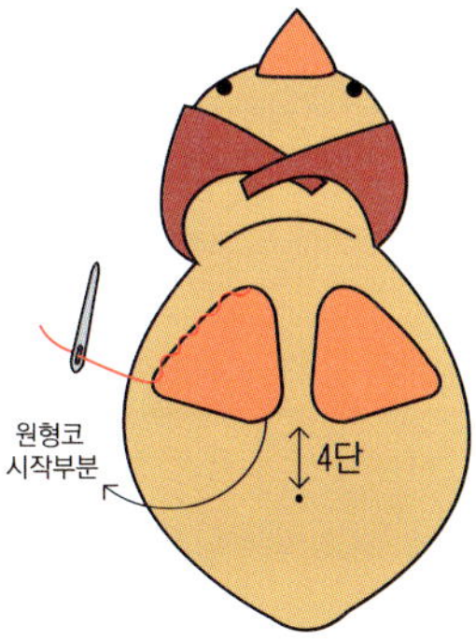

발은 다 뜨고나서 반을 접어 돗바늘로 꿰매준 후(팔, 귀 등을 반 접어 꿰매는 방법과 동일) 꿰맨 부분이 몸통의 앞쪽으로 오게 배치하여 남은 실로 원형코 시작부분만 몸통과 함께 꿰매주세요.

PAGE 12
LEVEL ★

| WORKS 03 |

부엉 군 1, 2, 3

완성크기 7.5cm
바늘 모사용 코바늘 5호, 돗바늘
사용실 노란색, 보라색, 연두색, 갈색, 파란색, 검은색
부재료 인형솜, 나사형 인형눈 4개, 갈색 펠트

부엉 군 몸통 1

노란색

∧	∧	∧	∧	∧	∧	24 (6)
∧ ×	∧ ×	∧ ×	∧ ×	∧ ×	∧ ×	23 (12)
∧ ××	∧ ××	∧ ××	∧ ××	∧ ××	∧ ××	22 (18)
∧ ×××	∧ ×××	∧ ×××	∧ ×××	∧ ×××	∧ ×××	21 (24)
∧ ××××	∧ ××××	∧ ××××	∧ ××××	∧ ××××	∧ ××××	20 (30)
××××××	××××××	××××××	××××××	××××××	××××××	19 (36)
××××××	××××××	××××××	××××××	××××××	××××××	18 (36)
××××××	××××××	××××××	××××××	××××××	××××××	17 (36)
××××××	××××××	××××××	××××××	××××××	××××××	16 (36)
××××××	××××××	××××××	××××××	××××××	××××××	15 (36)
××××××	××××××	××××××	××××××	××××××	××××××	14 (36)
××××××	××××××	××××××	××××××	××××××	××××××	13 (36)
××××××	××××××	××××××	××××××	××××××	××××××	12 (36)
××××××	××××××	××××××	××××××	××××××	××××××	11 (36)
××××××	××××××	××××××	××××××	××××××	××××××	10 (36)
××××××	××××××	××××××	××××××	××××××	××××××	9 (36)
××××××	××××××	××××××	××××××	××××××	××××××	8 (36)
××××××	××××××	××××××	××××××	××××××	××××××	7 (36)
∨ ××××	∨ ××××	∨ ××××	∨ ××××	∨ ××××	∨ ××××	6 (36)
∨ ×××	∨ ×××	∨ ×××	∨ ×××	∨ ×××	∨ ×××	5 (30)

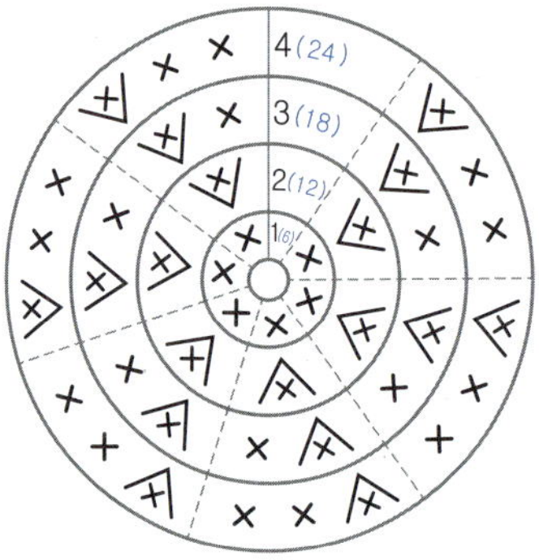

부엉 군 몸통 2

1~12단 갈색, 13~24단 파란색

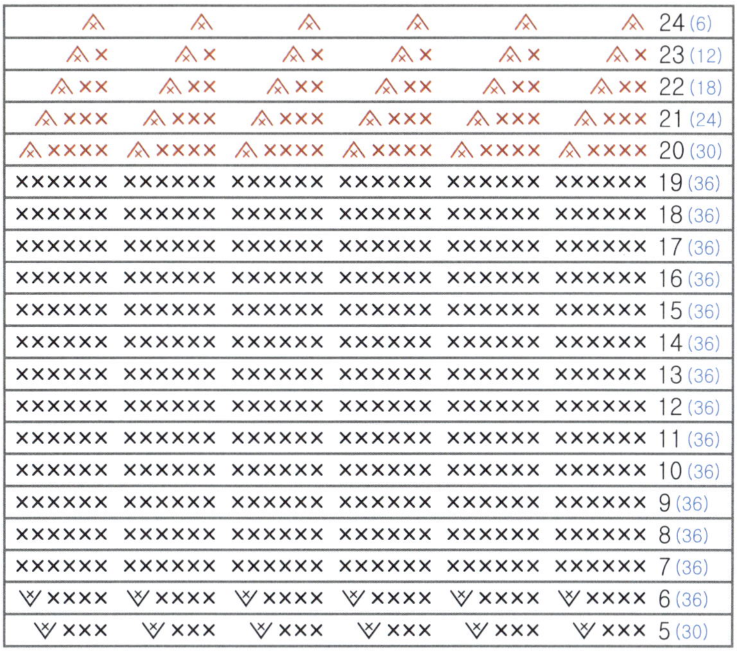

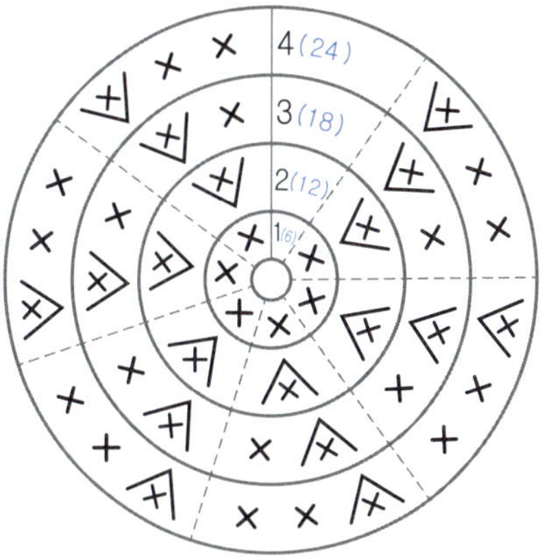

무늬 수놓는 방법

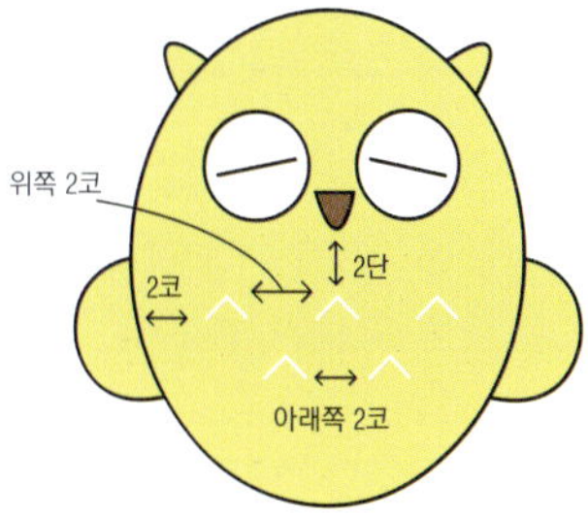

부엉 군 몸통 3

1~13단 보라색, 14~24단 연두색

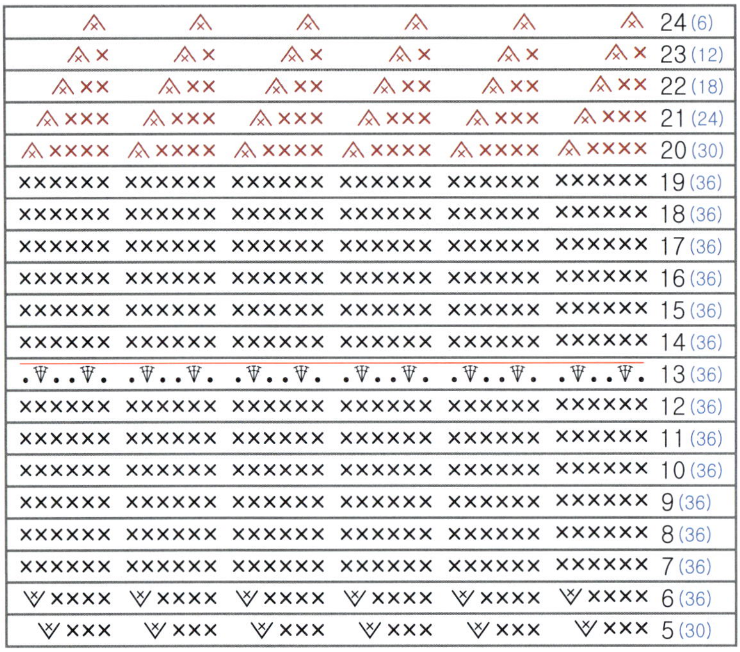

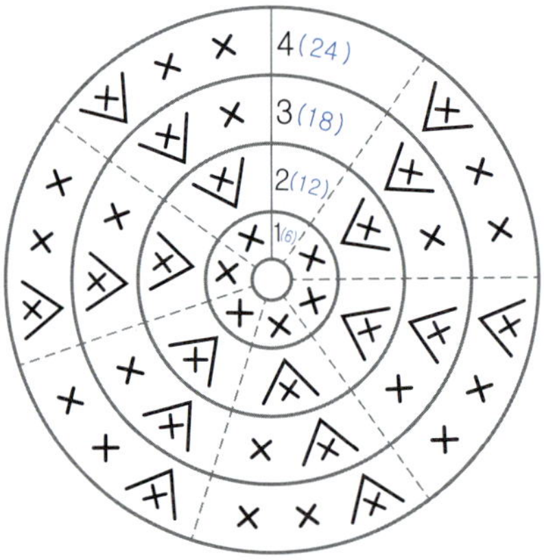

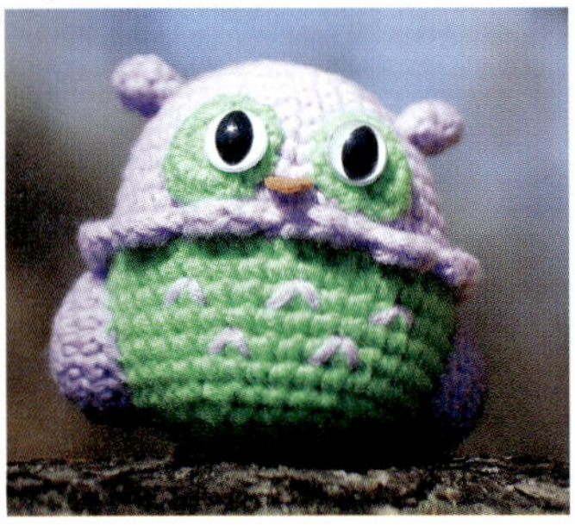

부엉 군 귀 2개

보라색/갈색/노란색

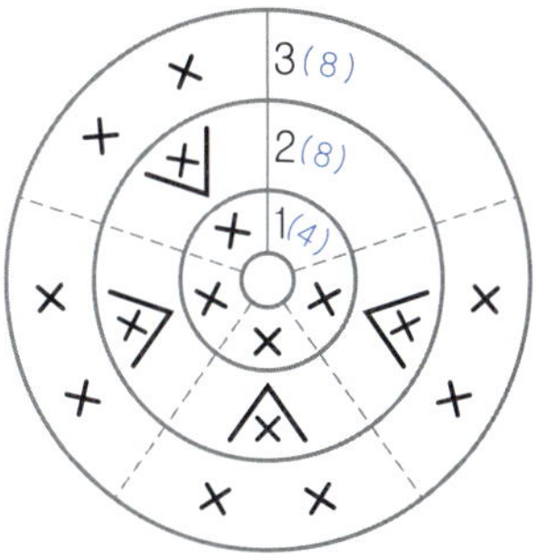

부엉 군 눈 2개

연두색/파란색/흰색

눈 수놓는 방법

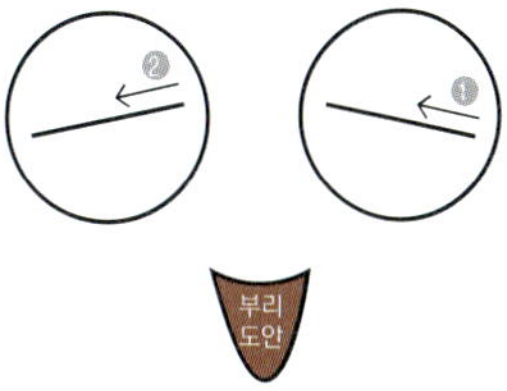

부엉 군 날개 2개

보라색/갈색/노란색

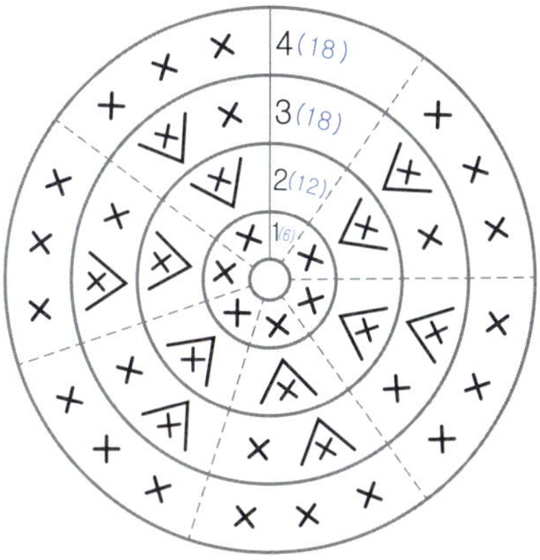

HOW TO MAKE

| WORKS 04 |

깡총 토끼 양과 늠름 곰돌 군

PAGE 14
LEVEL ★★

완성크기 토끼양 17cm(귀포함), 곰돌군 14cm
바늘 모사용 코바늘 5호, 돗바늘
사용실 보라색, 흰색, 분홍색
부재료 인형솜, 나사형 인형눈 4개, 나사형 인형코 2개

토끼 얼굴

토끼는 모두 분홍색

∧×	∧×	∧×	∧×	∧×	∧×	∧×	17(14)
∧××	∧××	∧××	∧××	∧××	∧××	∧××	16(21)
∧×××	∧×××	∧×××	∧×××	∧×××	∧×××	∧×××	15(28)
×××××	×××××	×××××	×××××	×××××	×××××	×××××	14(35)
×××××	×××××	×××××	×××××	×××××	×××××	×××××	13(35)
×××××	×××××	×××××	×××××	×××××	×××××	×××××	12(35)
×××××	×××××	×××××	×××××	×××××	×××××	×××××	11(35)
×××××	×××××	×××××	×××××	×××××	×××××	×××××	10(35)
×××××	×××××	×××××	×××××	×××××	×××××	×××××	9(35)
×××××	×××××	×××××	×××××	×××××	×××××	×××××	8(35)
×××××	×××××	×××××	×××××	×××××	×××××	×××××	7(35)
×××××	×××××	×××××	×××××	×××××	×××××	×××××	6(35)
∨×××	∨×××	∨×××	∨×××	∨×××	∨×××	∨×××	5(35)

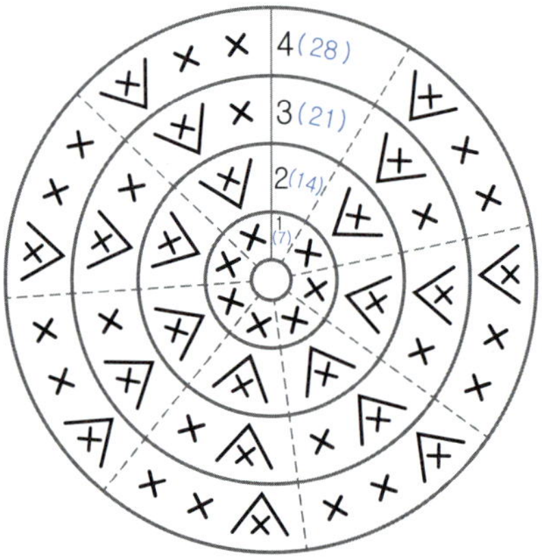

토끼 몸통

∧ ××× × ×× ∧ × ×× ×××	12 (14)
∧ × ××× × ×× ∧ × × ×× ×××	11 (16)
× ×× ××× × ×× ××× × ×× ×××	10 (18)
∧ ×× ××× ∧ ×× ××× ∧ ×× ×××	9 (18)
×××× ××× ×××× ××× ×××× ×××	8 (21)
×××× ××× ×××× ××× ×××× ×××	7 (21)
×××× ××× ×××× ××× ×××× ×××	6 (21)
×××× ××× ×××× ××× ×××× ×××	5 (21)

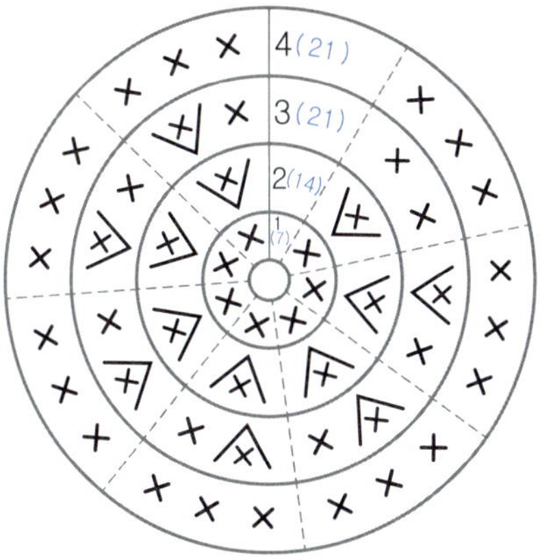

토끼 팔 2개

×× ×× ×× ×× ××	11 (10)
×× ×× ×× ×× ××	10 (10)
×× ×× ×× ×× ××	9 (10)
×× ×× ×× ×× ××	8 (10)
×× ×× ×× ×× ××	7 (10)
×× ×× ×× ×× ××	6 (10)
×× ×× ×× ×× ××	5 (10)

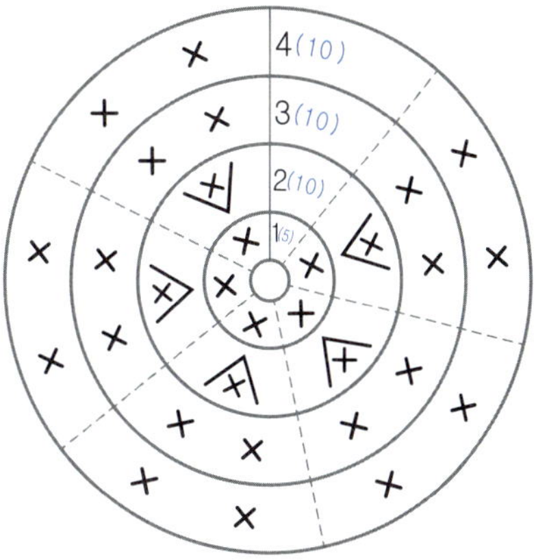

토끼 다리 2개

×× ×× ×× ×× ××	12 (10)
×× ×× ×× ×× ××	11 (10)
×× ×× ×× ×× ××	10 (10)
×× ×× ×× ×× ××	9 (10)
×× ×× ×× ×× ××	8 (10)
×× ×× ×× ×× ××	7 (10)
×× ×× ×× ×× ××	6 (10)
×× ×× ×× ×× ××	5 (10)

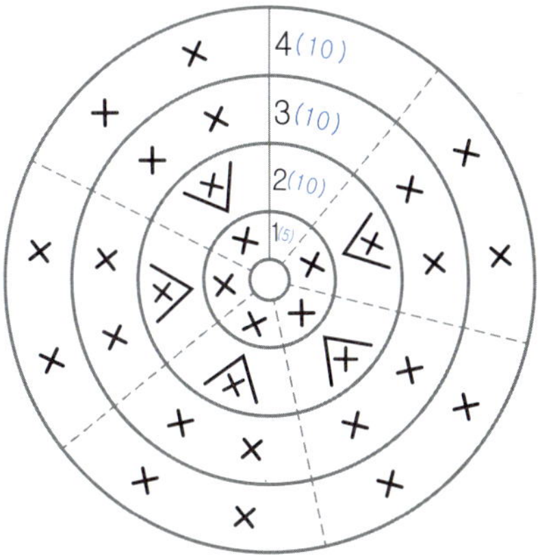

토끼 귀 2개

×× ×× ×× ×× ××	9 (10)
×× ×× ×× ×× ××	8 (10)
×× ×× ×× ×× ××	7 (10)
×× ×× ×× ×× ××	6 (10)
×× ×× ×× ×× ××	5 (10)

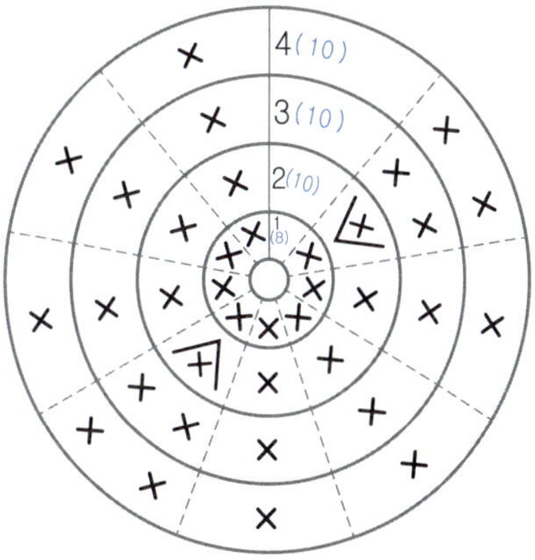

HOW TO MAKE

곰돌 얼굴

곰돌군은 모두 보라색, 코만 흰색

∧xx	∧xx	∧xx	∧xx	∧xx	∧xx	20(18)
∧xxx	∧xxx	∧xxx	∧xxx	∧xxx	∧xxx	19(24)
∧xxxx	∧xxxx	∧xxxx	∧xxxx	∧xxxx	∧xxxx	18(30)
∧xxxxx	∧xxxxx	∧xxxxx	∧xxxxx	∧xxxxx	∧xxxxx	17(36)
∧xxxxxx	∧xxxxxx	∧xxxxxx	∧xxxxxx	∧xxxxxx	∧xxxxxx	16(42)
xxxxxxxx	xxxxxxxx	xxxxxxxx	xxxxxxxx	xxxxxxxx	xxxxxxxx	15(48)
xxxxxxxx	xxxxxxxx	xxxxxxxx	xxxxxxxx	xxxxxxxx	xxxxxxxx	14(48)
xxxxxxxx	xxxxxxxx	xxxxxxxx	xxxxxxxx	xxxxxxxx	xxxxxxxx	13(48)
xxxxxxxx	xxxxxxxx	xxxxxxxx	xxxxxxxx	xxxxxxxx	xxxxxxxx	12(48)
xxxxxxxx	xxxxxxxx	xxxxxxxx	xxxxxxxx	xxxxxxxx	xxxxxxxx	11(48)
xxxxxxxx	xxxxxxxx	xxxxxxxx	xxxxxxxx	xxxxxxxx	xxxxxxxx	10(48)
xxxxxxxx	xxxxxxxx	xxxxxxxx	xxxxxxxx	xxxxxxxx	xxxxxxxx	9(48)
∨xxxxxx	∨xxxxxx	∨xxxxxx	∨xxxxxx	∨xxxxxx	∨xxxxxx	8(48)
∨xxxxx	∨xxxxx	∨xxxxx	∨xxxxx	∨xxxxx	∨xxxxx	7(42)
∨xxxx	∨xxxx	∨xxxx	∨xxxx	∨xxxx	∨xxxx	6(36)
∨xxx	∨xxx	∨xxx	∨xxx	∨xxx	∨xxx	5(30)

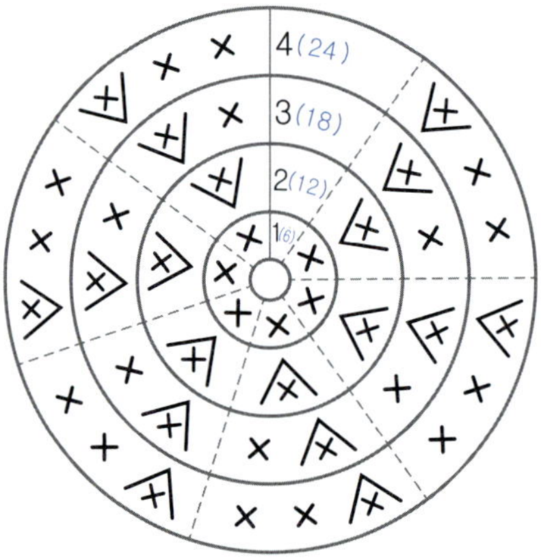

곰돌 팔

xx	xx	xx	xx	xx	12(10)
xx	xx	xx	xx	xx	11(10)
xx	xx	xx	xx	xx	10(10)
xx	xx	xx	xx	xx	9(10)
xx	xx	xx	xx	xx	8(10)
xx	xx	xx	xx	xx	7(10)
xx	xx	xx	xx	xx	6(10)
xx	xx	xx	xx	xx	5(10)

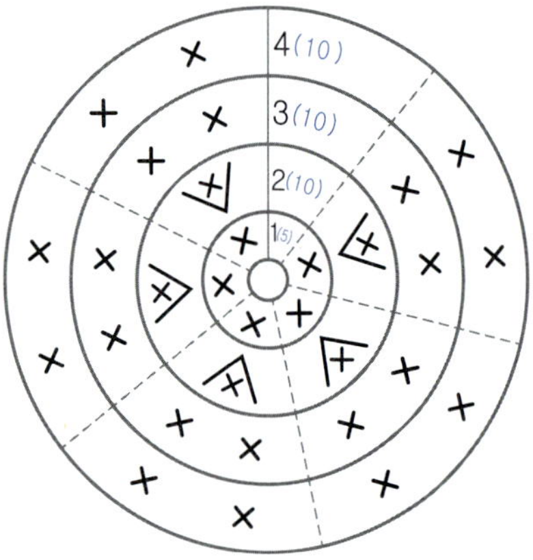

곰돌 몸통

× ××	× ××	× ××	× ××	× ××	× ×× 13 (18)
⚠ ××	⚠ ××	⚠ ××	⚠ ××	⚠ ××	⚠ ×× 12 (18)
× ×××	× ×××	× ×××	× ×××	× ×××	× ××× 11 (24)
⚠ ×××	⚠ ×××	⚠ ×××	⚠ ×××	⚠ ×××	⚠ ××× 10 (24)
×××××	×××××	×××××	×××××	×××××	××××× 9 (30)
×××××	×××××	×××××	×××××	×××××	××××× 8 (30)
×××××	×××××	×××××	×××××	×××××	××××× 7 (30)
×××××	×××××	×××××	×××××	×××××	××××× 6 (30)
ⱽ ×××	ⱽ ×××	ⱽ ×××	ⱽ ×××	ⱽ ×××	ⱽ ××× 5 (30)

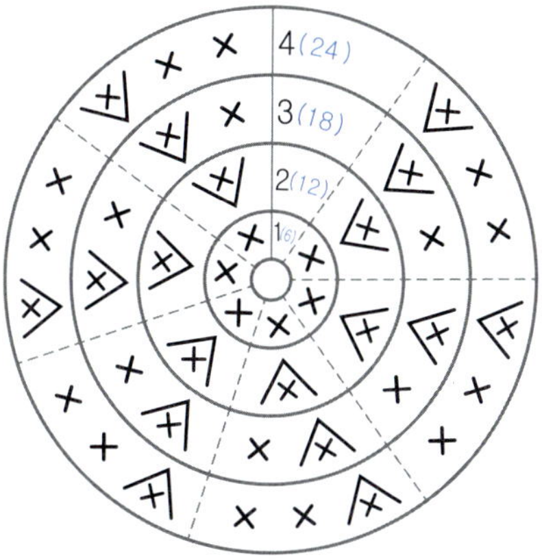

곰돌 귀

곰돌 다리

×× ××	×	×	×	×	×× ××	13 (12)
×× ××	×	×	×	×	×× ××	12 (12)
×× ××	×	×	×	×	×× ××	11 (12)
×× ××	×	×	×	×	×× ××	10 (12)
×× ××	×	×	×	×	×× ××	9 (12)
×× ××	×	×	×	×	×× ××	8 (12)
×× ××	×	×	×	×	×× ××	7 (12)
×× ××	×	×	×	×	×× ××	6 (12)
×× ××	×	×	×	×	×× ××	5 (12)

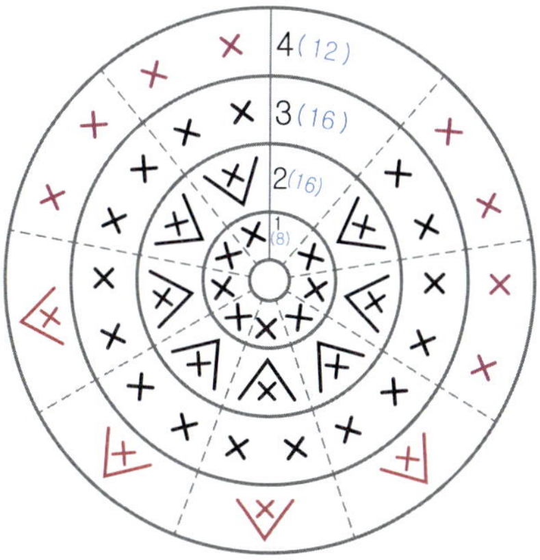

곰돌 코
흰색

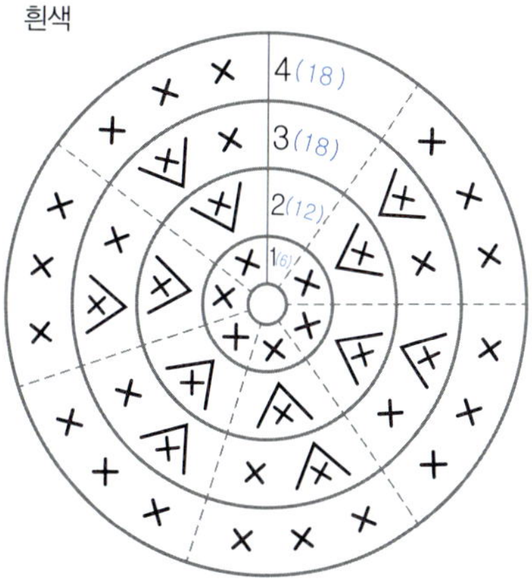

HOW TO MAKE

PAGE 16
LEVEL ★★

| WORKS 05 |

선물을 기다려요, 루돌프 군

완성크기 17cm
바늘 : 모사용 코바늘 5호, 돗바늘, 자수용 바늘
사용실 : 황토색, 갈색, 흰색, 빨간색
부재료 : 인형솜, 나사형 인형눈 2개, 검은색 자수실, 흰색 폼폼, 작은 인형

루돌프 군 얼굴

황토색

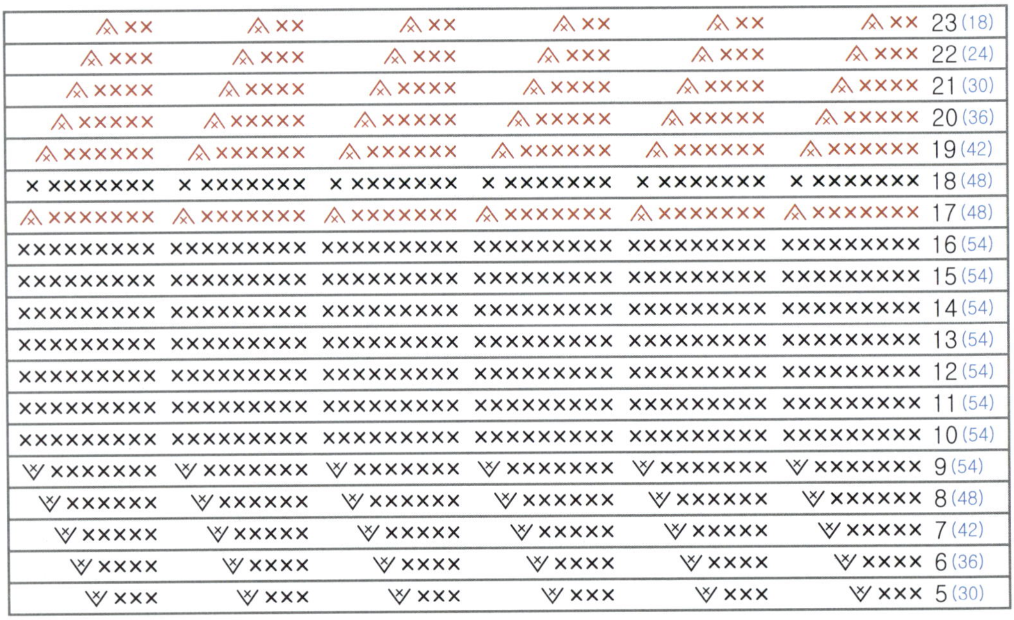

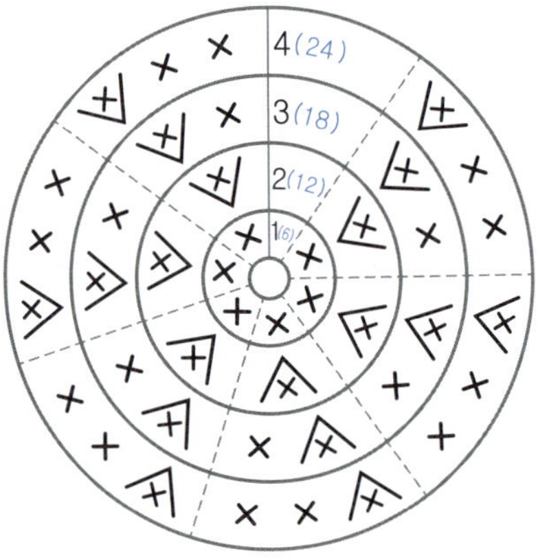

루돌프 군 팔 2개

갈색

xx	xx	xx	xx	xx	10(10)
xx	xx	xx	xx	xx	9(10)
xx	xx	xx	xx	xx	8(10)
xx	xx	xx	xx	xx	7(10)
xx	xx	xx	xx	xx	6(10)
xx	xx	xx	xx	xx	5(10)

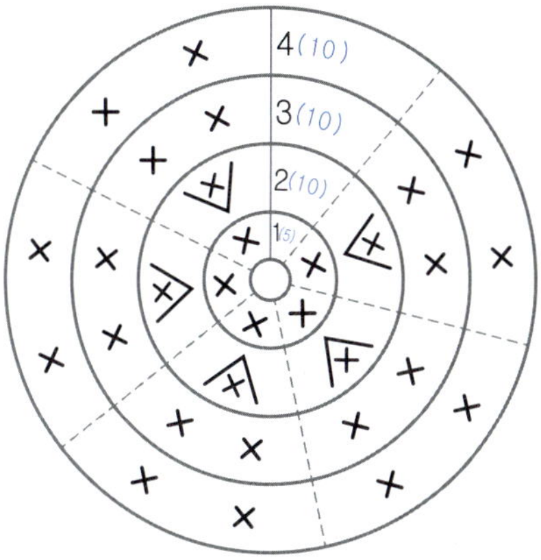

루돌프 군 몸통

황토색

∧xx	∧xx	∧xx	∧xx	∧xx	∧xx	14(18)
x xxx	x xxx	x xxx	x xxx	x xxx	x xxx	13(24)
x xxx	x xxx	x xxx	x xxx	x xxx	x xxx	12(24)
x xxx	x xxx	x xxx	x xxx	x xxx	x xxx	11(24)
∧xxx	∧xxx	∧xxx	∧xxx	∧xxx	∧xxx	10(24)
xxxxx	xxxxx	xxxxx	xxxxx	xxxxx	xxxxx	9(30)
xxxxx	xxxxx	xxxxx	xxxxx	xxxxx	xxxxx	8(30)
xxxxx	xxxxx	xxxxx	xxxxx	xxxxx	xxxxx	7(30)
xxxxx	xxxxx	xxxxx	xxxxx	xxxxx	xxxxx	6(30)
∨xxx	∨xxx	∨xxx	∨xxx	∨xxx	∨xxx	5(30)

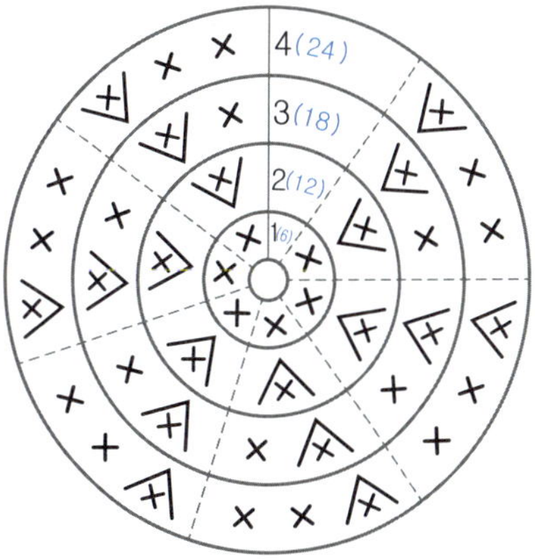

루돌프 군 다리 2개

갈색

××	××	××	××	7(8)
××	××	××	××	6(8)
××	××	××	××	5(8)

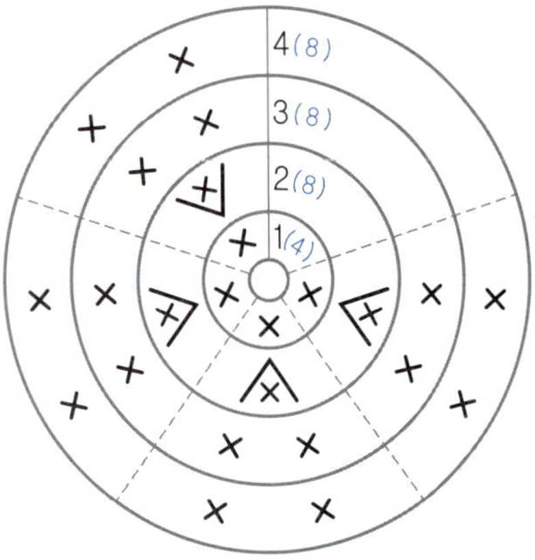

루돌프 군 코

흰색

××××	××××	××××	××××	××××	××××	7(24)
××××	××××	××××	××××	××××	××××	6(24)
××××	××××	××××	××××	××××	××××	5(24)

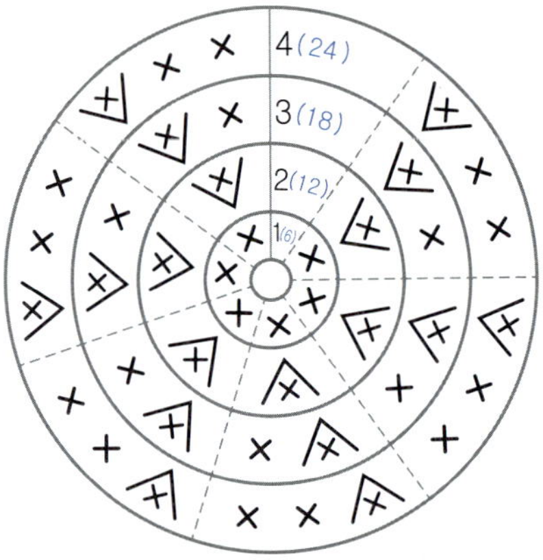

루돌프 군 큰 뿔 2개

갈색

×	×	×	×	×	×	×	10(7)
×	×	×	×	×	×	×	9(7)
×	×	×	×	×	×	×	8(7)
×	×	×	×	×	×	×	7(7)
×	×	×	T	T	T	T	6(7)
×	×	×	T	T	T	T	5(7)

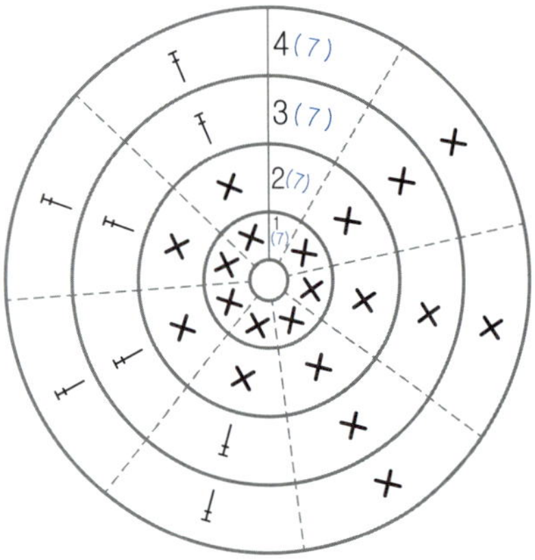

루돌프 군 작은 뿔 2개

갈색

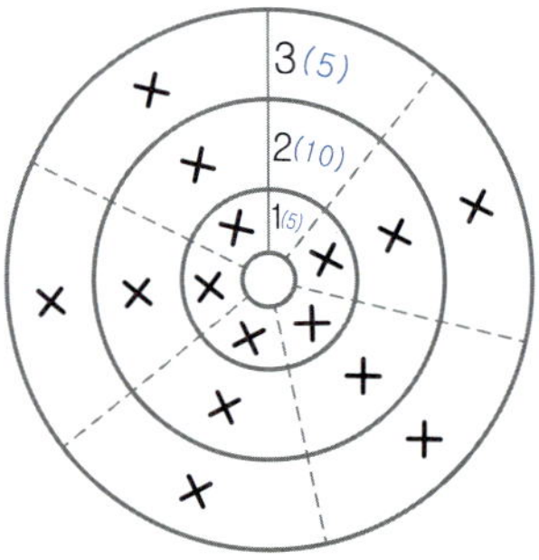

루돌프 군 귀
황토색

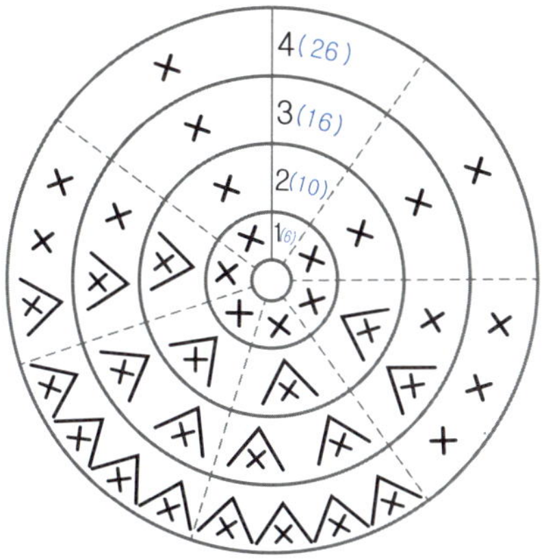

루돌프 군 빨간코
빨간색

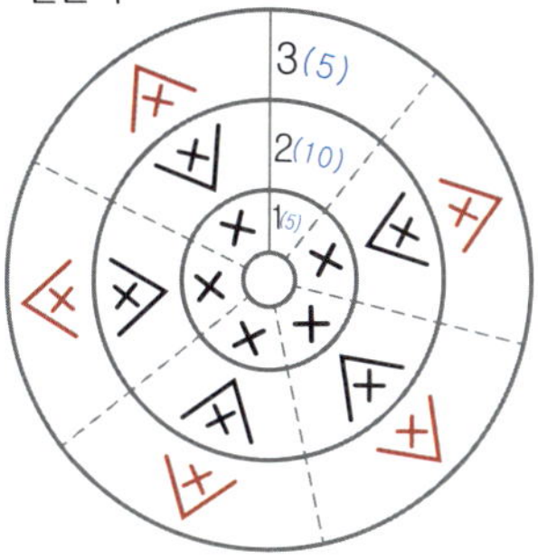

곰돌이 모자
빨간색

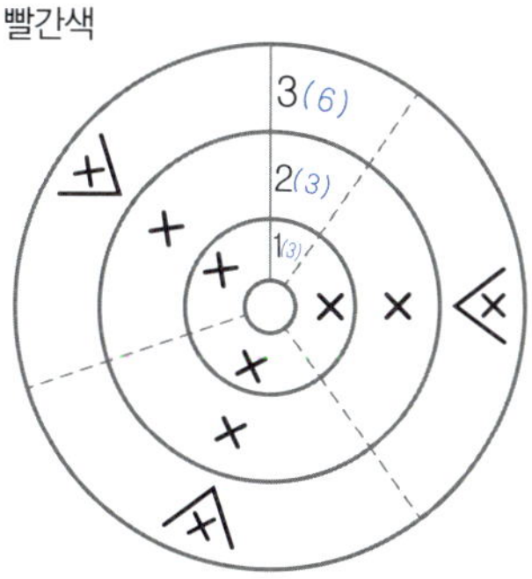

루돌프군

1번 큰 뿔부터 머리에 꿰매준 후 2번 작은 뿔을 큰 뿔 위에 동그랗게 연결해줍니다. 3번은 남은 실에 돗바늘을 넣어 옆코로 바늘을 넣어서 빼준 후에 머리의 땀과 함께 한번씩만 연결해 주면 됩니다.

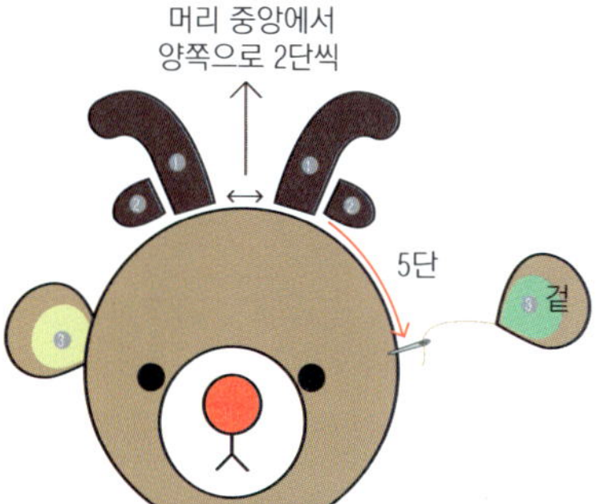

루돌프 군 입 수놓는 방법

PAGE 18
LEVEL ★★

| WORKS 06 |

낚시왕 김곰돌

완성크기 13cm

바늘 모사용 코바늘 5호, 모사용 코바늘 3호, 돗바늘

사용실 흰색, 파란색, 황토색, 빨간색, 연두색, 검정색

부재료 인형솜, 나사형 인형눈 2개, 빨간색 펠트, 검은색 펠트

김곰돌 얼굴

흰색

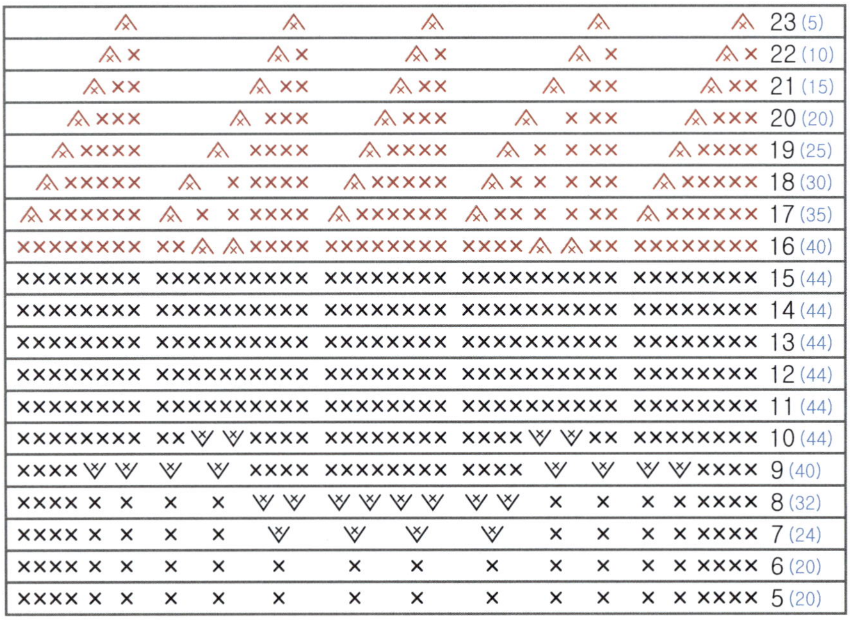

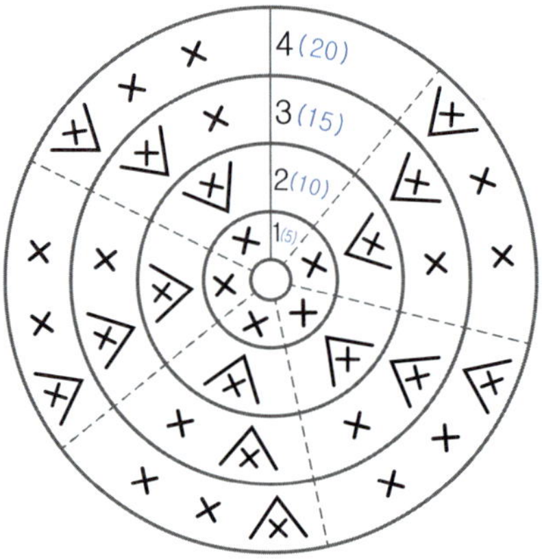

김곰돌 꼬리

흰색

김곰돌 낚시대(3호 바늘 사용)

1~8단 : 빨간색, 9~40단 : 황토색

∧	×	∧	×	40 (4)
××	×	××	×	39 (6)
××	×	××	×	38 (6)
××	×	××	×	37 (6)
××	×	××	×	36 (6)
××	×	××	×	35 (6)
××	×	××	×	34 (6)
××	×	××	×	33 (6)
××	×	××	×	32 (6)
××	×	××	×	31 (6)
××	×	××	×	30 (6)
××	×	××	×	29 (6)
××	×	××	×	28 (6)
××	×	××	×	27 (6)
××	×	××	×	26 (6)
××	×	××	×	25 (6)
××	×	××	×	24 (6)
××	×	××	×	23 (6)
××	×	××	×	22 (6)
××	×	××	×	21 (6)
××	×	××	×	20 (6)
××	×	××	×	19 (6)
××	×	××	×	18 (6)
××	×	××	×	17 (6)
××	×	××	×	16 (6)
××	×	××	×	15 (6)
××	×	××	×	14 (6)
××	×	××	×	13 (6)
××	×	××	×	12 (6)
××	×	××	×	11 (6)
××	×	××	×	10 (6)
××	×	××	×	9 (6)
××	×	××	×	8 (6)
××	×	××	×	7 (6)
××	×	××	×	6 (6)
××	×	××	×	5 (6)

김곰돌 생선(3호 바늘 사용)

연두색(솜 넣지 마세요)

•	∨	∨	∨	9 (9)
	∧	∧	∧	8 (3)
	∧×	∧×	∧×	7 (6)
	∧××	∧××	∧××	6 (9)
	××××	××××	××××	5 (12)

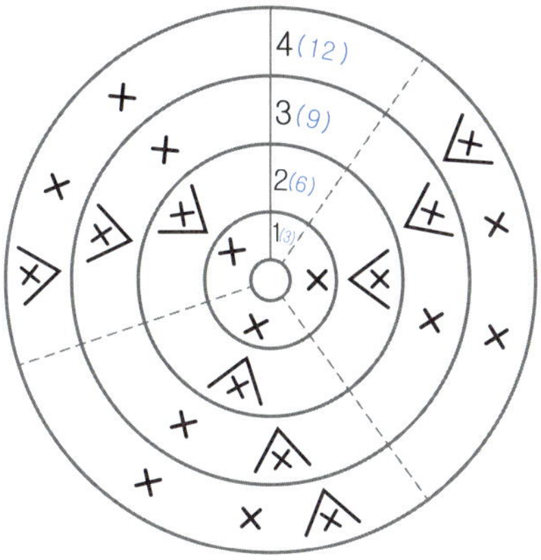

김곰돌 귀 2개

흰색

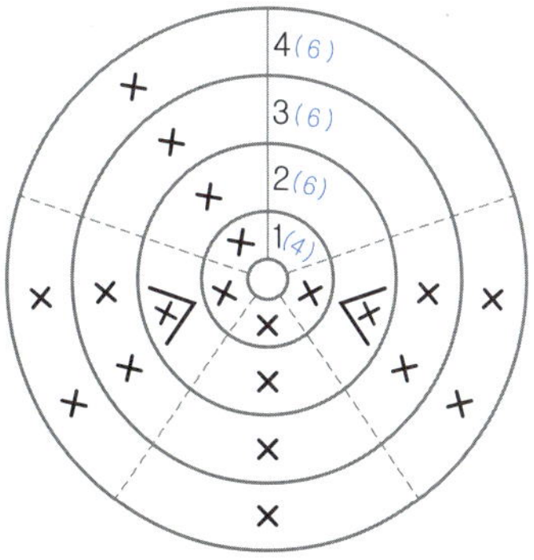

김곰돌 몸통

흰색

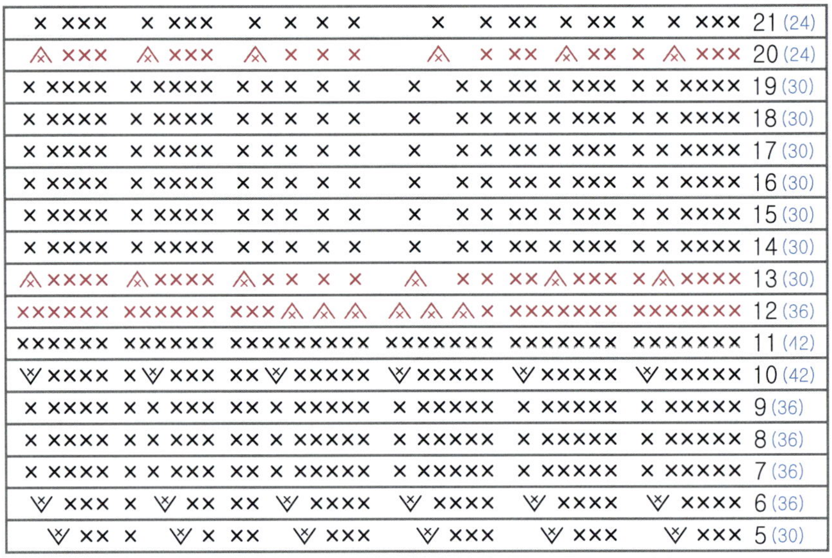

김곰돌 다리 2개

흰색

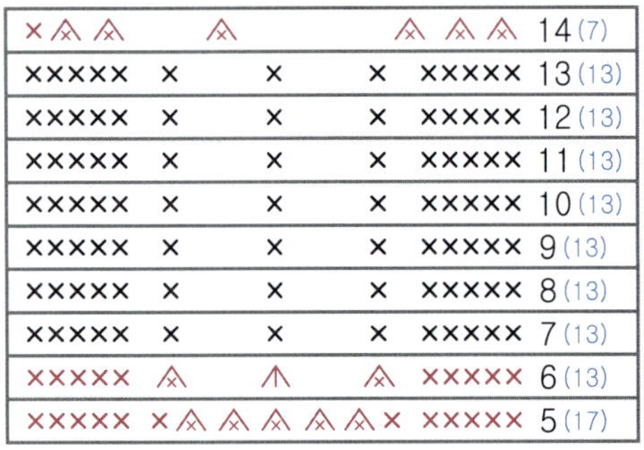

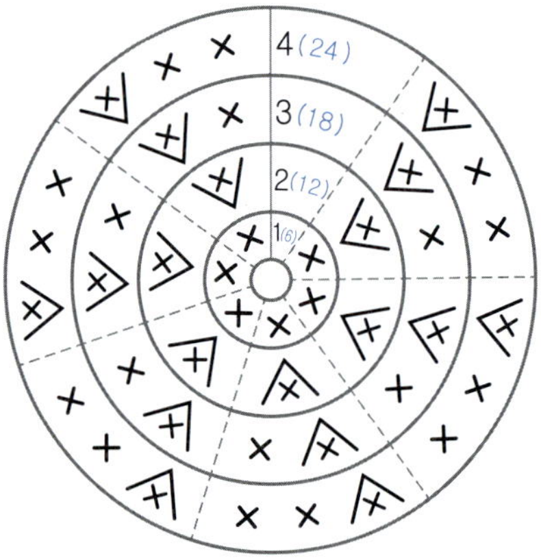

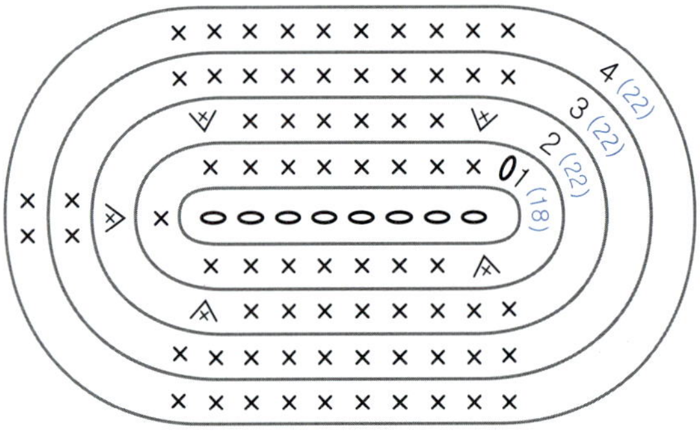

⋀ : 아래의 3코를 한번에 줄이는 방법으로 코 줄이기(p.66) 1~6번 과정까지 해준 후에 다음코로 들어가서 실을 감아 빼오면 총 4줄이 됩니다. 다시 검지에 걸린 실을 감아서 4줄 사이로 모두 빼주면 됩니다.

김곰돌 팔 2개

흰색

∧	∧	∧	∧	∧	∧	17 (6)
××	××	××	××	××	××	16 (12)
××	××	××	××	××	××	15 (12)
××	××	××	××	××	××	14 (12)
××	××	××	××	××	××	13 (12)
××	××	××	××	××	××	12 (12)
××	××	××	××	××	××	11 (12)
××	××	××	××	××	××	10 (12)
××	××	××	××	××	××	9 (12)
××	××	××	××	××	××	8 (12)
∧×	∧×	∧×	∧×	∧×	∧×	7 (12)
×××	×××	×××	×××	×××	×××	6 (18)
×××	×××	×××	×××	×××	×××	5 (18)

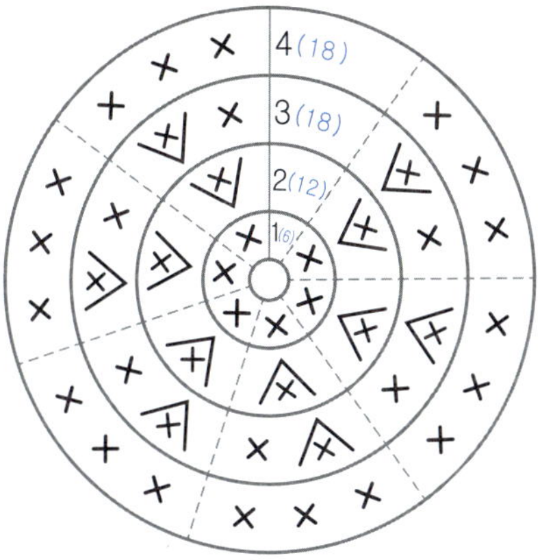

김곰돌 양동이

회색

•×××××	×××××	×××××	×××××	×××××	×××××	12 (30)
×××××	×××××	×××××	×××××	×××××	×××××	11 (30)
×××××	×××××	×××××	×××××	×××××	×××××	10 (30)
∨×××	∨×××	∨×××	∨×××	∨×××	∨×××	9 (30)
× ×××	× ×××	× ×××	× ×××	× ×××	× ×××	8 (24)
× ×××	× ×××	× ×××	× ×××	× ×××	× ×××	7 (24)
× ×××	× ×××	× ×××	× ×××	× ×××	× ×××	6 (24)
∨××	∨××	∨××	∨××	∨××	∨××	5 (24)

김곰돌 코와 입 수놓는 방법

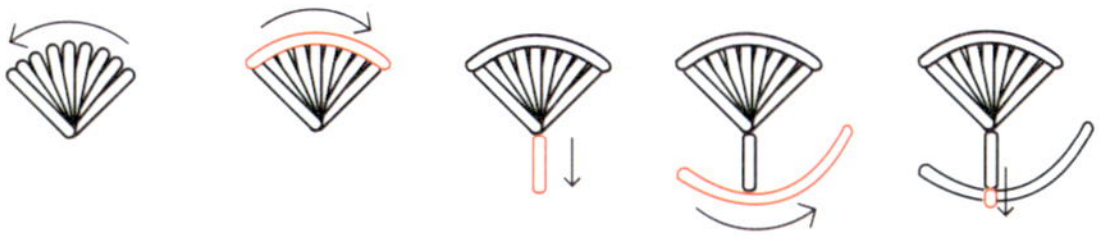

목도리(파란색)

사슬코 72코를 만든 후에 2코 빼고
3번째 코부터 긴뜨기로 푹 뜨세요.

HOW TO MAKE

| WORKS 07 |

그를 생각하며, 뜨개냐옹

PAGE 20
LEVEL ★★

완성크기 13cm
바늘 모사용 코바늘 5호, 돗바늘
사용실 회색, 진회색, 빨간색, 흰색, 황토색
부재료 인형솜, 나사형 인형눈 2개, 나사형 인형코 1개, 분홍색 펠트, 리본, 장갑용 바늘 1개

뜨개냐옹 얼굴

회색

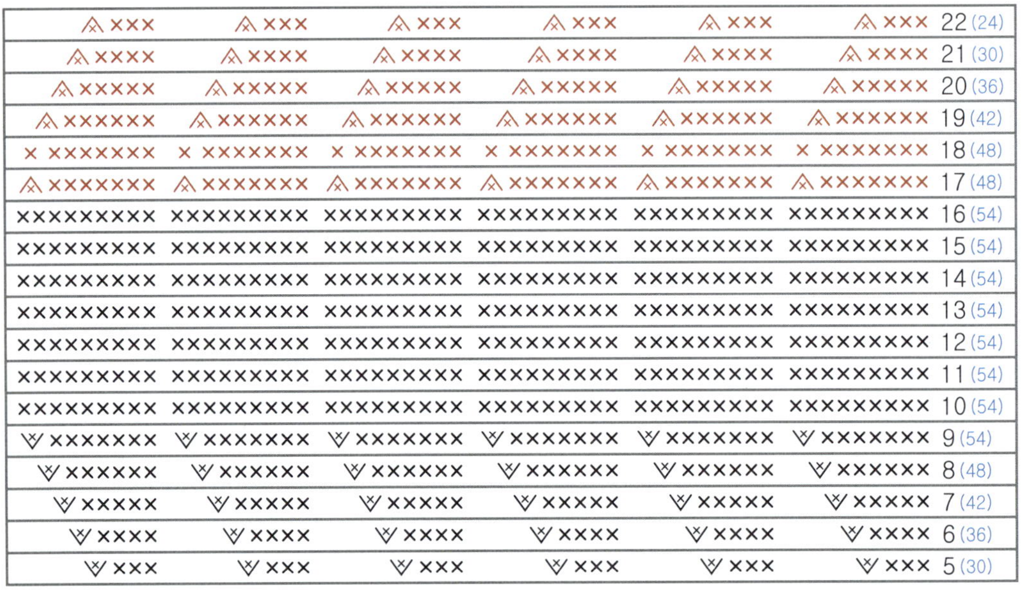

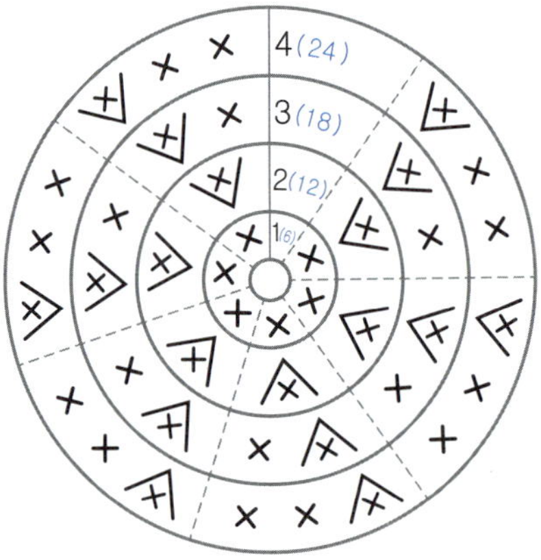

뜨개냐옹 몸통

1~9단 회색, 10단~19단 빨간색

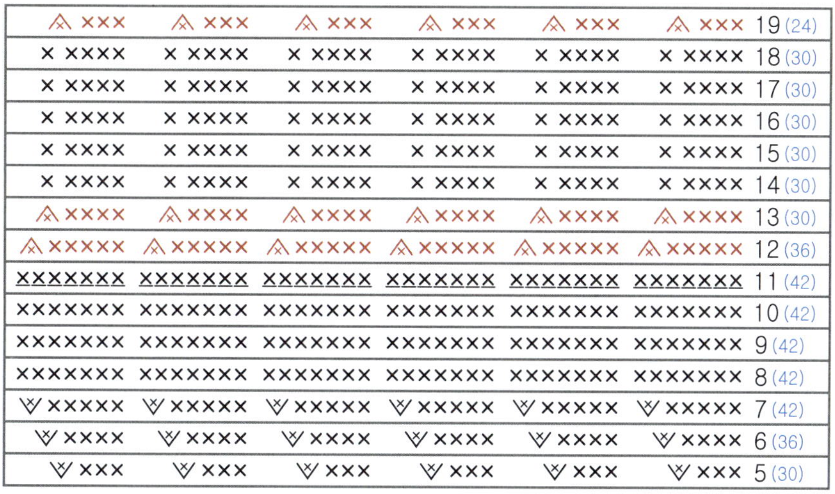

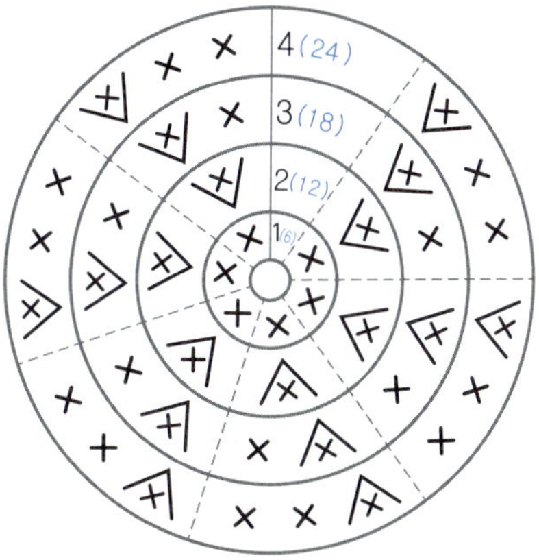

뜨개냐옹 스커트

빨간색

몸통 11단에 연결해서 뜨세요. 3단은 한길 긴뜨기 입니다.

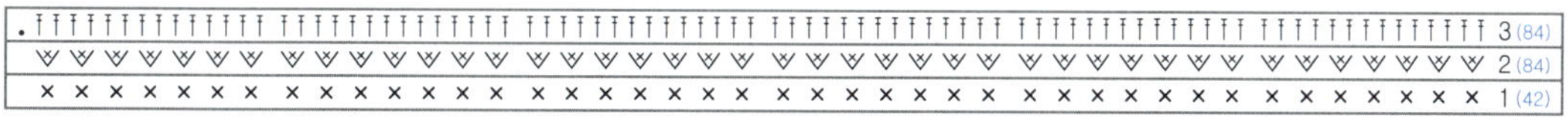

뜨개질(흰색)

대바늘에 12코를 만들어서 6단 겉뜨기를 합니다. 겉뜨기 한 후에 남은 실은 돌돌 말아서 실뭉치를 만들어줍니다.

HOW TO MAKE

뜨개냐옹 바구니
황토색

• ××××	××××	××××	××××	××××	××××	9 (24)
××××	××××	××××	××××	××××	××××	8 (24)
××××	××××	××××	××××	××××	××××	7 (24)
××××	××××	××××	××××	××××	××××	6 (24)
××××	××××	××××	××××	××××	××××	5 (24)

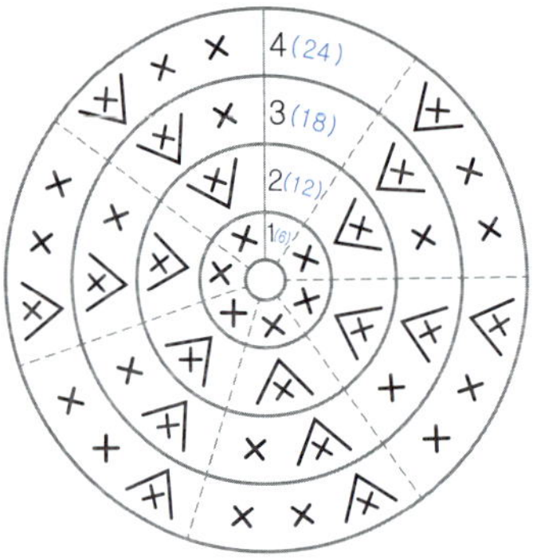

뜨개냐옹 귀 2개
진회색

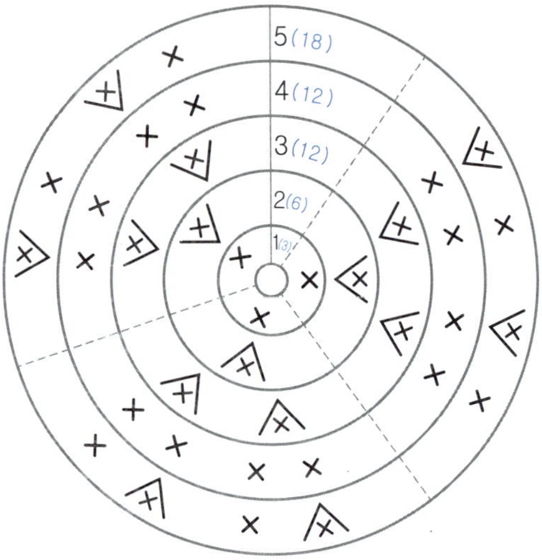

뜨개냐옹 꼬리
진회색

×	×	×	×	×	×	12 (6)
×	×	×	×	×	×	11 (6)
×	×	×	×	×	×	10 (6)
×	×	×	×	×	×	9 (6)
×	×	×	×	×	×	8 (6)
×	×	×	×	×	×	7 (6)
×	×	×	×	×	×	6 (6)
×	×	×	×	×	×	5 (6)

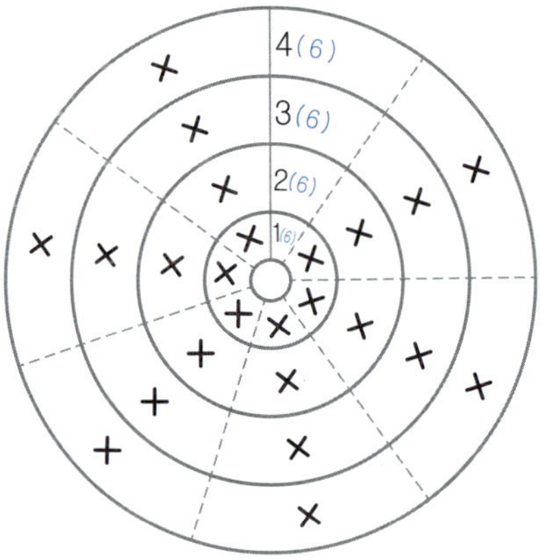

뜨개냐옹 다리 2개
회색

××××× × × ×××××	10 (12)
××××× × × ×××××	9 (12)
××××× ⋀ ⋀ ×××××	8 (12)
×××××⋀ ⋀ ⋀ ⋀×××××	7 (14)
××××××××× ×××××××××	6 (18)
××××××××× ×××××××××	5 (18)

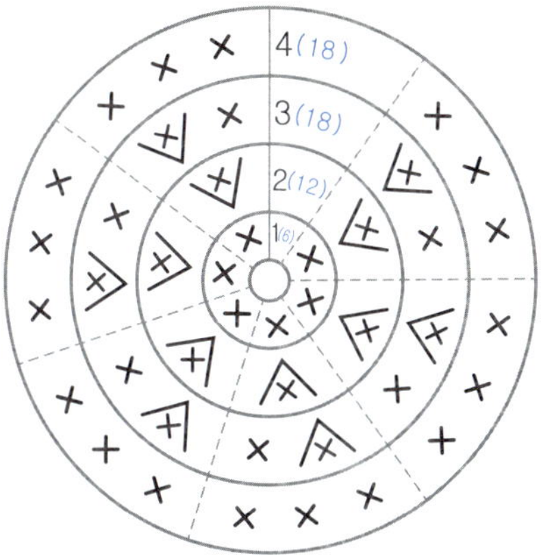

뜨개냐옹 팔 2개
회색

× ×× ×× × ×× ××	13 (10)
× ×× ×× × ×× ××	12 (10)
× ×× ×× × ×× ××	11 (10)
× ×× ×× × ×× ××	10 (10)
× ×× ×× × ×× ××	9 (10)
× ×× ×× × ×× ××	8 (10)
× ×× ×× × ×× ××	7 (10)
× ×× ×× × ×× ××	6 (10)
⋀ ×× ×× ⋀ ×× ××	5 (10)

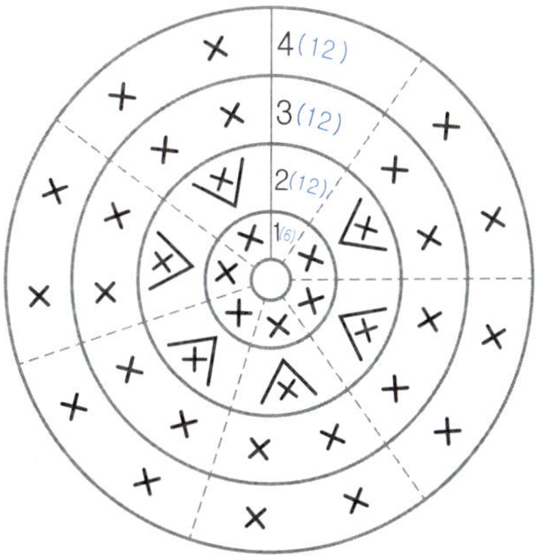

뜨개냐옹 코
흰색

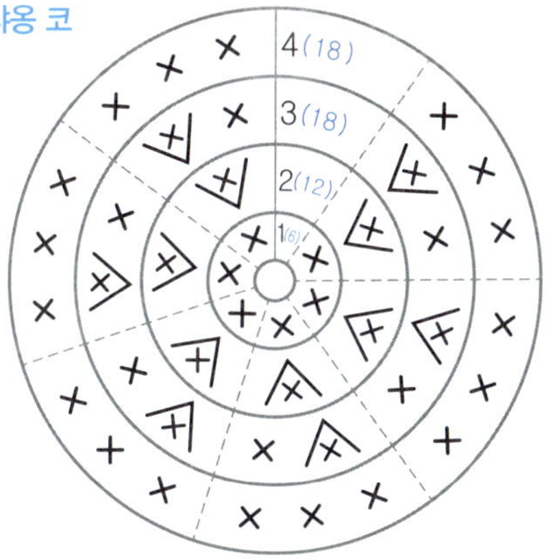

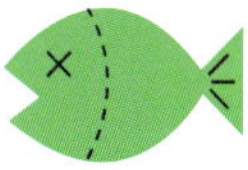

뜨개냐옹 수염 수놓는 방법

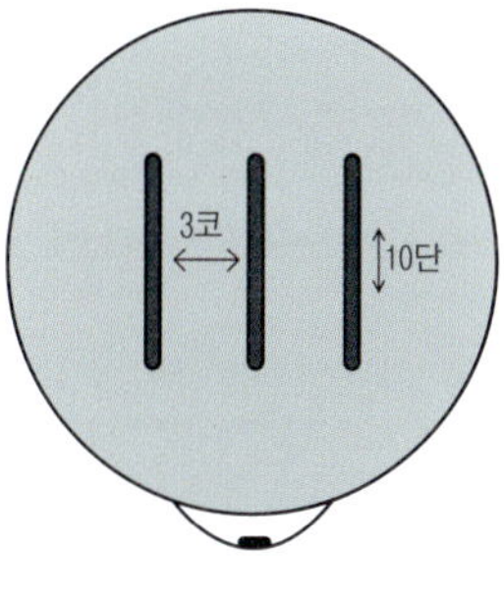

귀: 중심에서 5코 아래

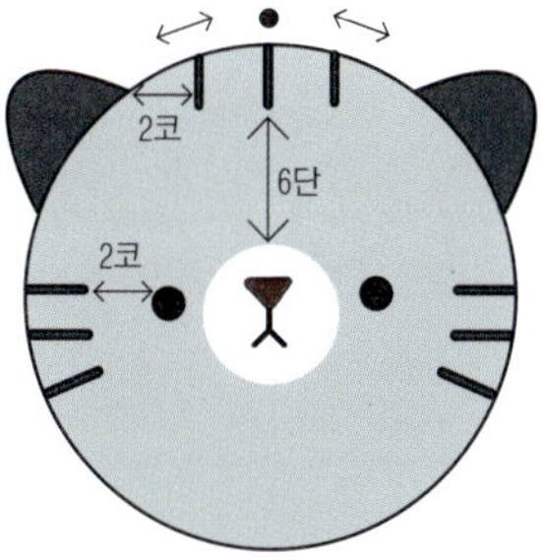

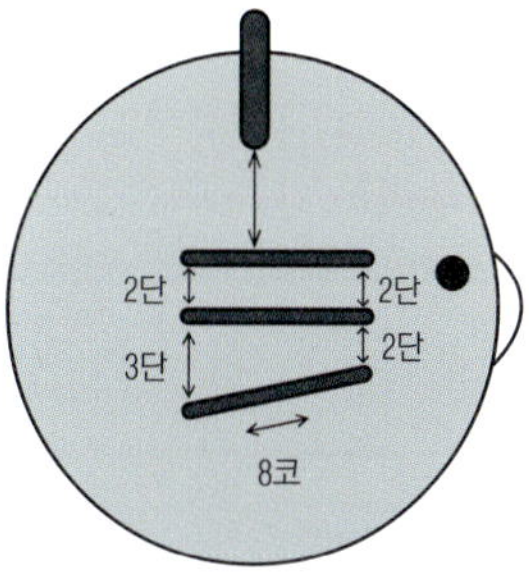

HOW TO MAKE

PAGE 22
LEVEL ★★★

| WORKS 08 |

I believe I can fly

완성크기 토끼 15cm(귀포함), 토끼와 풍선포함 30cm
바늘 모사용 코바늘 5호, 돗바늘, 자수용 바늘
사용실 연분홍색, 분홍색, 진분홍색, 연보라색, 진보라색, 노란색, 연두색, 빨간색, 주황색
부재료 인형솜, 검은색 자수실, 단추 1개

토끼 풍선

빨간색, 주황색, 분홍색, 노란색, 연두색, 각 1개씩
풍선 끈은 사슬코 40코를 만들어서 돗바늘로 풍선에 연결해줍니다.

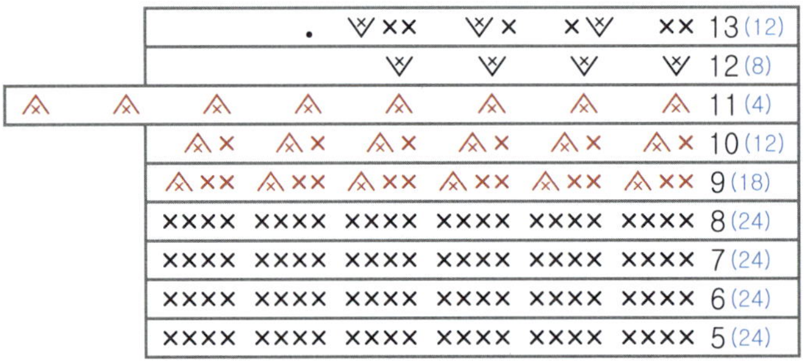

솜 넣고 11단 뜨세요.

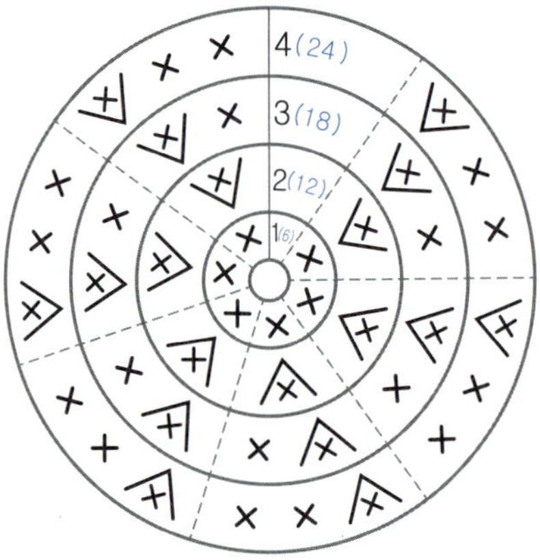

토끼 몸통

연분홍색

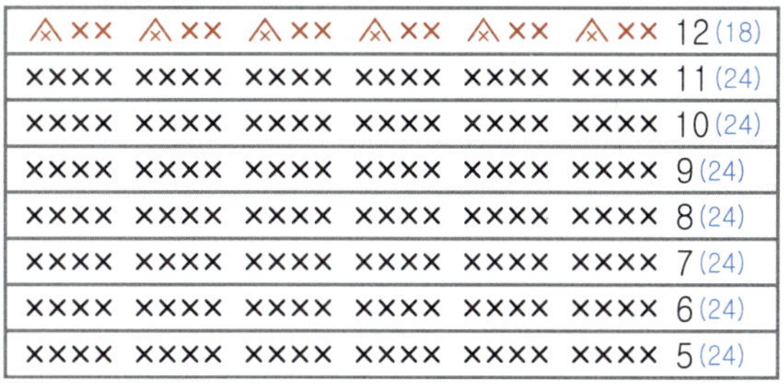

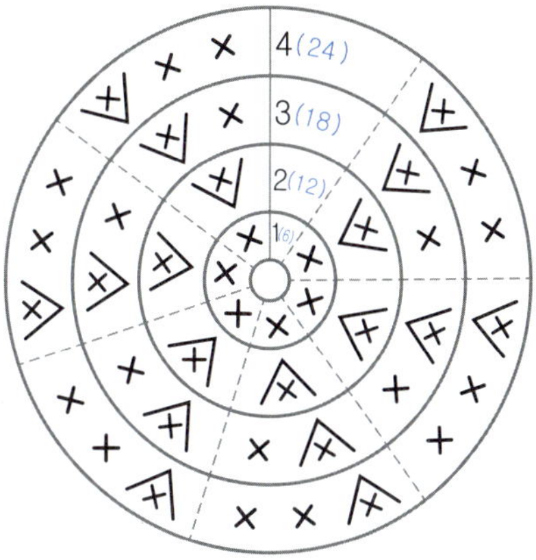

토끼 머리

연분홍색

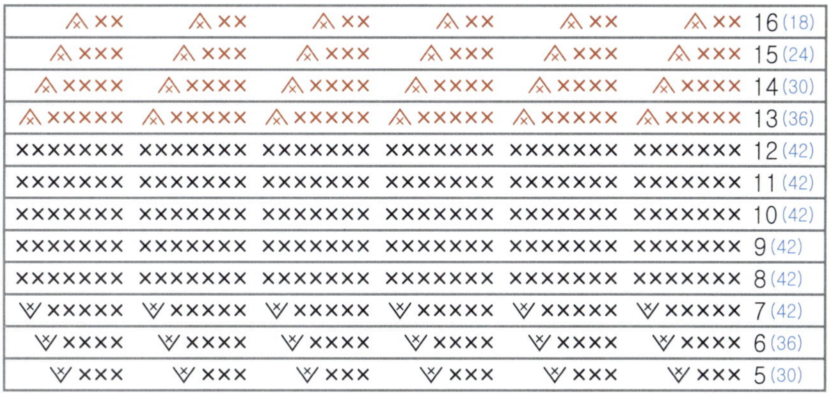

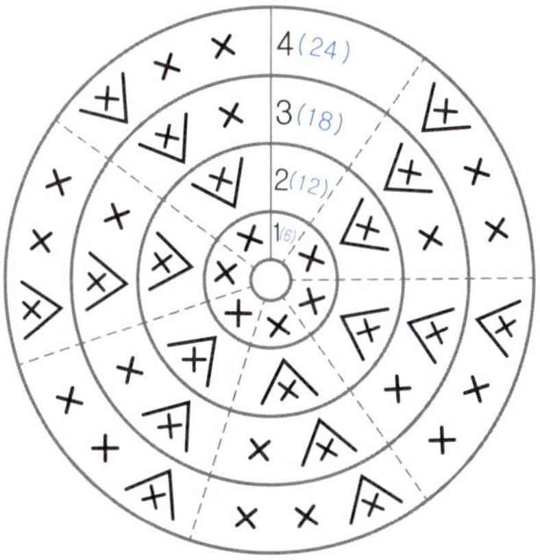

HOW TO MAKE

토끼 모자

노란색

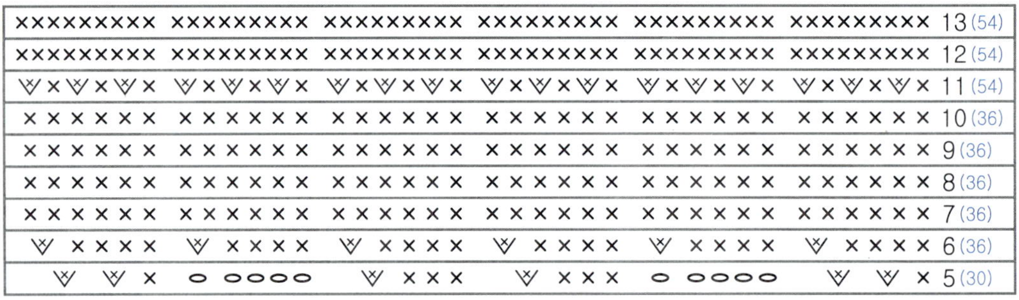

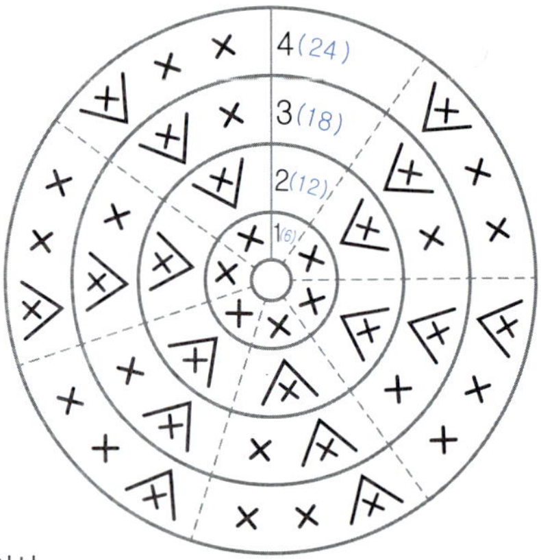

토끼 가방

연두색

가방끈은 사슬코 16코를 2개 만들어서 돗바늘로 가방에 연결해줍니다.

토끼 귀

진분홍색, 진보라색 한 쪽씩 솜 넣지 마세요.

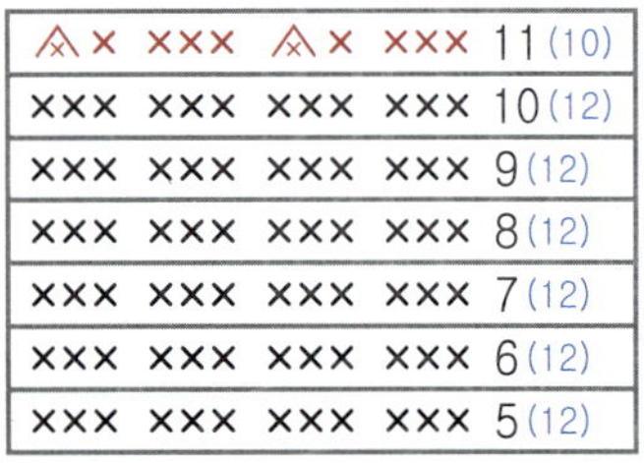

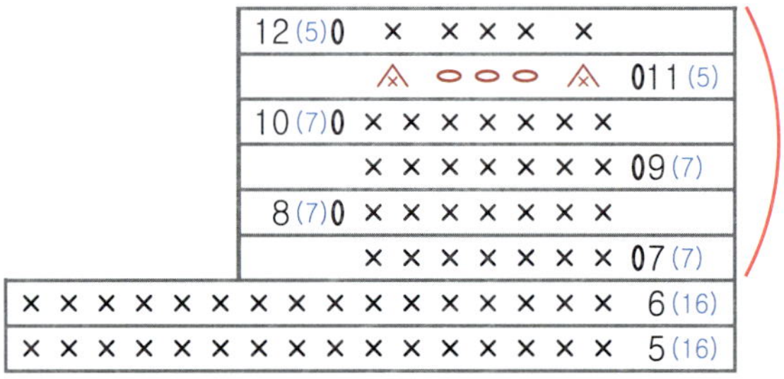

한단씩 뒤집어 주면서 뜨면 가방의 뚜껑이 됩니다.

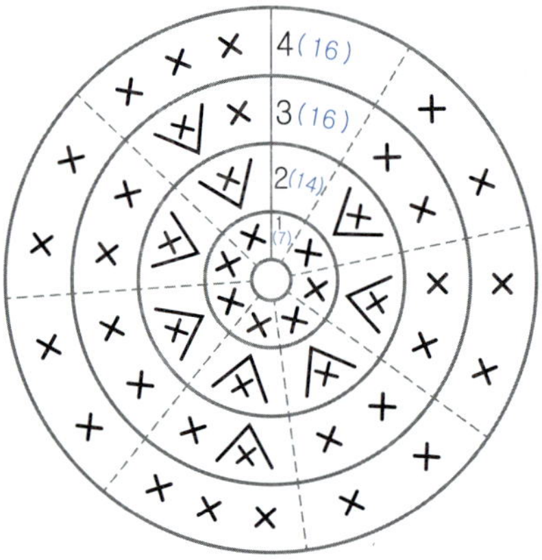

토끼 다리

연보라색

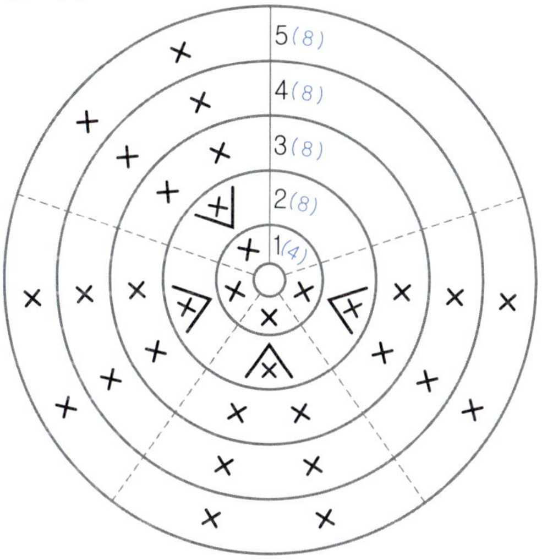

토끼 팔

연보라색

(솜 넣지 마세요.)

×	×	×	×	×	×	×	×	7(8)
×	×	×	×	×	×	×	×	6(8)
×	×	×	×	×	×	×	×	5(8)

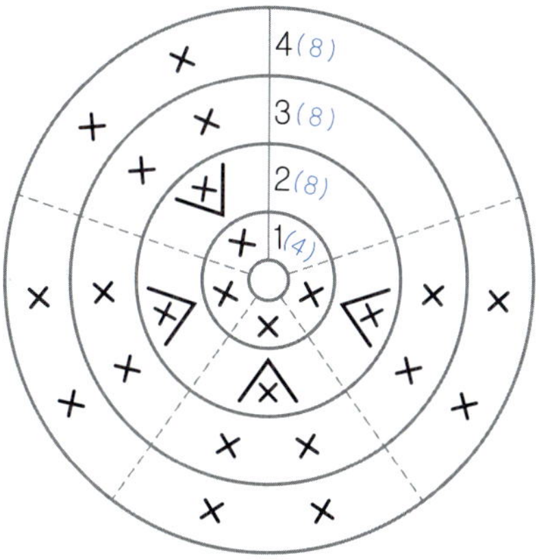

코와 입 수놓는 방법

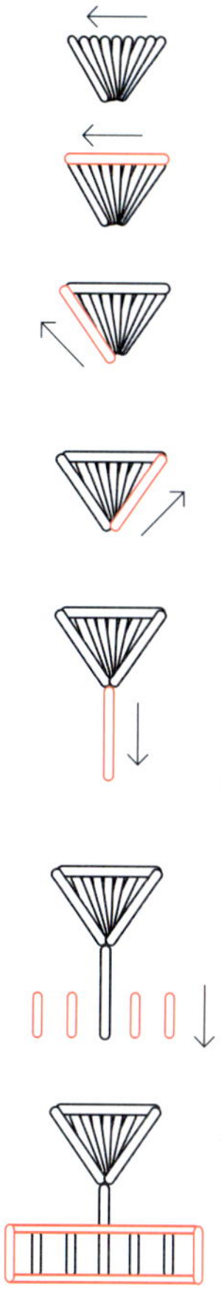

눈 수놓는 방법

HOW TO MAKE

| WORKS 09 |

함께 떠나요, 바캉스 베어

PAGE 24
LEVEL ★★★

완성크기 16cm

바늘 모사용 코바늘 5호, 돗바늘, 자수용 바늘

사용실 베이지색, 연두색, 하늘색, 노란색, 흰색, 모자용 페이퍼 실

부재료 인형솜, 나사형 인형눈 4개, 나사형 인형코 1개, 검은색 자수실, 주황색 펠트, 연두색 펠트, 검은색 펠트

베어 얼굴

베이지색

∧××	∧××	∧××	∧××	∧××	∧××	21 (18)
∧×××	∧×××	∧×××	∧×××	∧×××	∧×××	20 (24)
∧××××	∧××××	∧××××	∧××××	∧××××	∧××××	19 (30)
∧×××××	∧×××××	∧×××××	∧×××××	∧×××××	∧×××××	18 (36)
∧××××××	∧××××××	∧××××××	∧××××××	∧××××××	∧××××××	17 (42)
××××××××	××××××××	××××××××	××××××××	××××××××	××××××××	16 (48)
××××××××	××××××××	××××××××	××××××××	××××××××	××××××××	15 (48)
××××××××	××××××××	××××××××	××××××××	××××××××	××××××××	14 (48)
××××××××	××××××××	××××××××	××××××××	××××××××	××××××××	13 (48)
××××××××	××××××××	××××××××	××××××××	××××××××	××××××××	12 (48)
××××××××	××××××××	××××××××	××××××××	××××××××	××××××××	11 (48)
××××××××	××××××××	××××××××	××××××××	××××××××	××××××××	10 (48)
××××××××	××××××××	××××××××	××××××××	××××××××	××××××××	9 (48)
∨××××××	∨××××××	∨××××××	∨××××××	∨××××××	∨××××××	8 (48)
∨×××××	∨×××××	∨×××××	∨×××××	∨×××××	∨×××××	7 (42)
∨××××	∨××××	∨××××	∨××××	∨××××	∨××××	6 (36)
∨×××	∨×××	∨×××	∨×××	∨×××	∨×××	5 (30)

베어 코

흰색

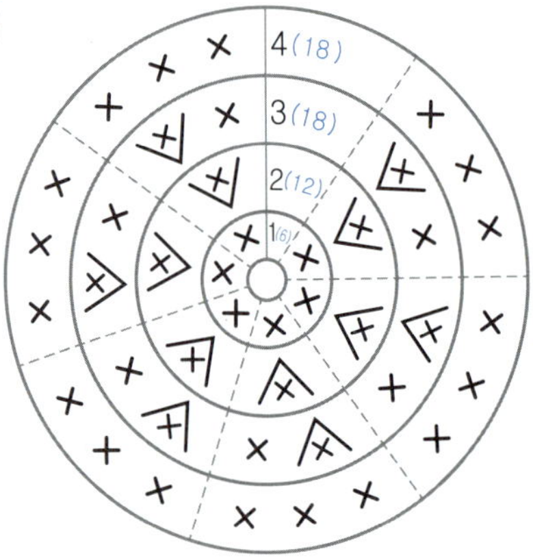

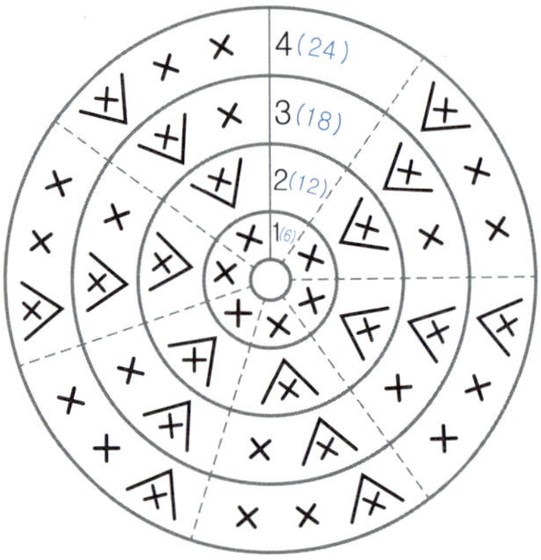

베어 팔 2개

1~8단 베이지색, 9~14단 하늘색

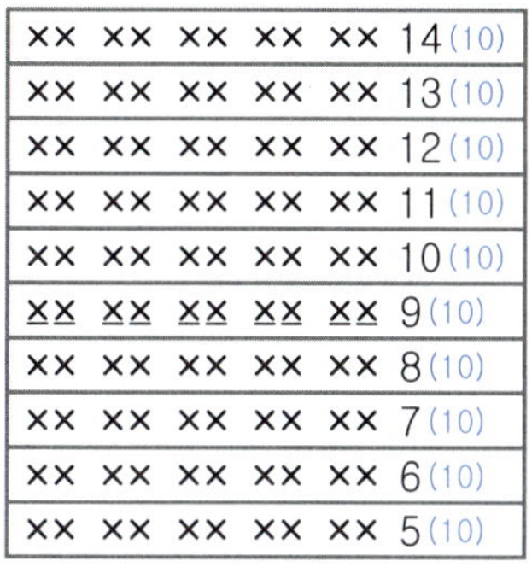

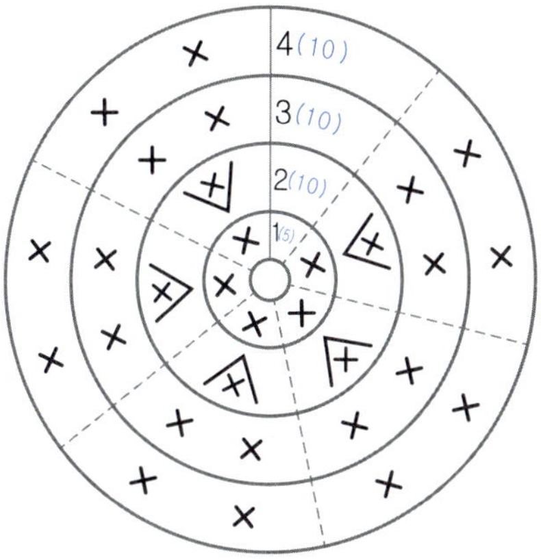

베어 몸통

1~8단 하늘색, 9단~14단 연두색

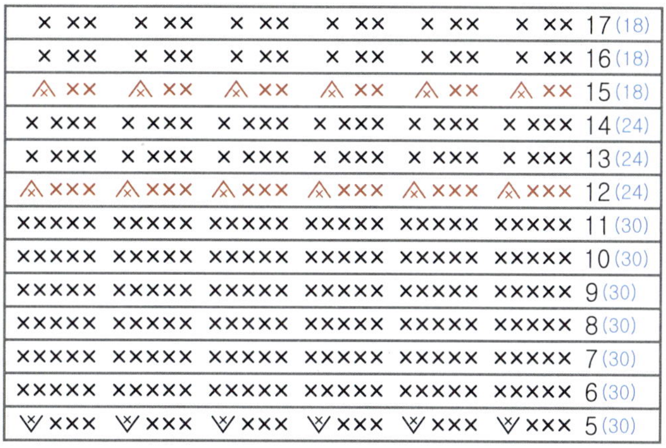

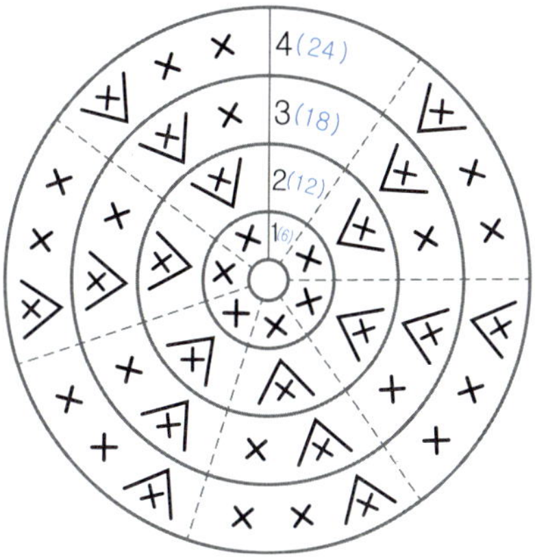

베어 튜브, 오리 머리

노란색

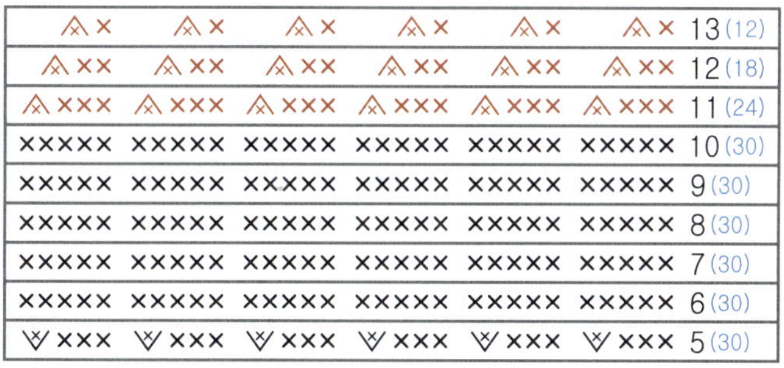

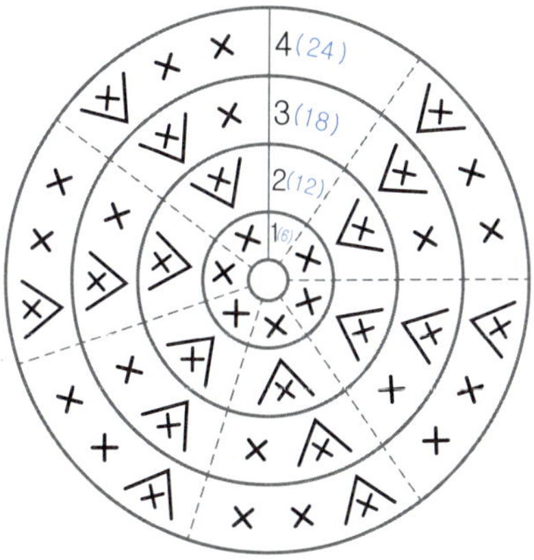

HOW TO MAKE

베어 튜브
노란색

××	××	××	××	××	××	56 (12)
××	××	××	××	××	××	55 (12)
××	××	××	××	××	××	54 (12)
××	××	××	××	××	××	53 (12)
××	××	××	××	××	××	52 (12)
××	××	××	××	××	××	51 (12)
××	××	××	××	××	××	50 (12)
××	××	××	××	××	××	49 (12)
××	××	××	××	××	××	48 (12)
××	××	××	××	××	××	47 (12)
××	××	××	××	××	××	46 (12)
××	××	××	××	××	××	45 (12)
××	××	××	××	××	××	44 (12)
××	××	××	××	××	××	43 (12)
××	××	××	××	××	××	42 (12)
××	××	××	××	××	××	41 (12)
××	××	××	××	××	××	40 (12)
××	××	××	××	××	××	39 (12)
××	××	××	××	××	××	38 (12)
××	××	××	××	××	××	37 (12)
××	××	××	××	××	××	36 (12)
××	××	××	××	××	××	35 (12)
××	××	××	××	××	××	34 (12)
××	××	××	××	××	××	33 (12)
××	××	××	××	××	××	32 (12)
××	××	××	××	××	××	31 (12)
××	××	××	××	××	××	30 (12)
××	××	××	××	××	××	29 (12)
××	××	××	××	××	××	28 (12)
××	××	××	××	××	××	27 (12)
××	××	××	××	××	××	26 (12)
××	××	××	××	××	××	25 (12)
××	××	××	××	××	××	24 (12)
××	××	××	××	××	××	23 (12)
××	××	××	××	××	××	22 (12)
××	××	××	××	××	××	21 (12)
××	××	××	××	××	××	20 (12)
××	××	××	××	××	××	19 (12)
××	××	××	××	××	××	18 (12)
××	××	××	××	××	××	17 (12)
××	××	××	××	××	××	16 (12)
××	××	××	××	××	××	15 (12)
××	××	××	××	××	××	14 (12)
××	××	××	××	××	××	13 (12)
××	××	××	××	××	××	12 (12)
××	××	××	××	××	××	11 (12)
××	××	××	××	××	××	10 (12)
××	××	××	××	××	××	9 (12)
××	××	××	××	××	××	8 (12)
××	××	××	××	××	××	7 (12)
××	××	××	××	××	××	6 (12)
××	××	××	××	××	××	5 (12)

베어 다리
1~6단 베이지색, 9~12단 하늘색

×××××	×	×	×××××	12 (12)
×××××	×	×	×××××	11 (12)
×××××	×	×	×××××	10 (12)
×××××	×	×	×××××	9 (12)
×××××	×	×	×××××	8 (12)
×××××	×	×	×××××	7 (12)
×××××	⋀	⋀	×××××	6 (12)
×××××	⋀ ⋀	⋀ ⋀	×××××	5 (14)

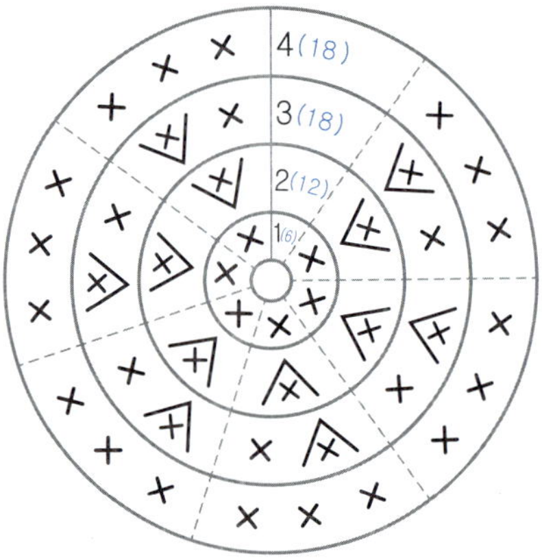

솜 넣으면서 뜨세요.

입 수놓는 방법

베어 밀짚모자

•xxxxxxxx	xxxxxxxx	xxxxxxxx	xxxxxxxx	xxxxxxxx	xxxxxxxx	15(48)
xxxxxxxx	xxxxxxxx	xxxxxxxx	xxxxxxxx	xxxxxxxx	xxxxxxxx	14(48)
xxxxxxxx	xxxxxxxx	xxxxxxxx	xxxxxxxx	xxxxxxxx	xxxxxxxx	13(48)
$\overline{xxxxxxxx}$	$\overline{xxxxxxxx}$	$\overline{xxxxxxxx}$	$\overline{xxxxxxxx}$	$\overline{xxxxxxxx}$	$\overline{xxxxxxxx}$	12(48)
xxxxxxxx	xxxxxxxx	xxxxxxxx	xxxxxxxx	xxxxxxxx	xxxxxxxx	11(48)
xxxxxxxx	xxxxxxxx	xxxxxxxx	xxxxxxxx	xxxxxxxx	xxxxxxxx	10(48)
Vxxxxxx	Vxxxxxx	Vxxxxxx	Vxxxxxx	Vxxxxxx	Vxxxxxx	9(48)
xxxxxxx	xxxxxxx	xxxxxxx	o oooooo	xxxxxxx	o oooooo	8(42)
Vxxxxx	Vxxxxx	Vxxxxx	Vxxxxx	Vxxxxx	Vxxxxx	7(42)
Vxxxx	Vxxxx	Vxxxx	Vxxxx	Vxxxx	Vxxxx	6(36)
Vxxx	Vxxx	Vxxx	Vxxx	Vxxx	Vxxx	5(30)

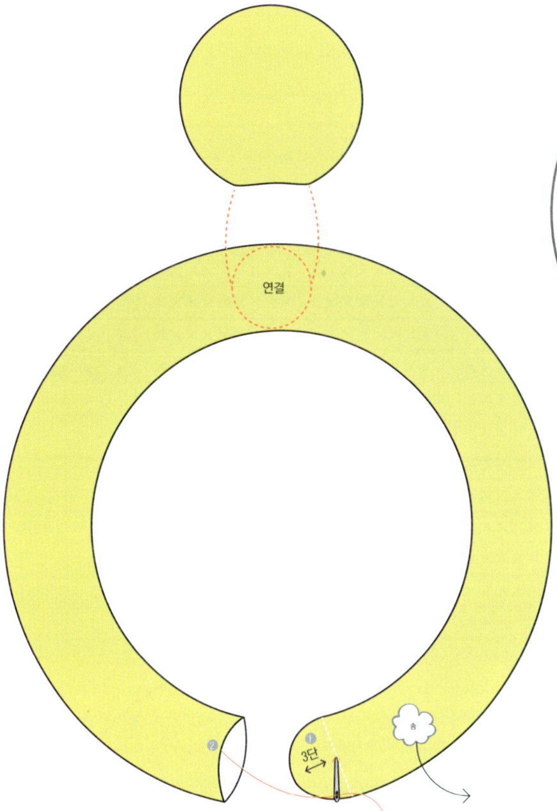

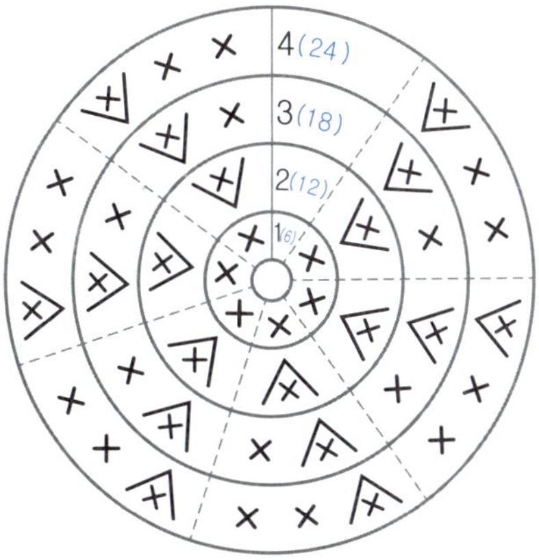

베어 귀 2개

베이지색

솜 넣으면서 뜨세요. 끝까지 뜬 후 남은 실을 돗바늘에 넣어서 반대쪽 3단과 4단 사이에 바늘을 넣어서 1번과 2번을 한코씩 번갈아가며 연결해줍니다. 실을 꽉 당겨주면서 연결하면 1번 점선 아래쪽 부분이 2번 안쪽으로 들어가며 자연스럽게 연결됩니다.

부리: 총 2장

개구리

색연필로 볼을 칠해줍니다

HOW TO MAKE

| WORKS 10 |

항상 응원할게요, 치어리더

완성크기 17cm
바늘 모사용 코바늘 5호, 돗바늘, 자수용 바늘
사용실 베이지색, 빨간색, 노란색, 초록색, 분홍색, 연두색
부재료 인형솜, 나사형 인형눈 2개, 나사형 인형코 1개, 검은색 자수실, 딸기단추, 씨드비즈

치어리더 얼굴

베이지색

⋀xxx	⋀xxx	⋀xxx	⋀xxx	⋀xxx	⋀xxx	21 (24)
⋀xxxx	⋀xxxx	⋀xxxx	⋀xxxx	⋀xxxx	⋀xxxx	20 (30)
⋀xxxxx	⋀xxxxx	⋀xxxxx	⋀xxxxx	⋀xxxxx	⋀xxxxx	19 (36)
⋀xxxxxx	⋀xxxxxx	⋀xxxxxx	⋀xxxxxx	⋀xxxxxx	⋀xxxxxx	18 (42)
⋀xxxxxxx	⋀xxxxxxx	⋀xxxxxxx	⋀xxxxxxx	⋀xxxxxxx	⋀xxxxxxx	17 (48)
xxxxxxxxx	xxxxxxxxx	xxxxxxxxx	xxxxxxxxx	xxxxxxxxx	xxxxxxxxx	16 (54)
xxxxxxxxx	xxxxxxxxx	xxxxxxxxx	xxxxxxxxx	xxxxxxxxx	xxxxxxxxx	15 (54)
xxxxxxxxx	xxxxxxxxx	xxxxxxxxx	xxxxxxxxx	xxxxxxxxx	xxxxxxxxx	14 (54)
xxxxxxxxx	xxxxxxxxx	xxxxxxxxx	xxxxxxxxx	xxxxxxxxx	xxxxxxxxx	13 (54)
xxxxxxxxx	xxxxxxxxx	xxxxxxxxx	xxxxxxxxx	xxxxxxxxx	xxxxxxxxx	12 (54)
xxxxxxxxx	xxxxxxxxx	xxxxxxxxx	xxxxxxxxx	xxxxxxxxx	xxxxxxxxx	11 (54)
xxxxxxxxx	xxxxxxxxx	xxxxxxxxx	xxxxxxxxx	xxxxxxxxx	xxxxxxxxx	10 (54)
⋁xxxxxxx	⋁xxxxxxx	⋁xxxxxxx	⋁xxxxxxx	⋁xxxxxxx	⋁xxxxxxx	9 (54)
⋁xxxxxx	⋁xxxxxx	⋁xxxxxx	⋁xxxxxx	⋁xxxxxx	⋁xxxxxx	8 (48)
⋁xxxxx	⋁xxxxx	⋁xxxxx	⋁xxxxx	⋁xxxxx	⋁xxxxx	7 (42)
⋁xxxx	⋁xxxx	⋁xxxx	⋁xxxx	⋁xxxx	⋁xxxx	6 (36)
⋁xxx	⋁xxx	⋁xxx	⋁xxx	⋁xxx	⋁xxx	5 (30)

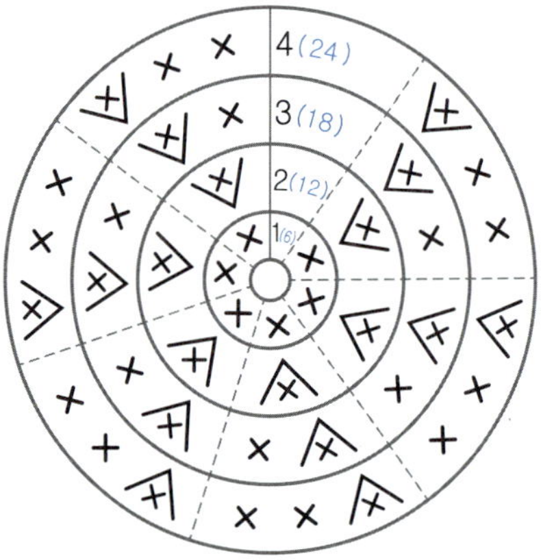

치어리더 몸통

(1~9단 흰색, 10단~20단 빨간색)

× ×××	× ×××	× ×××	× ×××	× ×××	× ×××	20(24)
∧ ×××	∧ ×××	∧ ×××	∧ ×××	∧ ×××	∧ ×××	19(24)
× ××××	× ××××	× ××××	× ××××	× ××××	× ××××	18(30)
× ××××	× ××××	× ××××	× ××××	× ××××	× ××××	17(30)
× ××××	× ××××	× ××××	× ××××	× ××××	× ××××	16(30)
× ××××	× ××××	× ××××	× ××××	× ××××	× ××××	15(30)
× ××××	× ××××	× ××××	× ××××	× ××××	× ××××	14(30)
× ××××	× ××××	× ××××	× ××××	× ××××	× ××××	13(30)
∧ ××××	∧ ××××	∧ ××××	∧ ××××	∧ ××××	∧ ××××	12(30)
××××××	××××××	××××××	××××××	××××××	××××××	11(36)
××××××	××××××	××××××	××××××	××××××	××××××	10(36)
××××××	××××××	××××××	××××××	××××××	××××××	9(36)
××××××	××××××	××××××	××××××	××××××	××××××	8(36)
××××××	××××××	××××××	××××××	××××××	××××××	7(36)
V ××××	V ××××	V ××××	V ××××	V ××××	V ××××	6(36)
V ×××	V ×××	V ×××	V ×××	V ×××	V ×××	5(30)

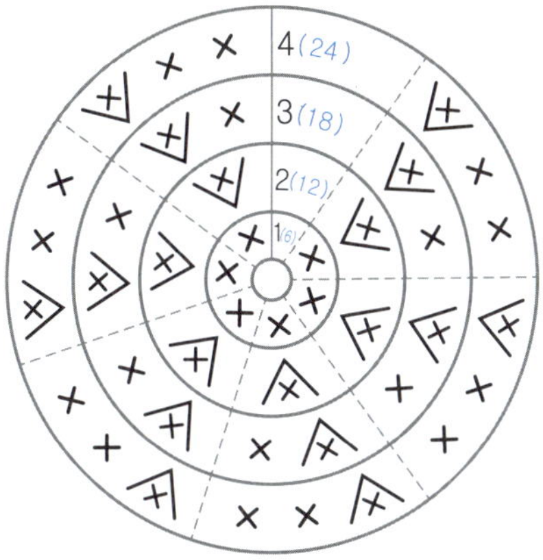

치어리더 딸기 꼭지

초록색

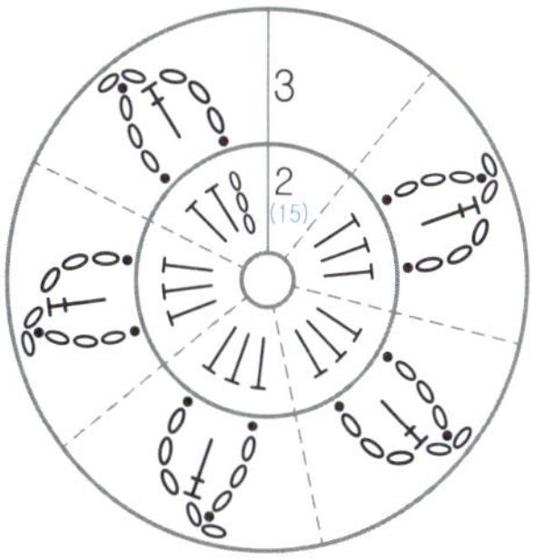

치어리더 스커트

몸통 11단에 노란색으로 연결

4, 5단의 도안 초록색 부분만 초록색으로 뜨세요.

• VVV×××××××	VVV×××××××	VVV×××××××	VVV×××××××	VVV×××××××	VVV×××××××	VVV×××××××	VVV×××××××	VVV×××××××	5(117)
∨ ×××××××	∨ ×××××××	∨ ×××××××	∨ ×××××××	∨ ×××××××	∨ ×××××××	∨ ×××××××	∨ ×××××××	∨ ×××××××	4(90)
× ×××××××	× ×××××××	× ×××××××	× ×××××××	× ×××××××	× ×××××××	× ×××××××	× ×××××××	× ×××××××	3(72)
V VVV	V VVV	V VVV	V VVV	V VVV	V VVV	V VVV	V VVV	V VVV	2(72)
× ×××	× ×××	× ×××	× ×××	× ×××	× ×××	× ×××	× ×××	× ×××	1(36)

∨: 한코에 세번 짧은뜨기하세요.

치어리더 다리

1~4단 빨간색, 5~12단 베이지색

×××××	×	×	×××××	12 (12)
×××××	×	×	×××××	11 (12)
×××××	×	×	×××××	10 (12)
×××××	×	×	×××××	9 (12)
×××××	×	×	×××××	8 (12)
×××××	×	×	×××××	7 (12)
×××××	⋀	⋀	×××××	6 (12)
×××××	⋀ ⋀	⋀ ⋀	×××××	5 (14)

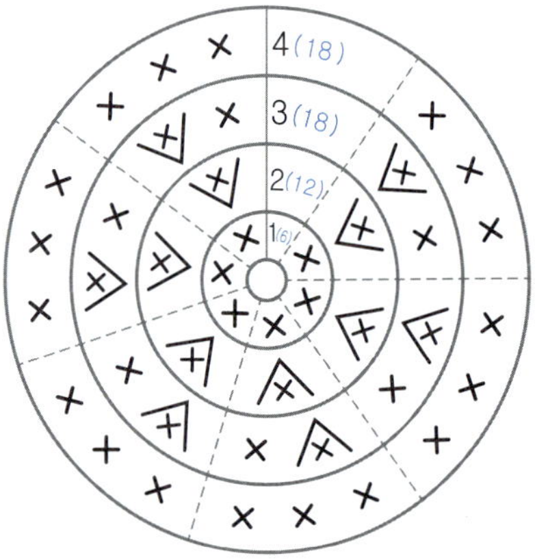

치어리더 팔 2개

베이지색

××	××	××	××	××	17 (10)
××	××	××	××	××	16 (10)
××	××	××	××	××	15 (10)
××	××	××	××	××	14 (10)
××	××	××	××	××	13 (10)
××	××	××	××	××	12 (10)
××	××	××	××	××	11 (10)
××	××	×•	••	••	10 (10)
××	××	×•	••	••	9 (10)
××	××	××	××	××	8 (10)
××	××	××	××	××	7 (10)
××	××	××	××	××	6 (10)
××	××	××	××	××	5 (10)

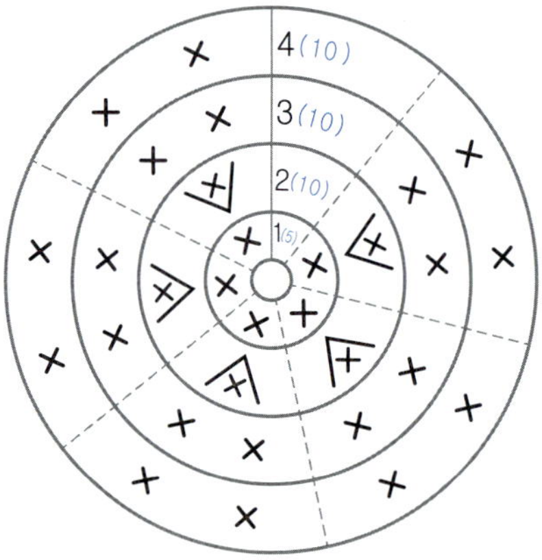

치어리더 귀 2개

베이지색

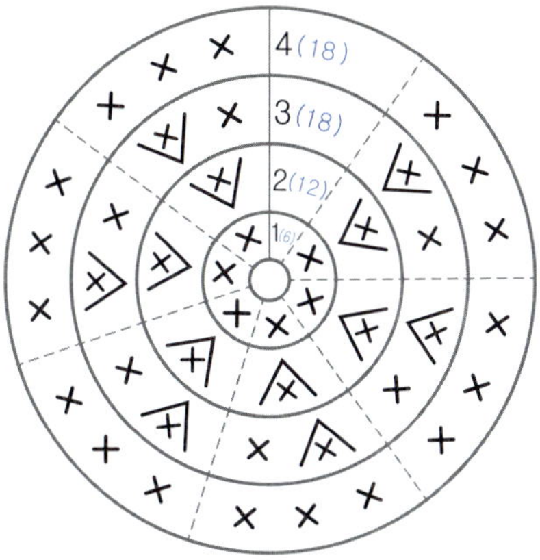

치어리더 코

흰색

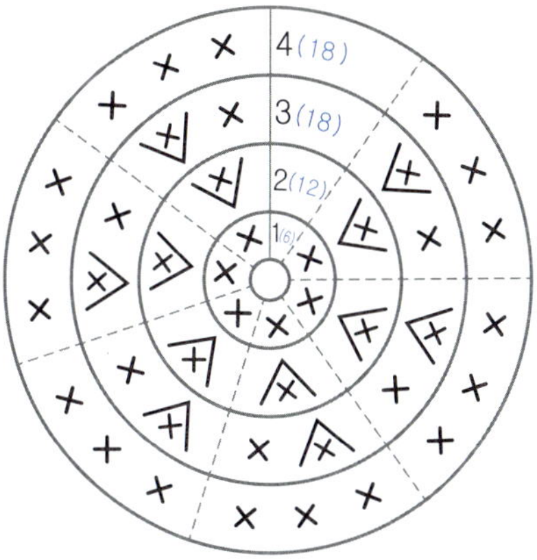

응원도구 만드는 법

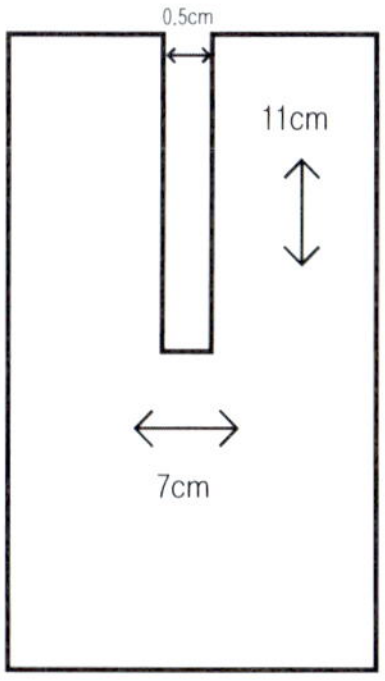

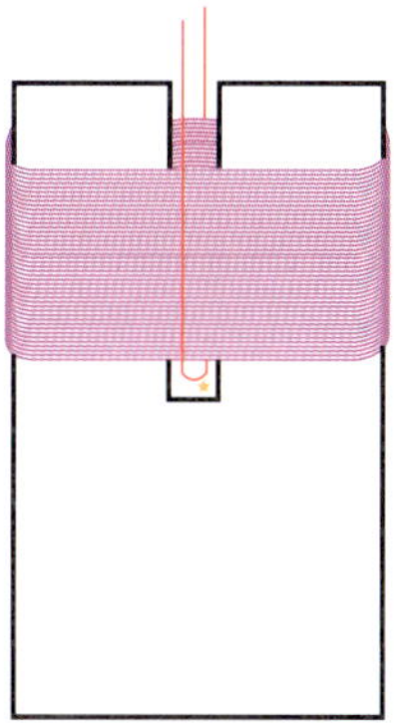

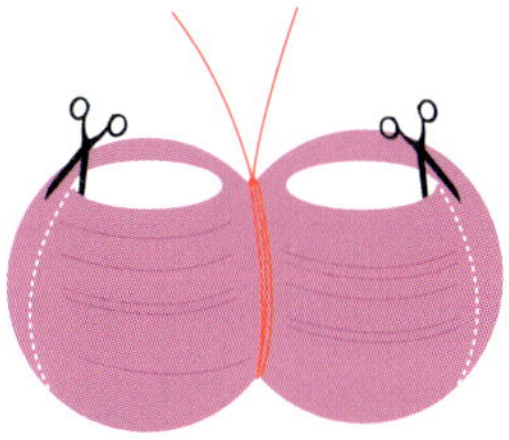

❶ 두꺼운 종이(하드보드지 혹은 택배박스 등)를 위의 크기로 잘라줍니다.

❷ ★이 표시되어 있는 부분은 조금 남겨두고 털실을 100회 정도 감아준 후 ★이 표시되어 있는 공간 사이로 같은 색실을 통과시킨 후 2~3회 정도 꽉 묶어줍니다.

❸ 털실을 종이에서 빼고 양쪽을 가위로 잘라준 후 동그란 모양이 되도록 가위로 정리해줍니다. 2번 과정에서 가운데를 묶었던 실로 팔에 고정해줍니다.

HOW TO MAKE

| WORKS 11 |

어디든 갈 테야, 열기구 멍멍 군

완성크기 30cm

바늘 모사용 코바늘 5호, 돗바늘, 자수용 바늘

사용실 베이지색, 흰색, 노란색, 살구색, 분홍색, 하늘색, 보라색, 갈색, 진갈색

부재료 인형솜, 나사형 인형눈 4개, 나사형 인형코 2개, 검정색 자수실, 방울, 빨강색 펠트

멍멍 군 얼굴

베이지색(도안의 초록색 부분만 흰색으로 뜨세요

∧	∧	∧	∧	∧	∧	17 (6)
∧ ×	∧ ×	∧ ×	∧ ×	∧ ×	∧ ×	16 (12)
∧ ××	∧ ××	∧ ××	∧ ××	∧ ××	∧ ××	15 (18)
∧ ×××	∧ ×××	∧ ×××	∧ ×××	∧ ×××	∧ ×××	14 (24)
∧ ××××	∧ ××××	∧ ××××	∧ ××××	∧ ××××	∧ ××××	13 (30)
××××××	××××××	××××××	××××××	××××××	××××××	12 (36)
××××××	××××××	××××××	××××××	××××××	××××××	11 (36)
××××××	××××××	××××××	××××××	××××××	××××××	10 (36)
××××××	××××××	××××××	××××××	××××××	××××××	9 (36)
××××××	××××××	××××××	××××××	××××××	××××××	8 (36)
××××××	××××××	××××××	××××××	××××××	××××××	7 (36)
∨ ××××	∨ ××××	∨ ××××	∨ ××××	∨ ××××	∨ ××××	6 (36)
∨ ×××	∨ ×××	∨ ×××	∨ ×××	∨ ×××	∨ ×××	5 (30)

멍멍 군 몸통

베이지색

× ××	× ××	× ××	× ××	× ××	× ××	12 (18)
× ××	× ××	× ××	× ××	× ××	× ××	11 (18)
× ××	× ××	× ××	× ××	× ××	× ××	10 (18)
∧ ××	∧ ××	∧ ××	∧ ××	∧ ××	∧ ××	9 (18)
××××	××××	××××	××××	××××	××××	8 (24)
××××	××××	××××	××××	××××	××××	7 (24)
××××	××××	××××	××××	××××	××××	6 (24)
××××	××××	××××	××××	××××	××××	5 (24)

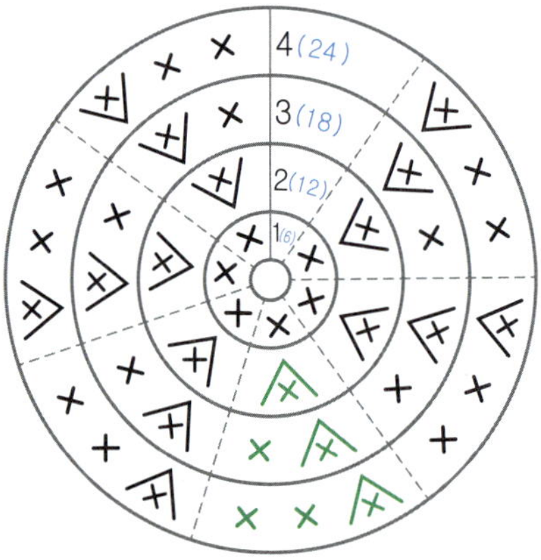

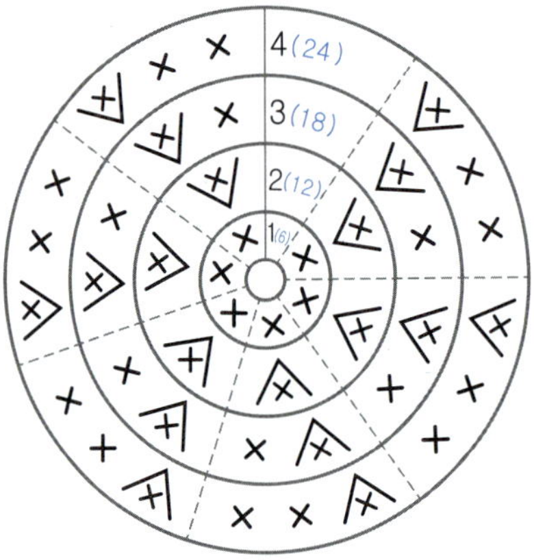

멍멍 군 팔 2개

베이지색

×× × ×× × ×× ×	8 (9)
×× × ×× × ×× ×	7 (9)
×× × ×× × ×× ×	6 (9)
×× × ×× × ×× ×	5 (9)

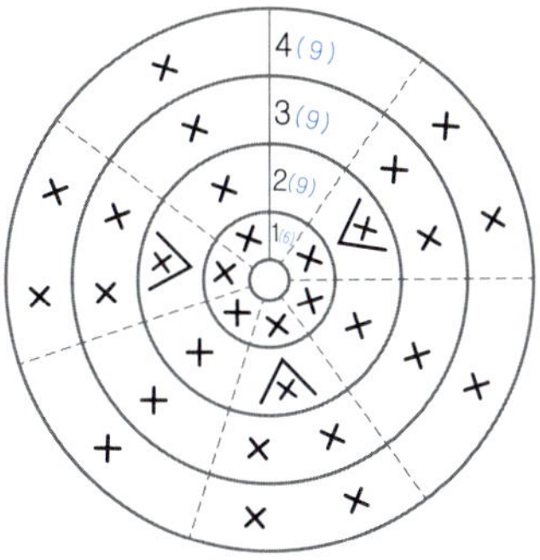

멍멍 군 다리 2개

베이지색

×× ×× ×× ×× ×× ××	7 (10)
×× ×× ×× ×× ×× ××	6 (10)
×× ×× ×× ×× ×× ××	5 (10)

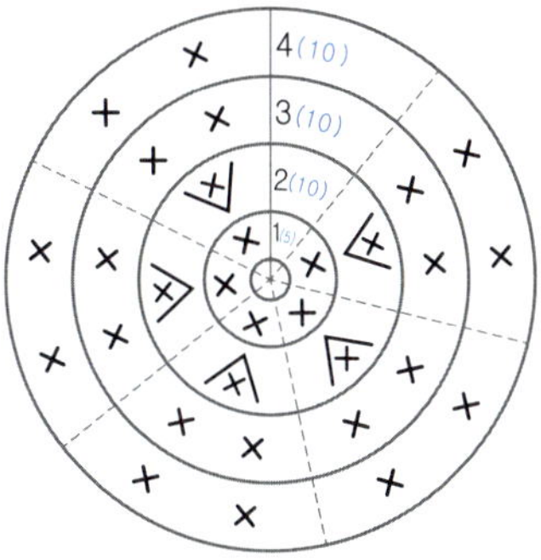

멍멍 군 코

흰색

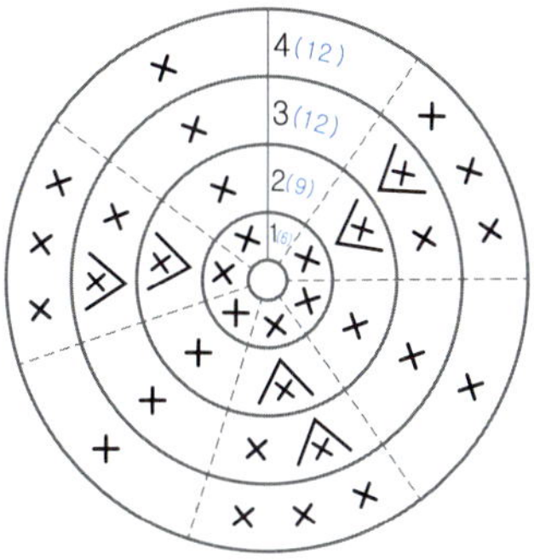

멍멍 군 귀 2개

갈색, 진갈색 각각 1개씩 뜨세요.

∧ ×× ∧ ×× ∧ ××	8 (9)
×× ×× ×× ×× ×× ××	7 (12)
×× ×× ×× ×× ×× ××	6 (12)
×× ×× ×× ×× ×× ××	5 (12)

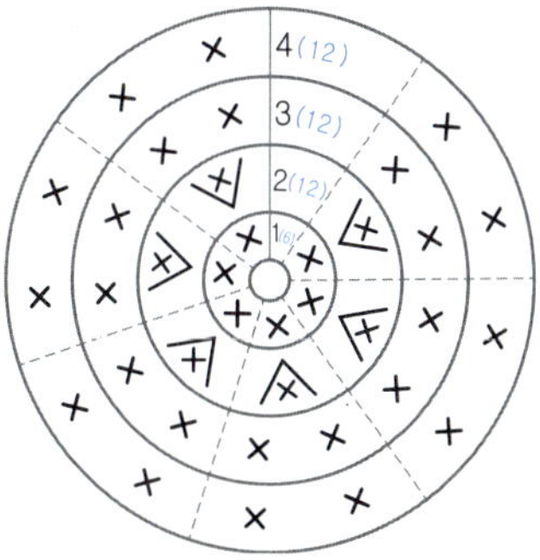

바구니

하늘색

7단부터 18단까지 이랑뜨기로 뜨세요.

×××××× ×××××× ×××××× ×××××× ×××××× ××××××	18 (36)
×××××× ×××××× ×××××× ×××××× ×××××× ××××××	17 (36)
×××××× ×××××× ×××××× ×××××× ×××××× ××××××	16 (36)
×××××× ×××××× ×××××× ×××××× ×××××× ××××××	15 (36)
×××××× ×××××× ×××××× ×××××× ×××××× ××××××	14 (36)
×××××× ×××××× ×××××× ×××××× ×××××× ××××××	13 (36)
×××××× ×××××× ×××××× ×××××× ×××××× ××××××	12 (36)
×××××× ×××××× ×××××× ×××××× ×××××× ××××××	11 (36)
×××××× ×××××× ×××××× ×××××× ×××××× ××××××	10 (36)
×××××× ×××××× ×××××× ×××××× ×××××× ××××××	9 (36)
×××××× ×××××× ×××××× ×××××× ×××××× ××××××	8 (36)
×××××× ×××××× ×××××× ×××××× ×××××× ××××××	7 (36)
∨×××× ∨×××× ∨×××× ∨×××× ∨×××× ∨××××	6 (36)
∨××× ∨××× ∨××× ∨××× ∨××× ∨×××	5 (30)

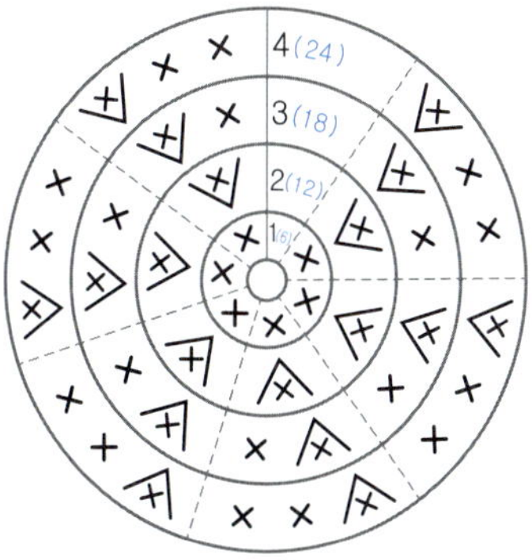

열기구 코

흰색

××××	××××	××××	××××	××××	××××	6(24)
××××	××××	××××	××××	××××	××××	5(24)

열기구 귀

베이지색

∧×	∧×	∧×	∧×	∧×	∧×	15(12)
× ××	× ××	× ××	× ××	× ××	× ××	14(18)
× ××	× ××	× ××	× ××	× ××	× ××	13(18)
× ××	× ××	× ××	× ××	× ××	× ××	12(18)
× ××	× ××	× ××	× ××	× ××	× ××	11(18)
∧××	∧××	∧××	∧××	∧××	∧××	10(18)
××××	××××	××××	××××	××××	××××	9(24)
××××	××××	××××	××××	××××	××××	8(24)
××××	××××	××××	××××	××××	××××	7(24)
××××	××××	××××	××××	××××	××××	6(24)
××××	××××	××××	××××	××××	××××	5(24)

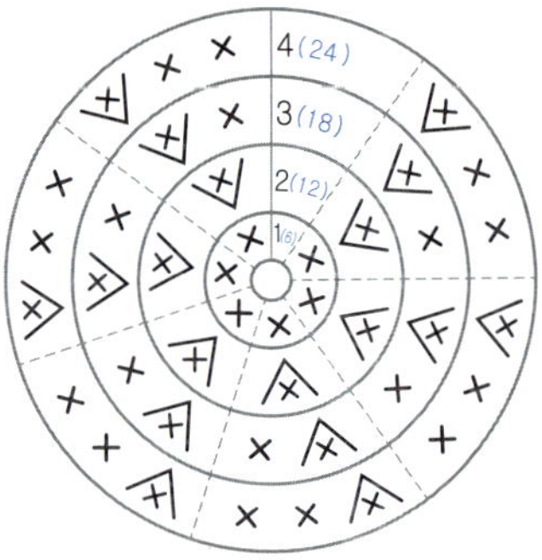

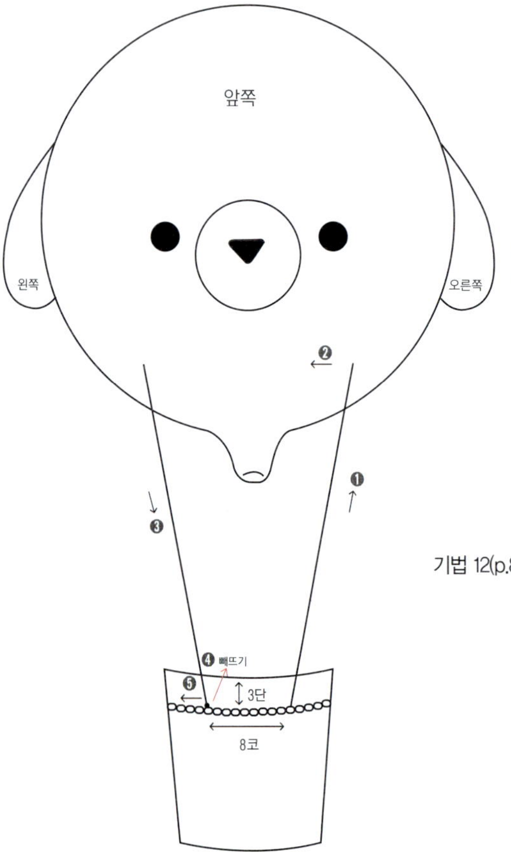

기법 12(p.88) 참고

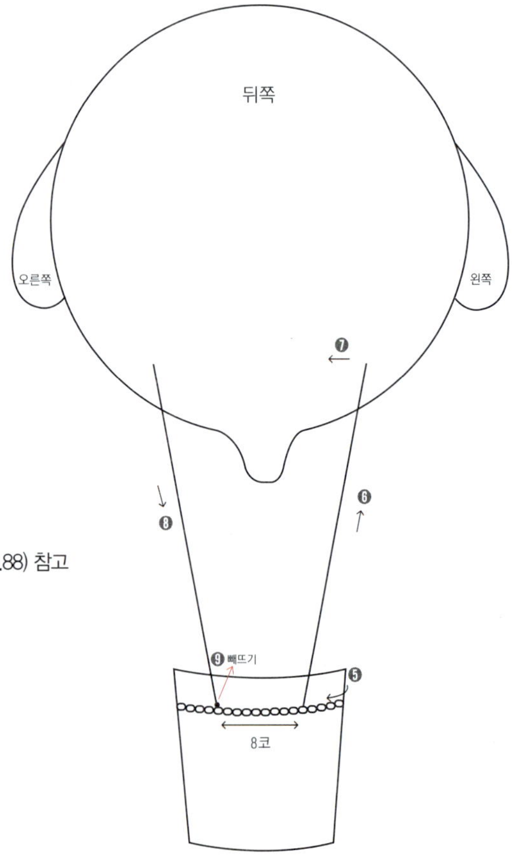

열기구

1~7단 노란색, 8~14단 살구색, 15~21단 분홍색, 22~28단 하늘색, 29~41단 연보라색
색 바뀌는 것에 주의하세요.

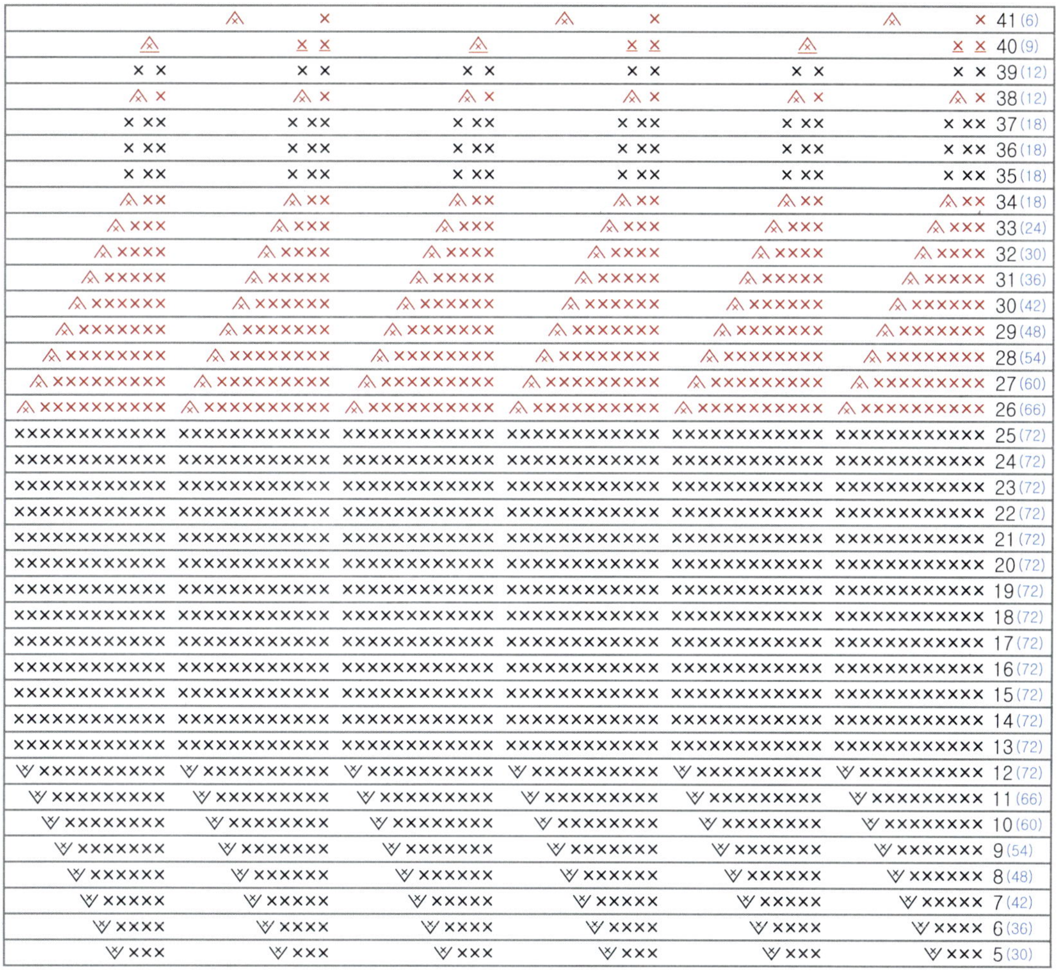

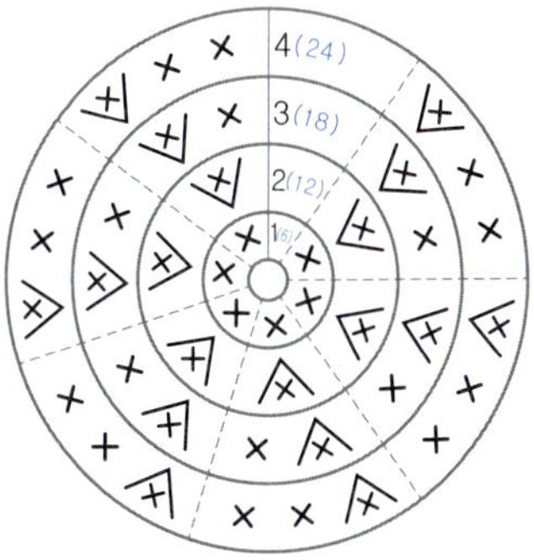

| WORKS 12 |

기저귀를 차요, 쌍둥이 남매

PAGE 30
LEVEL ★★★

완성크기 20cm(앉은키)

바늘 모사용 코바늘 5호, 돗바늘, 자수용 바늘

사용실 분홍색, 하늘색, 베이지색, 흰색

부재료 인형솜, 나사형 인형눈 4개, 나사형 인형코 2개, 단추, 흰색 자수실

곰/토끼 다리 동일
곰 : 베이지색 / 토끼 : 분홍색

⋀	⋀			⋀	⋀	⋀	18 (6)
⋀× ⋀×⋀	×			×⋀×	⋀×⋀	×	17 (12)
××× ×××××	×		×	×××××	×××		16 (18)
××× ×××××	×		×	×××××	×××		15 (18)
××× ×××××	×		×	×××××	×××		14 (18)
××× ×××××	×		×	×××××	×××		13 (18)
××× ×××××	×		×	×××××	×××		12 (18)
××× ×××××	×		×	×××××	×××		11 (18)
××× ×××××	×		×	×××××	×××		10 (18)
××× ×××××	⋀		⋀	×××××	×××		9 (18)
××× ××××× ⋀	⋀	⋀	⋀	⋀ ×××××	×××		8 (20)
××× ×××××× ⋀	⋀ ⋀	⋀	⋀ ⋀ ××××××	×××			7 (24)
××× ××××××××××	××××××××××	×××					6 (30)
××× ×× ⋁ ××× ⋁ ×××	⋁ ××× ⋁ ××× ⋁	×××					5 (30)

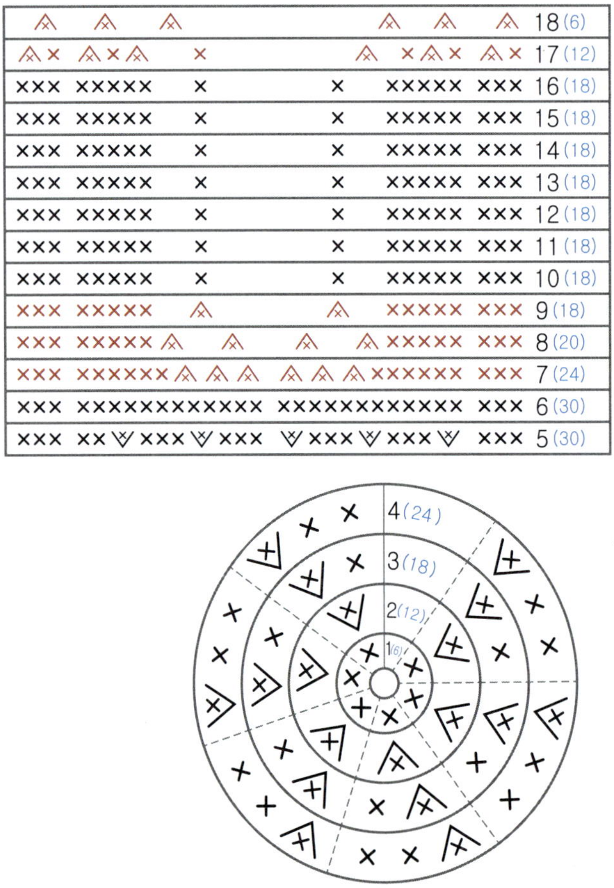

곰/토끼 팔 2개 동일
1~15단 분홍색, 16~23단 하늘색

⋀	⋀	⋀	⋀	⋀	⋀	23 (7)
×× ××	×× ××	×× ××	××			22 (14)
×× ××	×× ××	×× ××	××			21 (14)
×× ××	×× ××	×× ××	××			20 (14)
×× ××	×× ××	×× ××	××			19 (14)
×× ××	×× ××	×× ××	××			18 (14)
×× ××	×× ××	×× ××	××			17 (14)
×× ××	×× ××	×× ××	××			16 (14)
×× ××	×× ××	×× ××	××			15 (14)
×× ××	×× ××	×× ××	××			14 (14)
×× ××	×× ××	×× ××	××			13 (14)
×× ××	×× ××	×× ××	××			12 (14)
×× ××	×× ××	×× ××	××			11 (14)
×× ××	×× ××	×× ××	××			10 (14)
×× ××	×× ××	×× ××	××			9 (14)
×× ××	×× ××	×× ××	××			8 (14)
×× ××	×× ××	×× ××	××			7 (14)
×× ××	×× ××	×× ××	××			6 (14)
×× ××	×× ××	×× ××	××			5 (14)

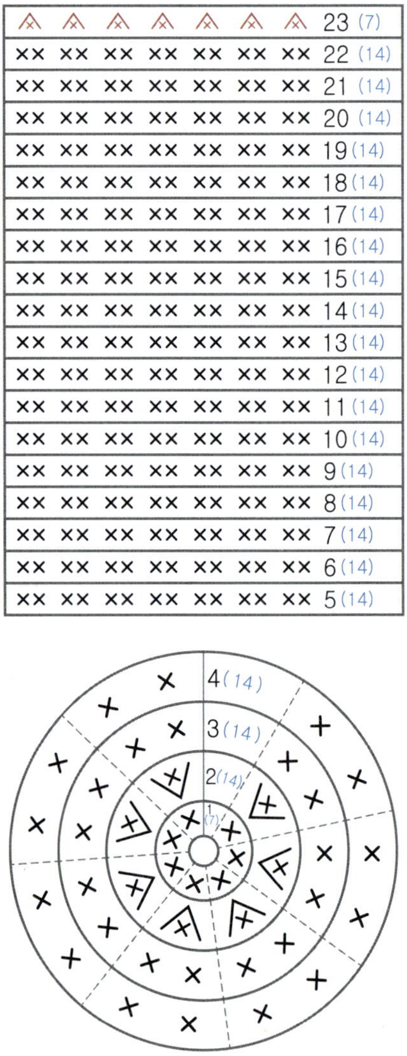

곰/토끼 얼굴 동일

곰 : 베이지색 / 토끼 : 분홍색

∧xxxx	∧xxxx	∧xxxx	∧xxxx	∧xxxx	∧xxxx	31(30)
∧xxxxx	∧xxxxx	∧xxxxx	∧xxxxx	∧xxxxx	∧xxxxx	30(36)
∧xxxxxx	∧xxxxxx	∧xxxxxx	∧xxxxxx	∧xxxxxx	∧xxxxxx	29(42)
∧xxxxxxx	∧xxxxxxx	∧xxxxxxx	∧xxxxxxx	∧xxxxxxx	∧xxxxxxx	28(48)
∧xxxxxxxx	∧xxxxxxxx	∧xxxxxxxx	∧xxxxxxxx	∧xxxxxxxx	∧xxxxxxxx	27(54)
xxxxxxxxxx	xxxxxxxxxx	xxxxxxxxxx	xxxxxxxxxx	xxxxxxxxxx	xxxxxxxxxx	26(60)
xxxxxxxxxx	xxxxxxxxxx	xxxxxxxxxx	xxxxxxxxxx	xxxxxxxxxx	xxxxxxxxxx	25(60)
xxxxxxxxxx	xxxxxxxxxx	xxxxxxxxxx	xxxxxxxxxx	xxxxxxxxxx	xxx(xxxxxxx)	24(60)
xxxxxxxxxx	xxxxxxxxxx	xxxxxxxxxx	xxxxxxxxxx	xxxxxxxxxx	xxx∘∘∘∘∘∘∘	23(60)
xxxxxxxxxx	xxxxxxxxxx	xxxxxxxxxx	xxxxxxxxxx	xxxxxxxxxx	xxxxxxxxxx	22(60)
xxxxxxxxxx	xxxxxxxxxx	xxxxxxxxxx	xxxxxxxxxx	xxxxxxxxxx	xxxxxxxxxx	21(60)
xxxxxxxxxx	xxxxxxxxxx	xxxxxxxxxx	xxxxxxxxxx	xxxxxxxxxx	xxxxxxxxxx	20(60)
xxxxxxxxxx	xxxxxxxxxx	xxxxxxxxxx	xxxxxxxxxx	xxxxxxxxxx	xxxxxxxxxx	19(60)
xxxxxxxxxx	xxxxxxxxxx	xxxxxxxxxx	xxxxxxxxxx	xxxxxxxxxx	xxxxxxxxxx	18(60)
xxxxxxxxxx	xxxxxxxxxx	xxxxxxxxxx	xxxxxxxxxx	xxxxxxxxxx	xxxxxxxxxx	17(60)
xxxxxxxxxx	xxxxxxxxxx	xxxxxxxxxx	xxxxxxxxxx	xxxxxxxxxx	xxxxxxxxxx	16(60)
xxxxxxxxxx	xxxxxxxxxx	xxxxxxxxxx	xxxxxxxxxx	xxxxxxxxxx	xxxxxxxxxx	15(60)
xxxxxxxxxx	xxxxxxxxxx	xxxxxxxxxx	xxxxxxxxxx	xxxxxxxxxx	xxxxxxxxxx	14(60)
xxxxxxxxxx	xxxxxxxxxx	xxxxxxxxxx	xxxxxxxxxx	xxxxxxxxxx	xxxxxxxxxx	13(60)
xxxxxxxxxx	xxxxxxxxxx	xxxxxxxxxx	xxxxxxxxxx	xxxxxxxxxx	xxxxxxxxxx	12(60)
xxxxxxxxxx	xxxxxxxxxx	xxxxxxxxxx	xxxxxxxxxx	xxxxxxxxxx	xxxxxxxxxx	11(60)
∨xxxxxxxx	∨xxxxxxxx	∨xxxxxxxx	∨xxxxxxxx	∨xxxxxxxx	∨xxxxxxxx	10(60)
∨xxxxxxx	∨xxxxxxx	∨xxxxxxx	∨xxxxxxx	∨xxxxxxx	∨xxxxxxx	9(54)
∨xxxxxx	∨xxxxxx	∨xxxxxx	∨xxxxxx	∨xxxxxx	∨xxxxxx	8(48)
∨xxxxx	∨xxxxx	∨xxxxx	∨xxxxx	∨xxxxx	∨xxxxx	7(42)
∨xxxx	∨xxxx	∨xxxx	∨xxxx	∨xxxx	∨xxxx	6(36)
∨xxx	∨xxx	∨xxx	∨xxx	∨xxx	∨xxx	5(30)

23단에서 만든 사슬코 위쪽의 코를 뜰 때 사슬의 앞줄 한줄만 걸어서 떠야 나중에 입연결이 쉽습니다.

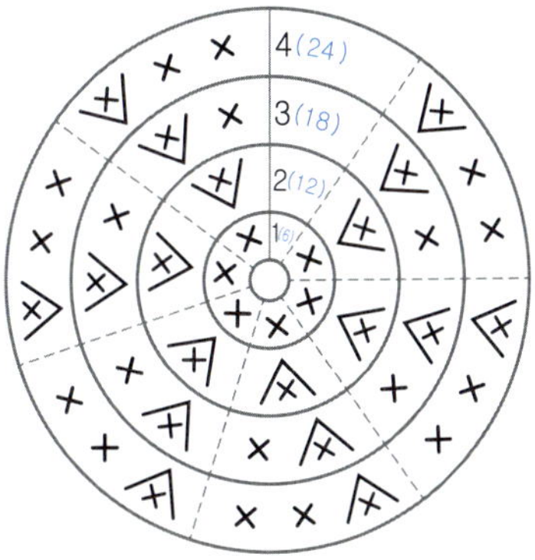

곰/토끼 입 동일

곰 : 베이지색 / 토끼 : 분홍색

얼굴부분 정수리를 보고 위 아래 7코씩 총 14코의 짧은뜨기줍니다.

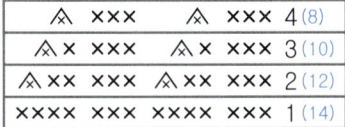

∧	xxx	∧	xxx	4(8)
∧x	xxx	∧x	xxx	3(10)
∧xx	xxx	∧xx	xxx	2(12)
xxxx	xxx	xxxx	xxx	1(14)

곰/토끼 기저귀 동일

흰색

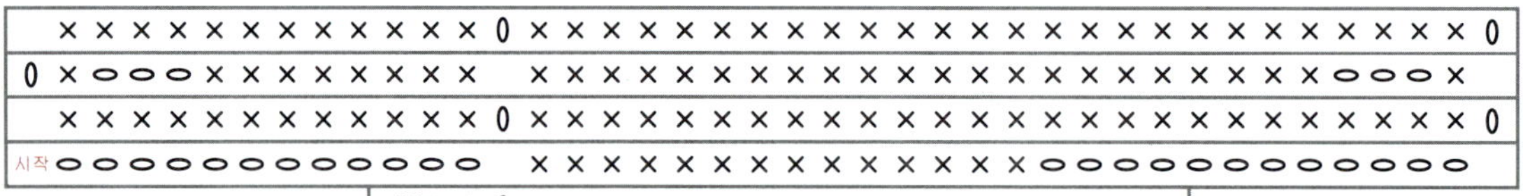

새로운 실로 사슬을 만든 후에 28단 위에 짧은뜨기 하며 연결해줍니다.

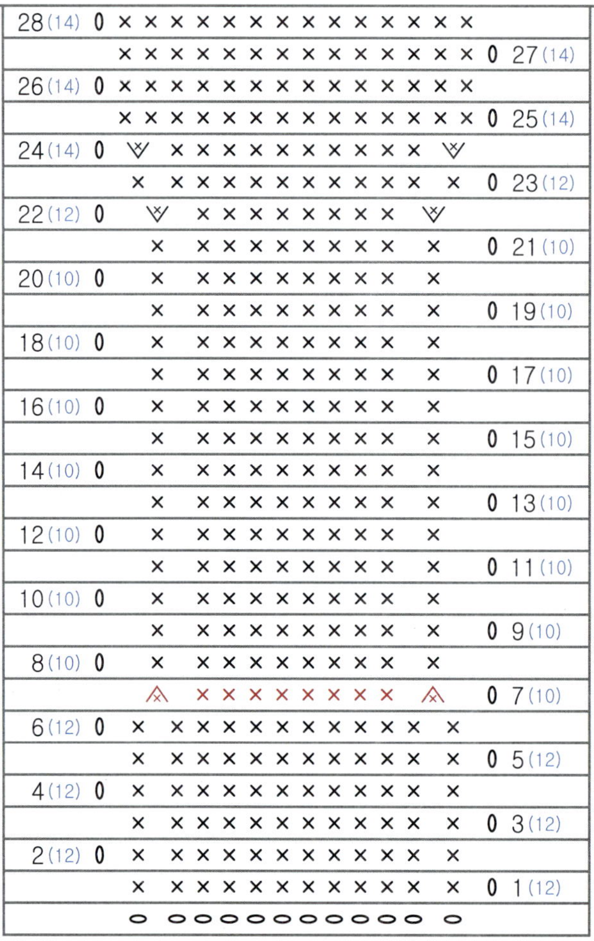

사슬코 13개로 시작

곰 몸통

1~15단 베이지색, 16~27단 분홍색

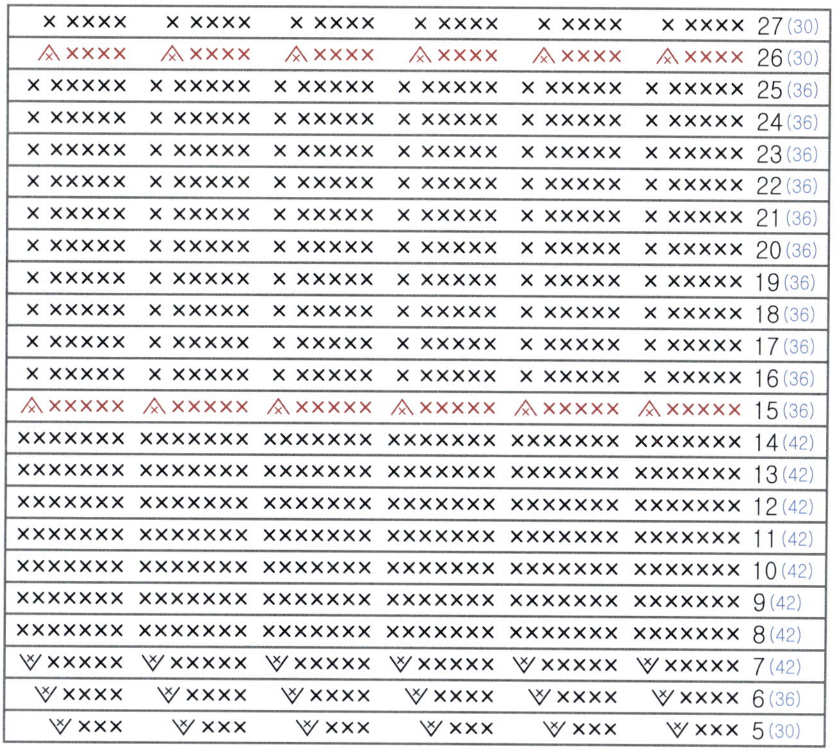

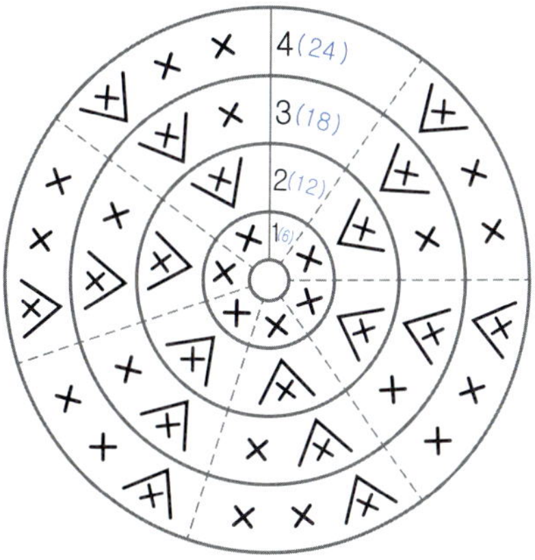

곰 코
흰색

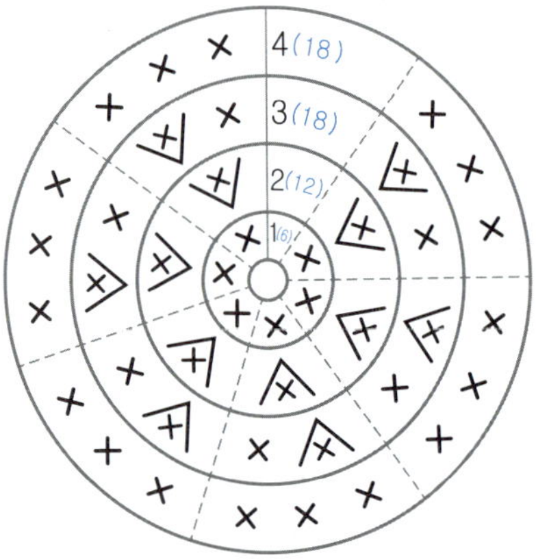

곰 귀
베이지색

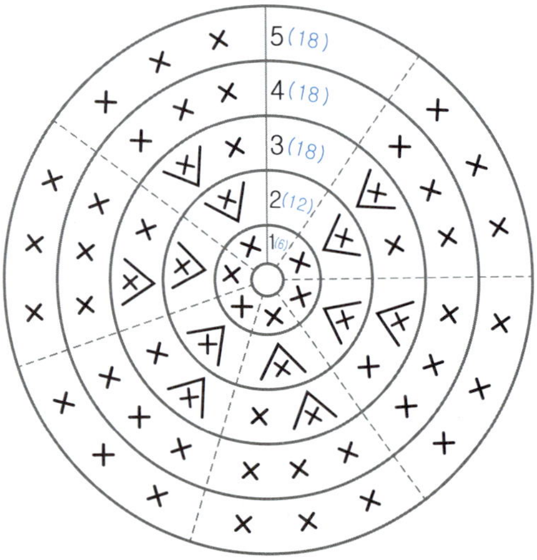

토끼 귀
분홍색

xxx	xxx	xxx	xxx	xxx	xxx	33(18)
xxx	xxx	xxx	xxx	xxx	xxx	32(18)
xxx	xxx	xxx	xxx	xxx	xxx	31(18)
xxx	xxx	xxx	xxx	xxx	xxx	30(18)
xxx	xxx	xxx	xxx	xxx	xxx	29(18)
xxx	xxx	xxx	xxx	xxx	xxx	28(18)
xxx	xxx	xxx	xxx	xxx	xxx	27(18)
xxx	xxx	xxx	xxx	xxx	xxx	26(18)
xxx	xxx	xxx	xxx	xxx	xxx	25(18)
xxx	xxx	xxx	xxx	xxx	xxx	24(18)
xxx	xxx	xxx	xxx	xxx	xxx	23(18)
xxx	xxx	xxx	xxx	xxx	xxx	22(18)
xxx	xxx	xxx	xxx	xxx	xxx	21(18)
xxx	xxx	xxx	xxx	xxx	xxx	20(18)
xxx	xxx	xxx	xxx	xxx	xxx	19(18)
xxx	xxx	xxx	xxx	xxx	xxx	18(18)
xxx	xxx	xxx	xxx	xxx	xxx	17(18)
xxx	xxx	xxx	xxx	xxx	xxx	16(18)
xxx	xxx	xxx	xxx	xxx	xxx	15(18)
xxx	xxx	xxx	xxx	xxx	xxx	14(18)
xxx	xxx	xxx	xxx	xxx	xxx	13(18)
xxx	xxx	xxx	xxx	xxx	xxx	12(18)
xxx	xxx	xxx	xxx	xxx	xxx	11(18)
xxx	xxx	xxx	xxx	xxx	xxx	10(18)
xxx	xxx	xxx	xxx	xxx	xxx	9(18)
xxx	xxx	xxx	xxx	xxx	xxx	8(18)
xxx	xxx	xxx	xxx	xxx	xxx	7(18)
xxx	xxx	xxx	xxx	xxx	xxx	6(18)
xxx	xxx	xxx	xxx	xxx	xxx	5(18)

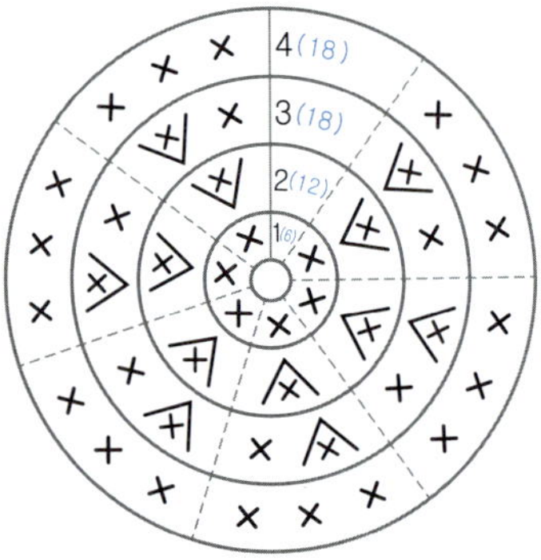

토끼 몸통

1~15단 분홍색, 16~27단 하늘색

× ××××	× ××××	× ××××	× ××××	× ××××	× ×××× 27 (30)
⚠××××	⚠××××	⚠××××	⚠××××	⚠××××	⚠×××× 26 (30)
× ×××××	× ×××××	× ×××××	× ×××××	× ×××××	× ××××× 25 (36)
× ×××××	× ×××××	× ×××××	× ×××××	× ×××××	× ××××× 24 (36)
× ×××××	× ×××××	× ×××××	× ×××××	× ×××××	× ××××× 23 (36)
× ×××××	× ×××××	× ×××××	× ×××××	× ×××××	× ××××× 22 (36)
× ×××××	× ×××××	× ×××××	× ×××××	× ×××××	× ××××× 21 (36)
××××××	××××××	××××××	××××××	××××××	×××××× 13 (42)
××××××	××××××	××××××	××××××	××××××	×××××× 12 (42)
××××××	××××××	××××××	××××××	××××××	×××××× 11 (42)
××××××	××××××	××××××	××××××	××××××	×××××× 10 (42)
××××××	××××××	××××××	××××××	××××××	×××××× 9 (42)
××××××	××××××	××××××	××××××	××××××	×××××× 8 (42)
ᐺ×××××	ᐺ×××××	ᐺ×××××	ᐺ×××××	ᐺ×××××	ᐺ××××× 7 (42)
ᐺ××××	ᐺ××××	ᐺ××××	ᐺ××××	ᐺ××××	ᐺ×××× 6 (36)
ᐺ×××	ᐺ×××	ᐺ×××	ᐺ×××	ᐺ×××	ᐺ××× 5 (30)

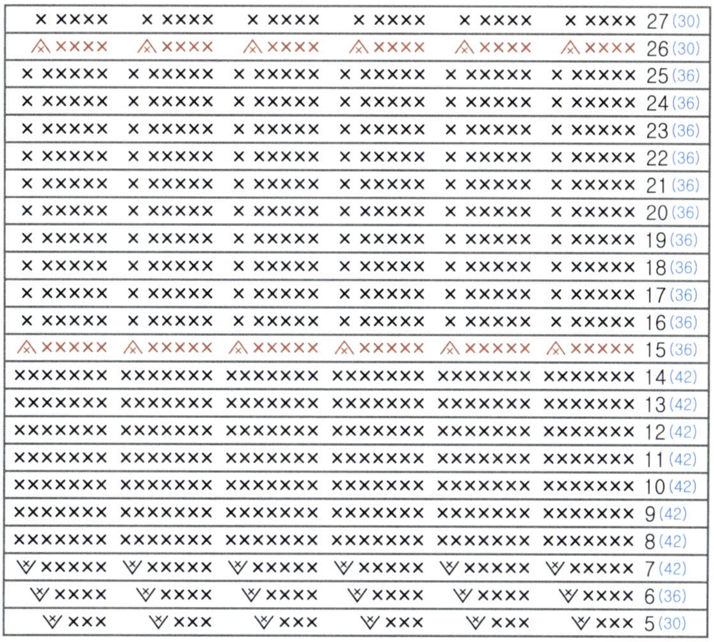

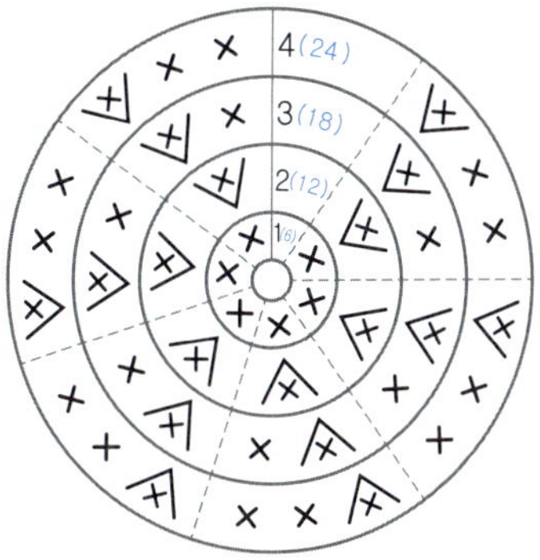

HOW TO MAKE

| WORKS 13 |

토끼 누나랑 꿀꿀 동생

PAGE 32
LEVEL ★★★★

완성크기 토끼 누나 28cm(귀포함), 꿀꿀 동생 19cm
바늘 토끼 누나 모사용 코바늘 5호, 꿀꿀 동생 모사용 코바늘 3호, 돗바늘, 자수용 바늘
사용실 분홍색, 흰색, 하늘색, 노란색, 주황색, 살구색, 연두색
부재료 인형솜, 나사형 인형눈 4개, 나사형 인형코 1개, 검은색 자수실, 빨간색 자수실

토끼 누나 / 꿀꿀 동생 얼굴 동일

토끼 : 분홍색(5호), 꿀꿀이 : 살구색(3호)

∧xxx	∧xxx	∧xxx	∧xxx	∧xxx	∧xxx	26 (24)
∧xxxx	∧xxxx	∧xxxx	∧xxxx	∧xxxx	∧xxxx	25 (30)
∧xxxxx	∧xxxxx	∧xxxxx	∧xxxxx	∧xxxxx	∧xxxxx	24 (36)
∧xxxxxx	∧xxxxxx	∧xxxxxx	∧xxxxxx	∧xxxxxx	∧xxxxxx	23 (42)
∧xxxxxxx	∧xxxxxxx	∧xxxxxxx	∧xxxxxxx	∧xxxxxxx	∧xxxxxxx	22 (48)
∧xxxxxxxx	∧xxxxxxxx	∧xxxxxxxx	∧xxxxxxxx	∧xxxxxxxx	∧xxxxxxxx	21 (54)
∧xxxxxxxxx	∧xxxxxxxxx	∧xxxxxxxxx	∧xxxxxxxxx	∧xxxxxxxxx	∧xxxxxxxxx	20 (60)
xxxxxxxxxxx	xxxxxxxxxxx	xxxxxxxxxxx	xxxxxxxxxxx	xxxxxxxxxxx	xxxxxxxxxxx	19 (66)
xxxxxxxxxxx	xxxxxxxxxxx	xxxxxxxxxxx	xxxxxxxxxxx	xxxxxxxxxxx	xxxxxxxxxxx	18 (66)
xxxxxxxxxxx	xxxxxxxxxxx	xxxxxxxxxxx	xxxxxxxxxxx	xxxxxxxxxxx	xxxxxxxxxxx	17 (66)
xxxxxxxxxxx	xxxxxxxxxxx	xxxxxxxxxxx	xxxxxxxxxxx	xxxxxxxxxxx	xxxxxxxxxxx	16 (66)
xxxxxxxxxxx	xxxxxxxxxxx	xxxxxxxxxxx	xxxxxxxxxxx	xxxxxxxxxxx	xxxxxxxxxxx	15 (66)
xxxxxxxxxxx	xxxxxxxxxxx	xxxxxxxxxxx	xxxxxxxxxxx	xxxxxxxxxxx	xxxxxxxxxxx	14 (66)
xxxxxxxxxxx	xxxxxxxxxxx	xxxxxxxxxxx	xxxxxxxxxxx	xxxxxxxxxxx	xxxxxxxxxxx	13 (66)
xxxxxxxxxxx	xxxxxxxxxxx	xxxxxxxxxxx	xxxxxxxxxxx	xxxxxxxxxxx	xxxxxxxxxxx	12 (66)
∨xxxxxxxxx	∨xxxxxxxxx	∨xxxxxxxxx	∨xxxxxxxxx	∨xxxxxxxxx	∨xxxxxxxxx	11 (66)
∨xxxxxxxx	∨xxxxxxxx	∨xxxxxxxx	∨xxxxxxxx	∨xxxxxxxx	∨xxxxxxxx	10 (60)
∨xxxxxxx	∨xxxxxxx	∨xxxxxxx	∨xxxxxxx	∨xxxxxxx	∨xxxxxxx	9 (54)
∨xxxxxx	∨xxxxxx	∨xxxxxx	∨xxxxxx	∨xxxxxx	∨xxxxxx	8 (48)
∨xxxxx	∨xxxxx	∨xxxxx	∨xxxxx	∨xxxxx	∨xxxxx	7 (42)
∨xxxx	∨xxxx	∨xxxx	∨xxxx	∨xxxx	∨xxxx	6 (36)
∨xxx	∨xxx	∨xxx	∨xxx	∨xxx	∨xxx	5 (30)

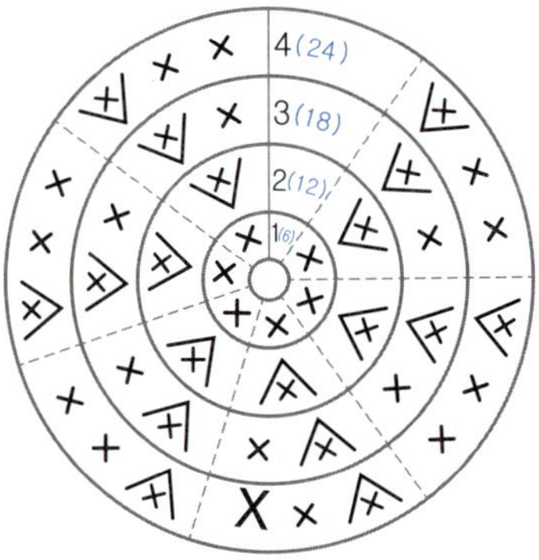

토끼 누나 / 꿀꿀 동생 팔 동일

토끼 : 1~4단 분홍색, 5~6단 하늘색, 7~8단 흰색(2단씩 바꿔서 뜨세요)

꿀꿀이 : 1~4단 살구색, 5~6단 주황색, 7~8단 노란색(2단씩 바꿔서 뜨세요)

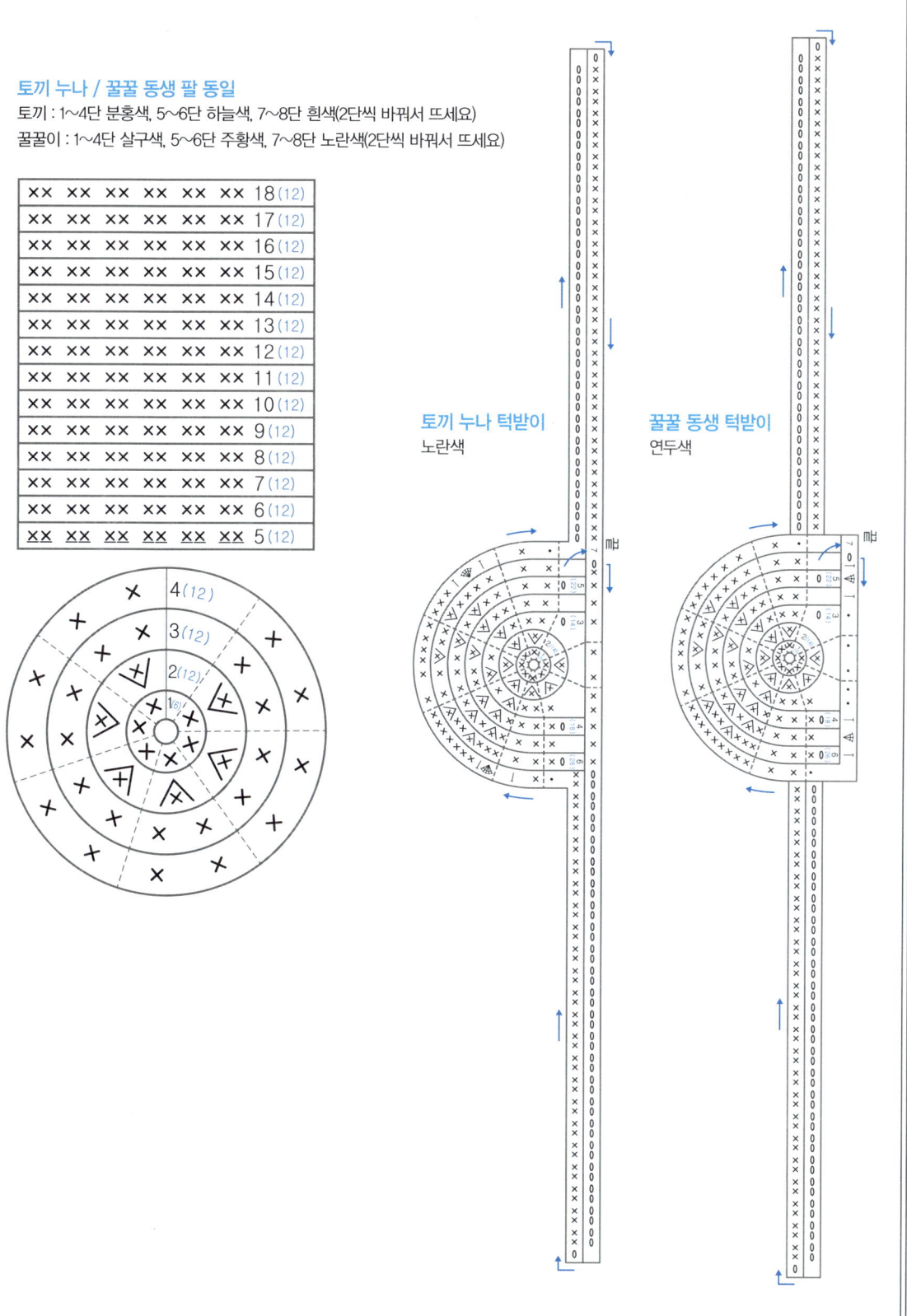

××	××	××	××	××	××	18(12)
××	××	××	××	××	××	17(12)
××	××	××	××	××	××	16(12)
××	××	××	××	××	××	15(12)
××	××	××	××	××	××	14(12)
××	××	××	××	××	××	13(12)
××	××	××	××	××	××	12(12)
××	××	××	××	××	××	11(12)
××	××	××	××	××	××	10(12)
××	××	××	××	××	××	9(12)
××	××	××	××	××	××	8(12)
××	××	××	××	××	××	7(12)
××	××	××	××	××	××	6(12)
××	××	××	××	××	××	5(12)

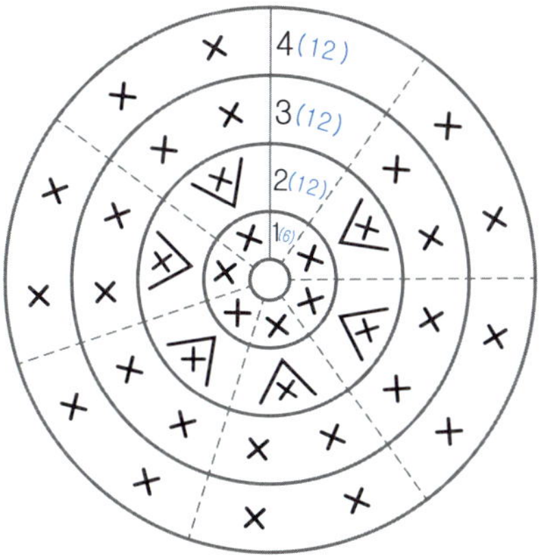

토끼 누나 턱받이

노란색

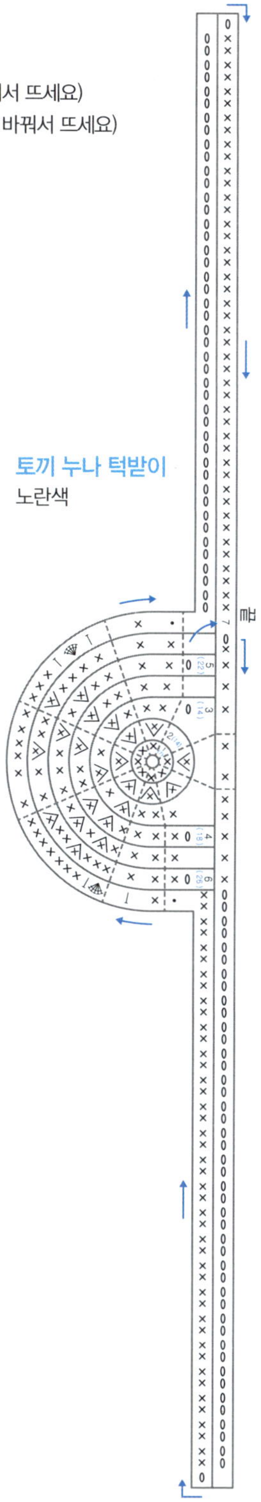

꿀꿀 동생 턱받이

연두색

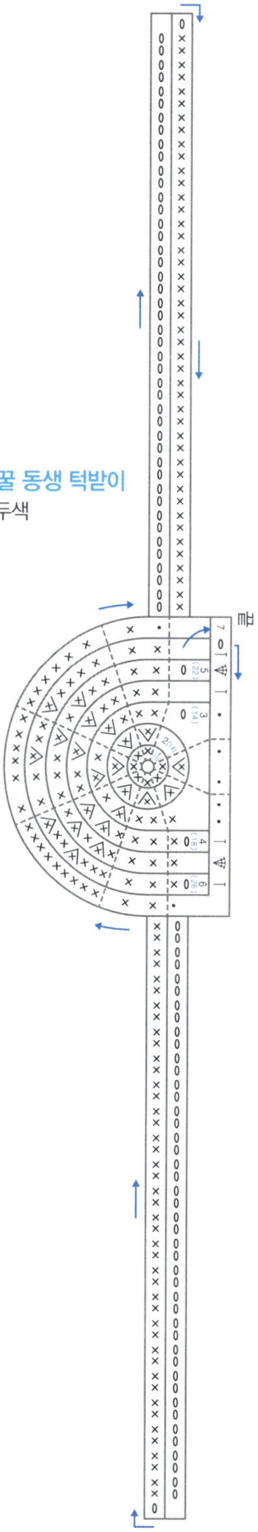

토끼 누나 / 꿀꿀 동생 다리 & 몸통 동일

토끼 : 1~14단 분홍색, 15~16단 하늘색, 17~18단 흰색 반복(15단부터 2단식 색바꾸기)
꿀꿀이 : 1~14단 살구색, 15~16단 주황색, 17~18단 노란색 반복(15단부터 2단씩 색바꾸기)

× × ×× ×× × × ×× ×× × × ×× ×× × × ×× ××	28	(24)
× × ×× ×× × × ×× ×× × × ×× ×× × × ×× ××	27	(24)
∧ × ×× ×× ∧ × ×× ×× ∧ × ×× ×× ∧ × ×× ××	26	(24)
× ×× ×× ×× × ×× ×× ×× × ×× ×× ×× × ×× ×× ××	25	(28)
∧ ×× ×× ×× ∧ ×× ×× ×× ∧ ×× ×× ×× ∧ ×× ×× ××	24	(28)
×××× ×× ×× ×××× ×× ×× ×××× ×× ×× ×××× ×× ××	23	(32)
×××× ×× ×× ×××× ×× ×× ×××× ×× ×× ×××× ×× ××	22	(32)
×××× ×× ×× ×××× ×× ×× ×××× ×× ×× ×××× ×× ××	21	(32)
×××× ×× ×× ×××× ×× ×× ×××× ×× ×× ×××× ×× ××	20	(32)
×××× ×× ×× ×××× ×× ×× ×××× ×× ×× ×××× ×× ××	19	(32)
×××× ×× ×× ×××× ×× ×× ×××× ×× ×× ×××× ×× ××	18	(32)
×××× ×× ×× ×××× ×× ×× ×××× ×× ×× ×××× ×× ××	17	(32)
×××× ×× ×× ×××× ×× ×× ×××× ×× ×× ×××× ×× ××	16	(32)
×××× ×× ×× ×××× ×× ×× ×××× ×× ×× ×××× ×× ××	15	(32)
×× ×× ×××× ×××× ×× ×× ×××× ×× ×× ×××× ×× ×× ×××× ×× ××	14	(40)
×××× ×× ×× ×××× ×× ×× ×××× ×× ×× ×××× ×× ××	13	(32)

○○○○

14단이 끝난 후에 8코 더 짧은 뜨기해주는 이유는 색이 바뀌는 곳을 옆구리선으로 이동하여 팔로 가려질 수 있게 하기 위해서입니다.

×× ×× ×× ×× ×× ××	12	(12)
×× ×× ×× ×× ×× ××	11	(12)
×× ×× ×× ×× ×× ××	10	(12)
×× ×× ×× ×× ×× ××	9	(12)
×× ×× ×× ×× ×× ××	8	(12)
×× ×× ×× ×× ×× ××	7	(12)
×× ×× ×× ×× ×× ××	6	(12)
×× ×× ×× ×× ×× ××	5	(12)

×× ×× ×× ×× ×× ××	12	(12)
×× ×× ×× ×× ×× ××	11	(12)
×× ×× ×× ×× ×× ××	10	(12)
×× ×× ×× ×× ×× ××	9	(12)
×× ×× ×× ×× ×× ××	8	(12)
×× ×× ×× ×× ×× ××	7	(12)
×× ×× ×× ×× ×× ××	6	(12)
×× ×× ×× ×× ×× ××	5	(12)

A

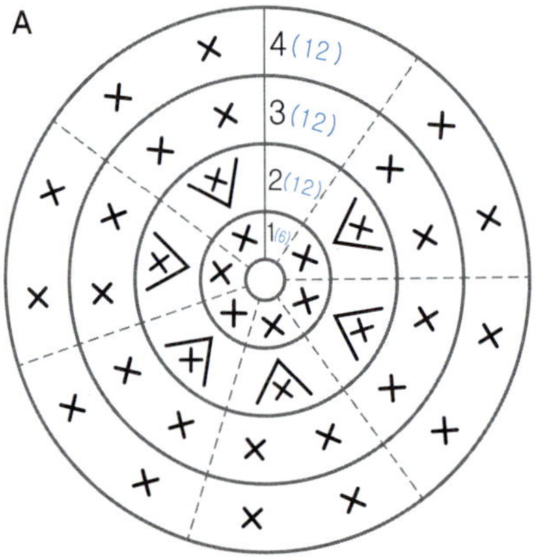

B

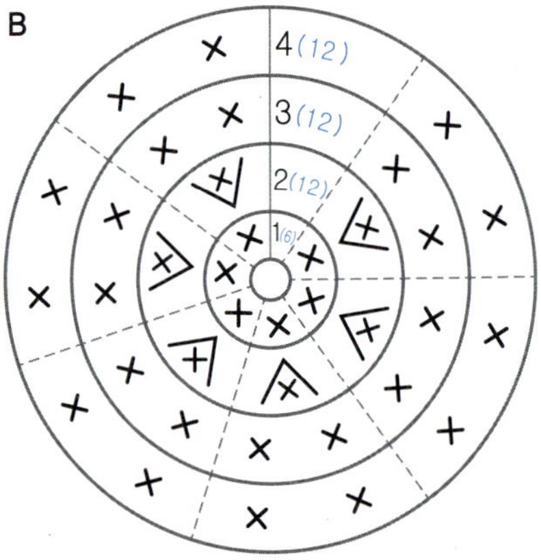

꿀꿀 동생 꼬리

살구색(사슬코 20코 + 세움코 1코)

×× ×× ×× ×× ×× ×× ×× ×× ×× ××0	6	(20)
○○ ○○ ○○ ○○ ○○ ○○ ○○ ○○ ○○ ○○	5	(20)

꿀꿀 동생 귀

살구색

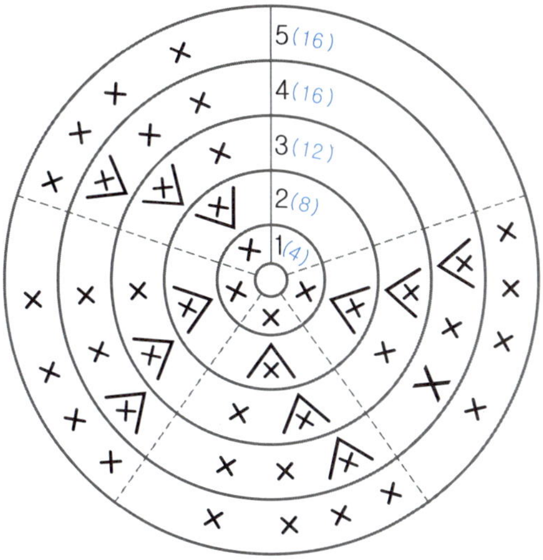

꿀꿀 동생 코

살구색

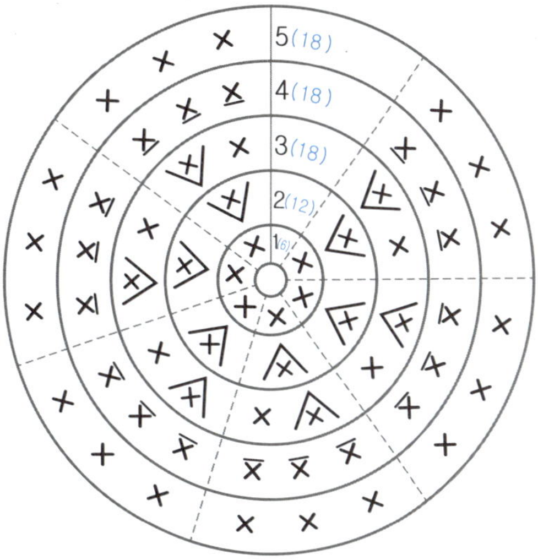

토끼 누나 귀

분홍색

xxx	xxx	xxx	xxx	xxx	xxx	17(18)
xxx	xxx	xxx	xxx	xxx	xxx	16(18)
xxx	xxx	xxx	xxx	xxx	xxx	15(18)
xxx	xxx	xxx	xxx	xxx	xxx	14(18)
xxx	xxx	xxx	xxx	xxx	xxx	13(18)
xxx	xxx	xxx	xxx	xxx	xxx	12(18)
xxx	xxx	xxx	xxx	xxx	xxx	11(18)
xxx	xxx	xxx	xxx	xxx	xxx	10(18)
xxx	xxx	xxx	xxx	xxx	xxx	9(18)
xxx	xxx	xxx	xxx	xxx	xxx	8(18)
xxx	xxx	xxx	xxx	xxx	xxx	7(18)
xxx	xxx	xxx	xxx	xxx	xxx	6(18)
xxx	xxx	xxx	xxx	xxx	xxx	5(18)

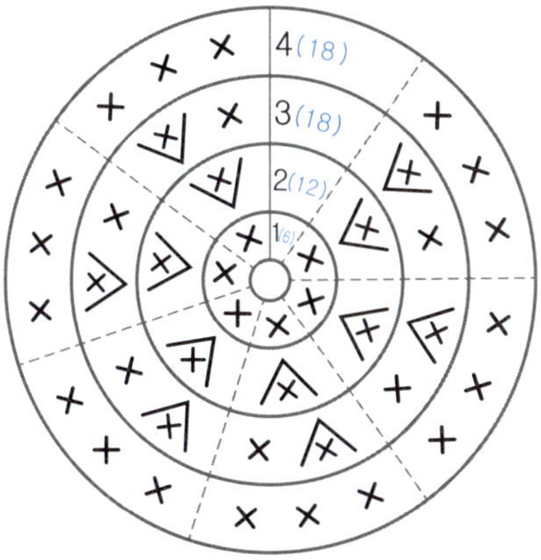

토끼 누나 꼬리

분홍색

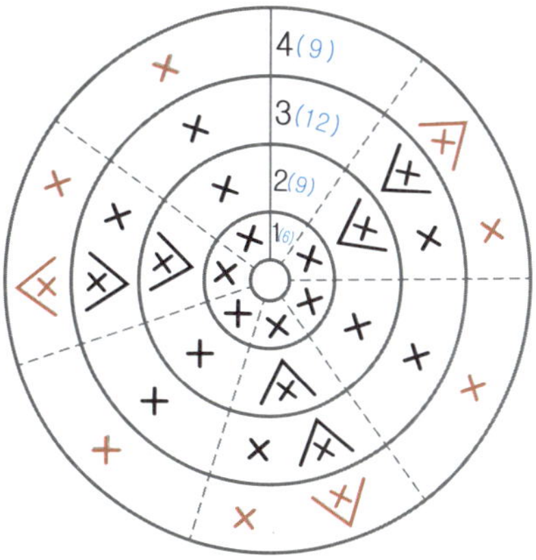

| WORKS 14 |

봄이 왔어요, 새싹이!

PAGE 34
LEVEL ★★★★

완성크기 18cm
바늘 : 모사용 코바늘 5호, 돗바늘, 자수용 바늘
사용실 : 베이지색, 흰색, 연두색, 초록색
부재료 : 인형솜, 나사형 인형눈 2개, 나사형 인형코 1개, 검은색 자수실, 꽃장식, 레이스리본, 꽃철사, 새싹 스팽클 혹은 연두색 펠트

새싹이 얼굴
베이지색

∧× ×××	∧× ×××	∧× ×××	∧× ×××	∧× ×××	∧× ×××	21 (24)
∧× ××××	∧× ××××	∧× ××××	∧× ××××	∧× ××××	∧× ××××	20 (30)
∧× ×××××	∧× ×××××	∧× ×××××	∧× ×××××	∧× ×××××	∧× ×××××	19 (36)
∧× ××××××	∧× ××××××	∧× ××××××	∧× ××××××	∧× ××××××	∧× ××××××	18 (42)
∧× ×××××××	∧× ×××××××	∧× ×××××××	∧× ×××××××	∧× ×××××××	∧× ×××××××	17 (48)
×××××××××	×××××××××	×××××××××	×××××××××	×××××××××	×××××××××	16 (54)
×××××××××	×××××××××	×××××××××	×××××××××	×××××××××	×××××××××	15 (54)
×××××××××	×××××××××	×××××××××	×××××××××	×××××××××	×××××××××	14 (54)
×××××××××	×××××××××	×××××××××	×××××××××	×××××××××	×××××××××	13 (54)
×××××××××	×××××××××	×××××××××	×××××××××	×××××××××	×××××××××	12 (54)
×××××××××	×××××××××	×××××××××	×××××××××	×××××××××	×××××××××	11 (54)
×××××××××	×××××××××	×××××××××	×××××××××	×××××××××	×××××××××	10 (54)
∨× ×××××××	∨× ×××××××	∨× ×××××××	∨× ×××××××	∨× ×××××××	∨× ×××××××	9 (54)
∨× ××××××	∨× ××××××	∨× ××××××	∨× ××××××	∨× ××××××	∨× ××××××	8 (48)
∨× ×××××	∨× ×××××	∨× ×××××	∨× ×××××	∨× ×××××	∨× ×××××	7 (42)
∨× ××××	∨× ××××	∨× ××××	∨× ××××	∨× ××××	∨× ××××	6 (36)
∨× ×××	∨× ×××	∨× ×××	∨× ×××	∨× ×××	∨× ×××	5 (30)

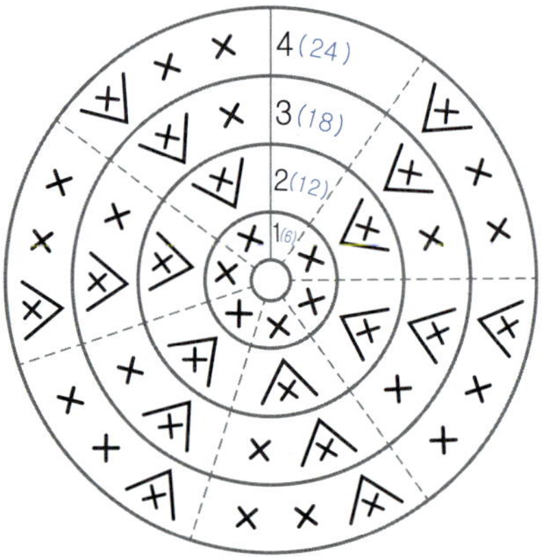

새싹이 팔 2개

1~4단 : 베이지색, 5단 : 연두색, 6단 : 흰색
1단씩 색을 바꿔서 뜨세요.

××	××	××	××	××	××	19(12)
××	××	××	××	××	××	18(12)
××	××	××	××	××	××	17(12)
××	××	××	××	××	××	16(12)
××	××	××	××	××	××	15(12)
××	××	××	××	××	××	14(12)
××	××	××	××	××	××	13(12)
××	××	××	××	××	××	12(12)
××	××	××	××	××	××	11(12)
××	××	××	××	××	××	10(12)
××	××	××	××	××	××	9(12)
××	××	××	××	××	××	8(12)
××	××	××	××	××	××	7(12)
××	××	××	××	××	××	6(12)
××	××	××	××	××	××	5(12)

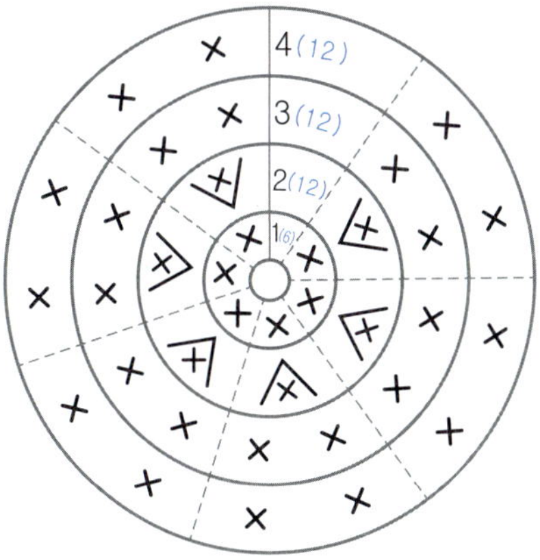

새싹이 코

흰색

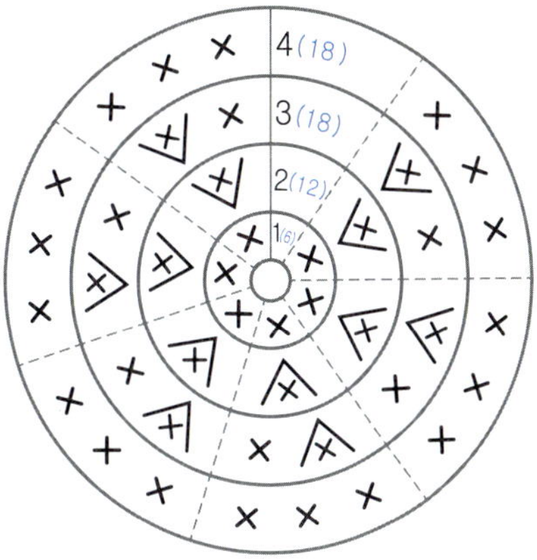

새싹이 귀 2개

베이지색

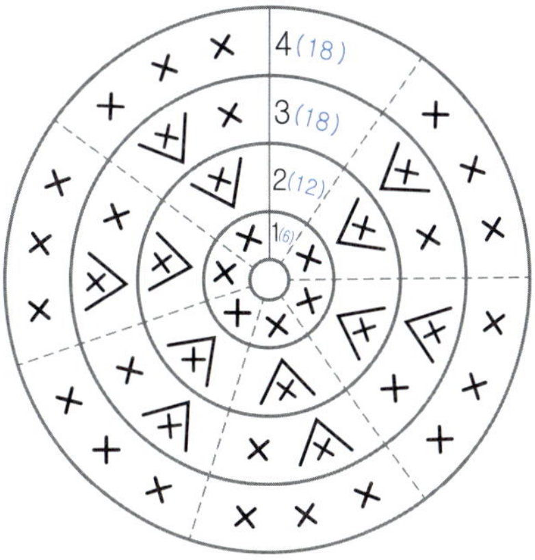

새싹이 다리 2개 떠서 몸통연결

1~17단 베이지색, 18~19단 연두색, 20단 흰색, 21단 연두색

* (19단부터 27단까지)1단씩 색 바꿔서 뜨세요.

* 19단은 이랑뜨기로 뜨세요.

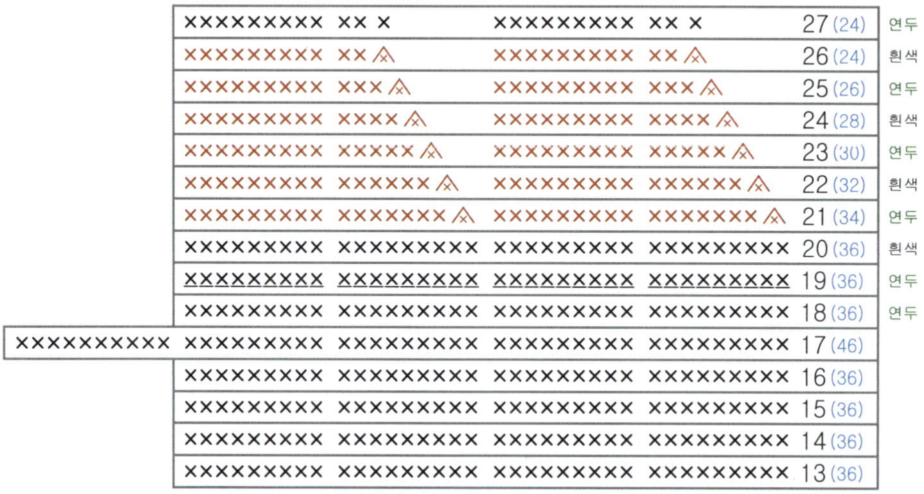

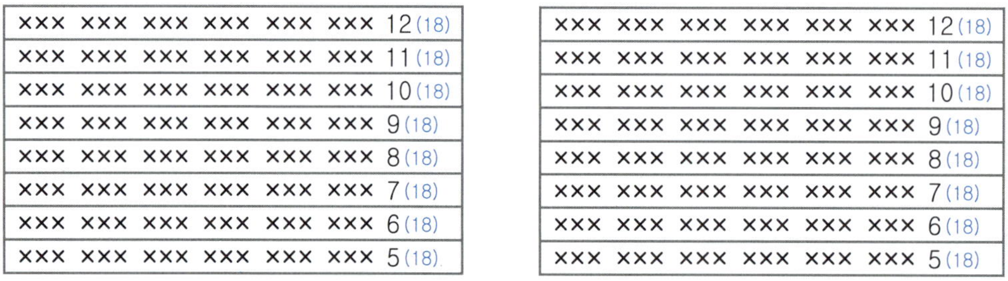

A

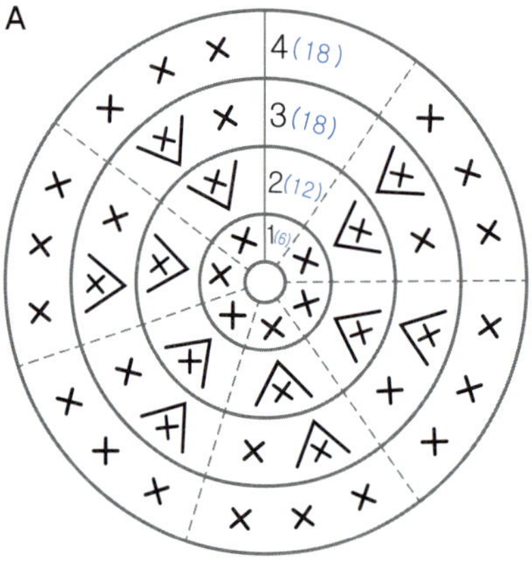

B

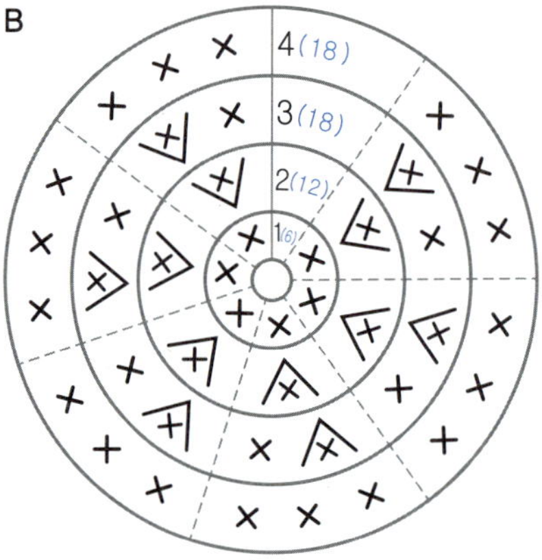

새싹이 스커트

초록색

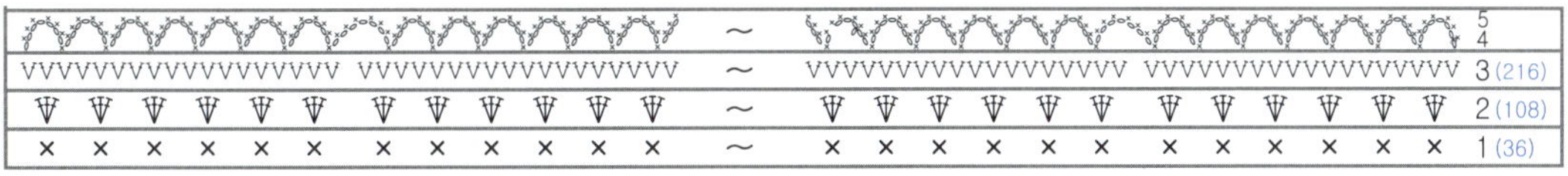

몸통 19단에 연결해서 뜨세요.

2~3단은 한길긴뜨기입니다.

* 4단은 초록색, 5단은 검정색입니다.

* 5단을 뜰 때는 4단의 사슬을 모두 감싸서 짧은뜨기 해주세요.

HOW TO MAKE

PAGE 36
LEVEL ★★★★

| WORKS 15 |

허니허니 달콤베어

완성크기 20cm
바늘 모사용 코바늘 5호, 모사용 코바늘 3호, 돗바늘, 자수용 바늘
사용실 베이지색, 흰색, 노란색, 갈색
부재료 인형솜, 나사형 인형눈 2개, 나사형 인형코 1개, 검정색 자수실, 흰색 폼폼

달콤베어 얼굴

베이지색

∧xxx	∧xxx	∧xxx	∧xxx	∧xxx	∧xxx	21 (24)
∧xxxx	∧xxxx	∧xxxx	∧xxxx	∧xxxx	∧xxxx	20 (30)
∧xxxxx	∧xxxxx	∧xxxxx	∧xxxxx	∧xxxxx	∧xxxxx	19 (36)
∧xxxxxx	∧xxxxxx	∧xxxxxx	∧xxxxxx	∧xxxxxx	∧xxxxxx	18 (42)
∧xxxxxxx	∧xxxxxxx	∧xxxxxxx	∧xxxxxxx	∧xxxxxxx	∧xxxxxxx	17 (48)
xxxxxxxxx	xxxxxxxxx	xxxxxxxxx	xxxxxxxxx	xxxxxxxxx	xxxxxxxxx	16 (54)
xxxxxxxxx	xxxxxxxxx	xxxxxxxxx	xxxxxxxxx	xxxxxxxxx	xxxxxxxxx	15 (54)
xxxxxxxxx	xxxxxxxxx	xxxxxxxxx	xxxxxxxxx	xxxxxxxxx	xxxxxxxxx	14 (54)
xxxxxxxxx	xxxxxxxxx	xxxxxxxxx	xxxxxxxxx	xxxxxxxxx	xxxxxxxxx	13 (54)
xxxxxxxxx	xxxxxxxxx	xxxxxxxxx	xxxxxxxxx	xxxxxxxxx	xxxxxxxxx	12 (54)
xxxxxxxxx	xxxxxxxxx	xxxxxxxxx	xxxxxxxxx	xxxxxxxxx	xxxxxxxxx	11 (54)
xxxxxxxxx	xxxxxxxxx	xxxxxxxxx	xxxxxxxxx	xxxxxxxxx	xxxxxxxxx	10 (54)
Vxxxxxxx	Vxxxxxxx	Vxxxxxxx	Vxxxxxxx	Vxxxxxxx	Vxxxxxxx	9 (54)
Vxxxxxx	Vxxxxxx	Vxxxxxx	Vxxxxxx	Vxxxxxx	Vxxxxxx	8 (48)
Vxxxxx	Vxxxxx	Vxxxxx	Vxxxxx	Vxxxxx	Vxxxxx	7 (42)
Vxxxx	Vxxxx	Vxxxx	Vxxxx	Vxxxx	Vxxxx	6 (36)
Vxxx	Vxxx	Vxxx	Vxxx	Vxxx	Vxxx	5 (30)

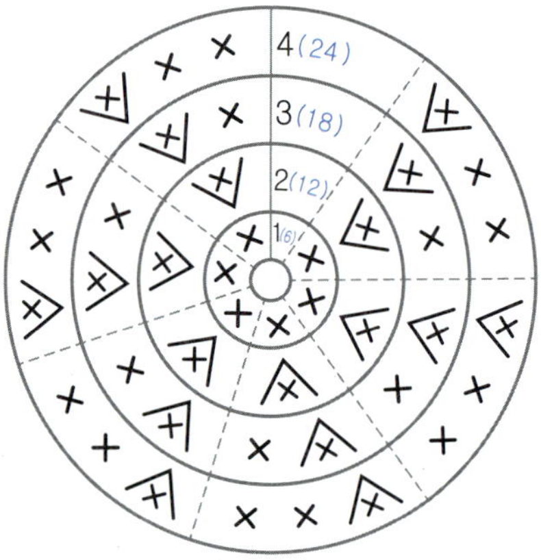

달콤베어 몸통

1~9단 : 흰색

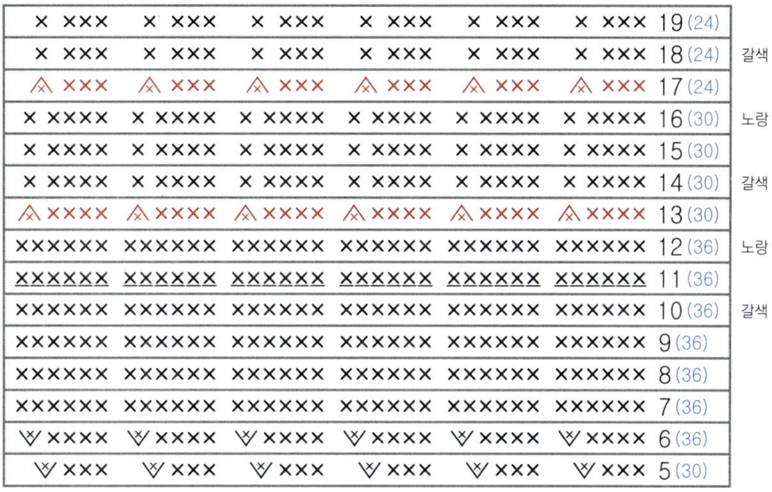

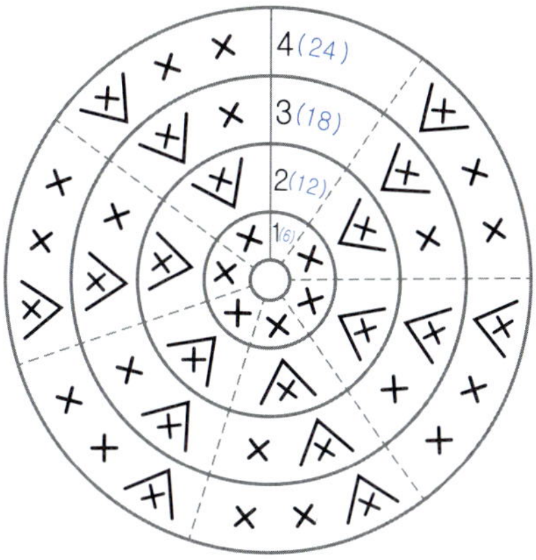

달콤베어 스커트

몸통 11단에 갈색으로 연결

갈색 – 노란색 – 갈색으로 한단씩 색 바꿈(마지막단만 3호로 뜨세요)

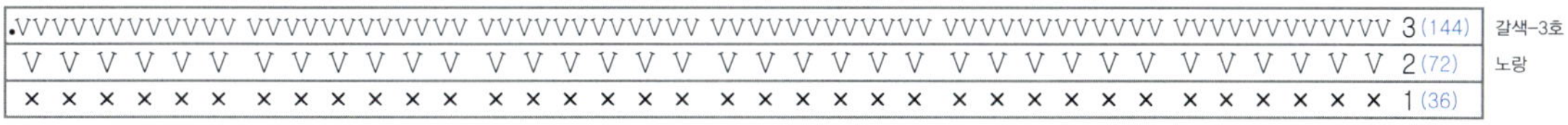

HOW TO MAKE

달콤베어 더듬이 2개

갈색

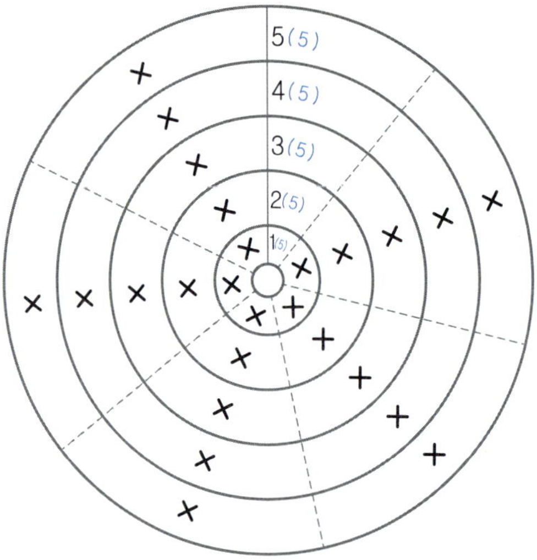

달콤베어 코

흰색

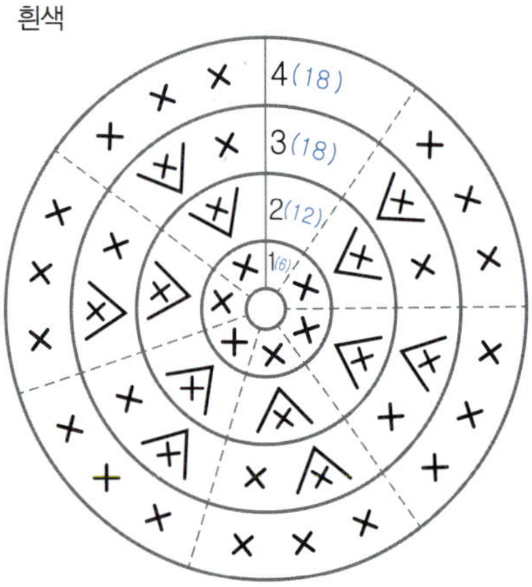

달콤베어 귀 2개

베이지색

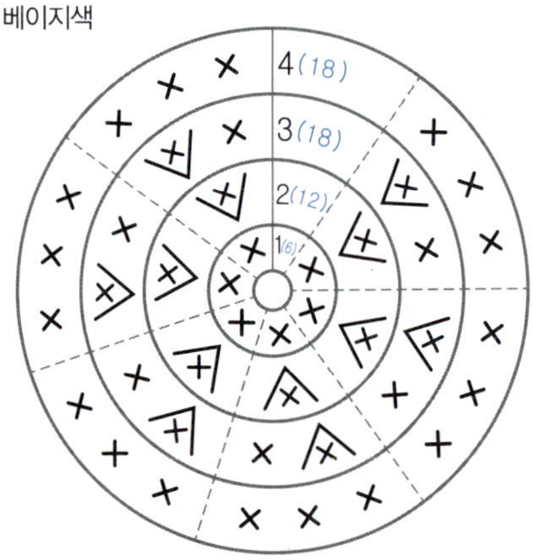

달콤베어 날개

흰색

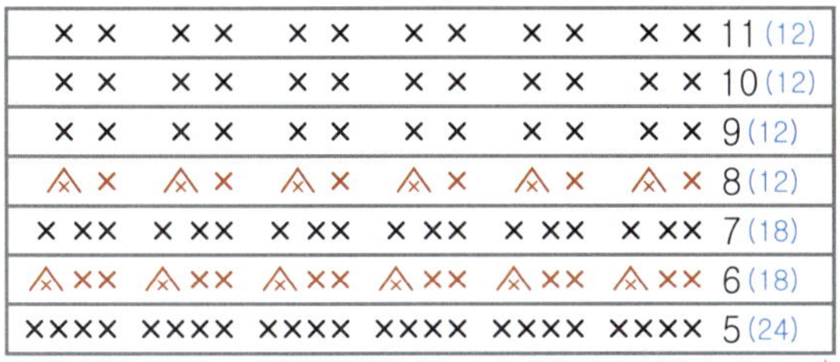

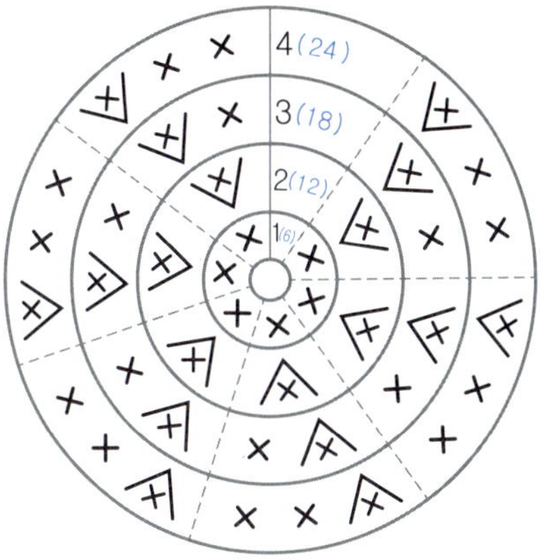

달콤베어 다리 2개

1~7단 노란색, 8~12단 베이지색

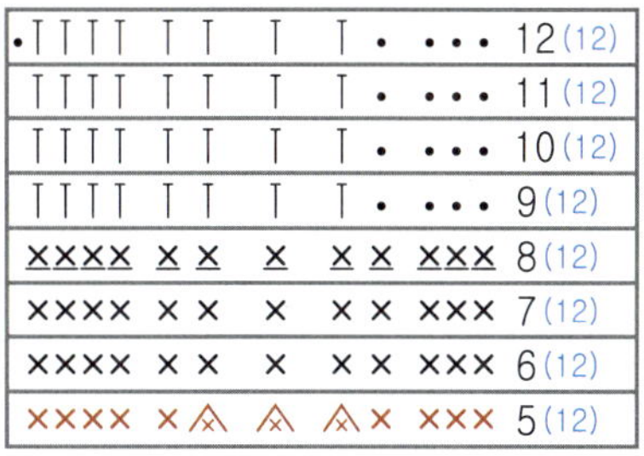

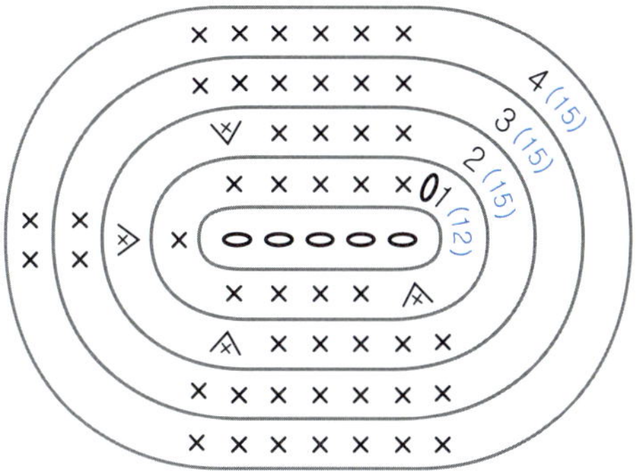

달콤베어 팔 2개

베이지색

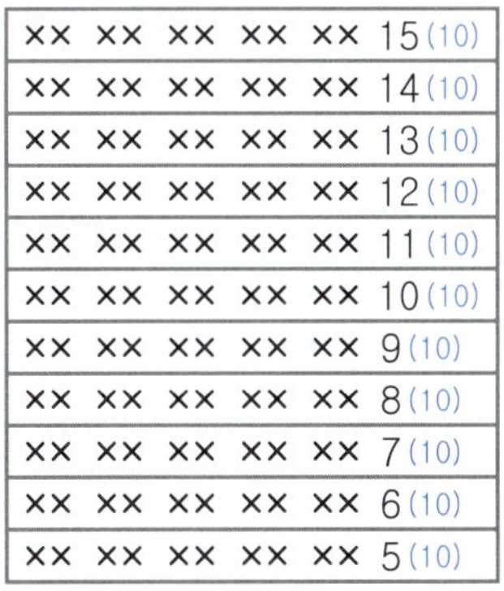

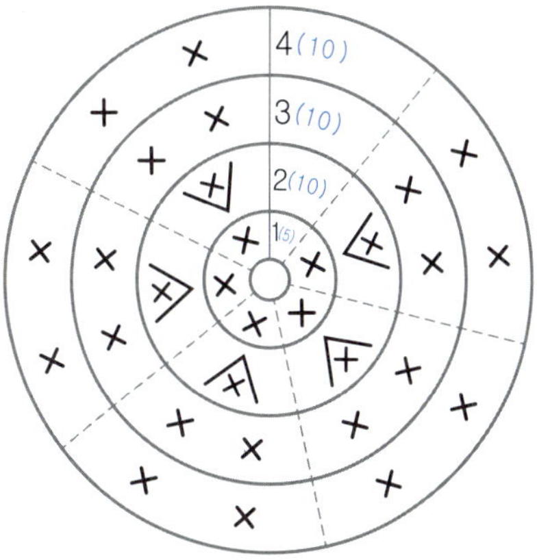

PAGE 39
LEVEL ★★★★

| WORKS 16 |

Mr. 블랙 & Ms. 브라운

완성크기 15cm(앉은키)
바늘 모사용 코바늘 5호, 돗바늘, 자수용 바늘
사용실 흰색, 검은색, 아이보리색, 연밤색, 연두색, 노란색
부재료 인형솜, 나사형 인형눈 4개, 나사형 인형코 2개, 검은색 자수실

Mr. 블랙 얼굴

도안의 검은색 : 흰색, 도안의 초록색 : 검은색

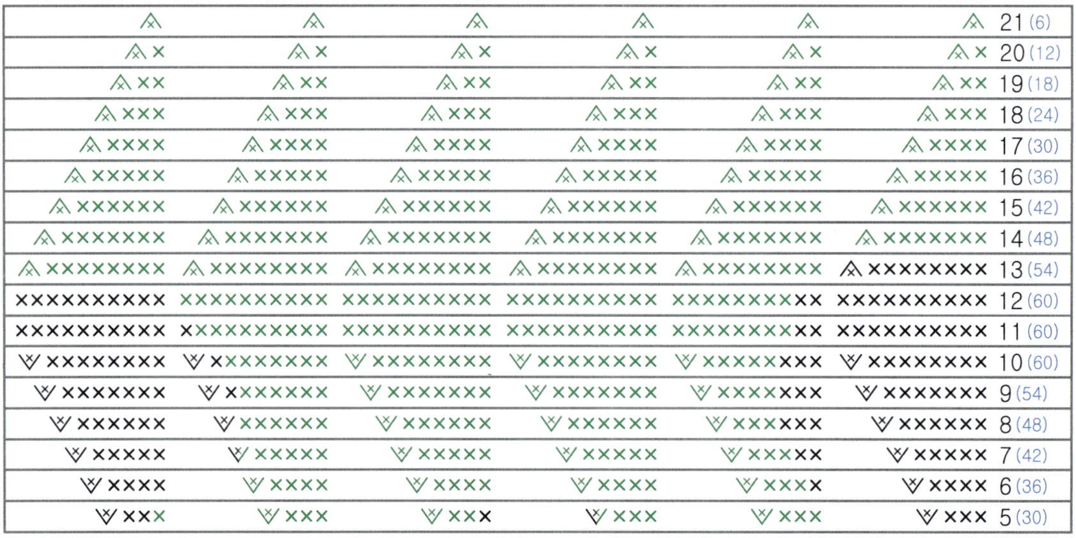

Mr. 블랙 배

흰색

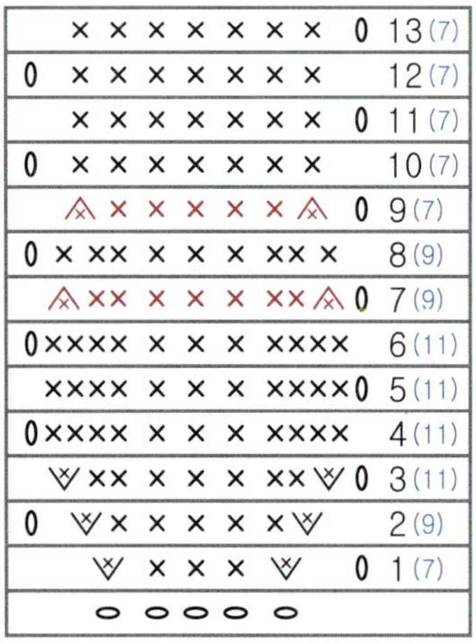

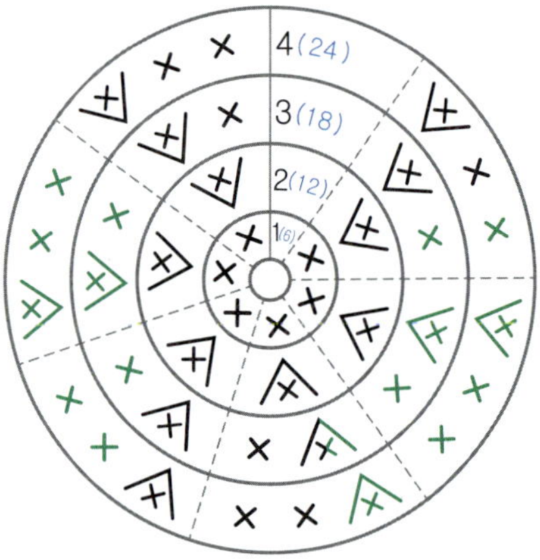

Mr. 블랙 몸통

도안의 검은색 : 흰색, 도안의 초록색 : 검은색

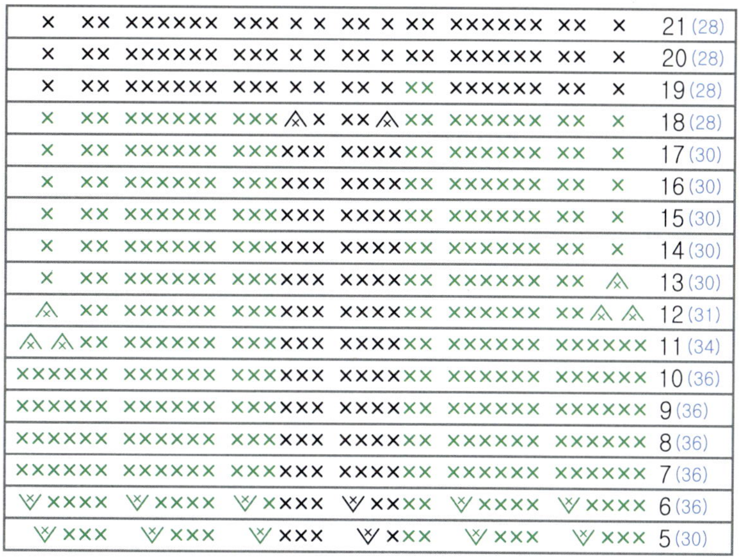

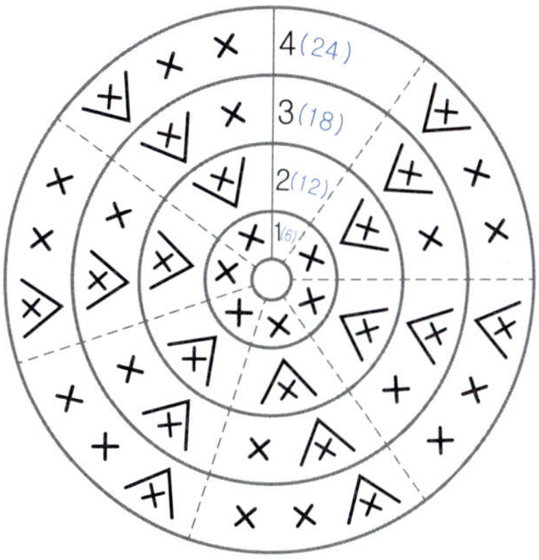

Mr. 블랙 귀 2개

검은색

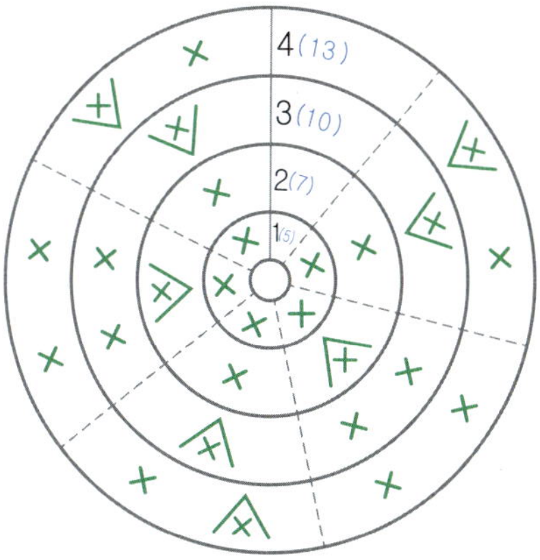

Mr. 블랙 팔 2개

도안의 검은색 : 흰색, 도안의 초록색 : 검은색

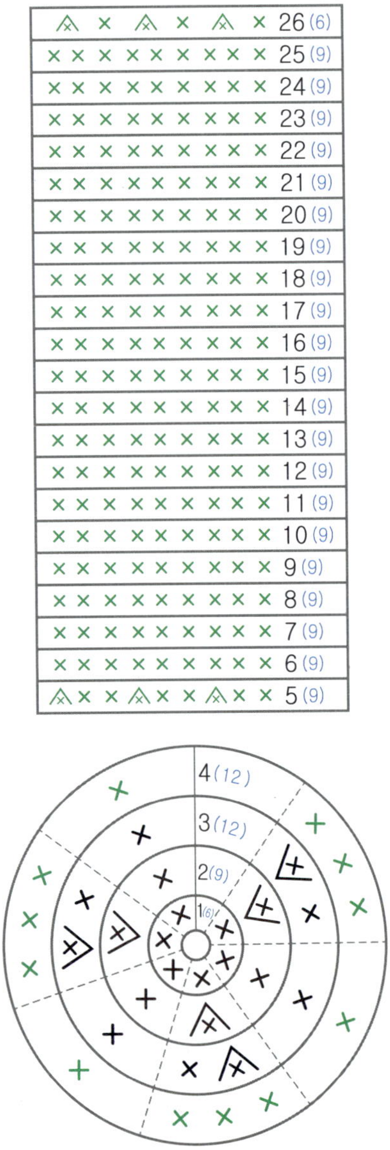

Mr. 블랙 다리 2개

도안의 검정색 : 흰색, 도안의 초록색 : 검은색

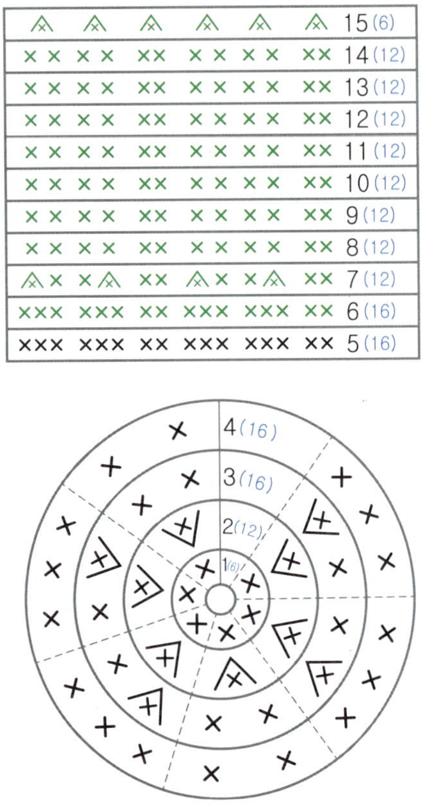

Mr. 블랙 꼬리

도안의 검정색 : 흰색, 도안의 초록색 : 검은색

×	×	×	×	×	×	14 (6)
×	×	×	×	×	×	13 (6)
×	×	×	×	×	×	12 (6)
×	×	×	×	×	×	11 (6)
×	×	×	×	×	×	10 (6)
×	×	×	×	×	×	9 (6)
×	×	×	×	×	×	8 (6)
×	×	×	×	×	×	7 (6)
×	×	×	×	×	×	6 (6)
×	×	×	×	×	×	5 (6)

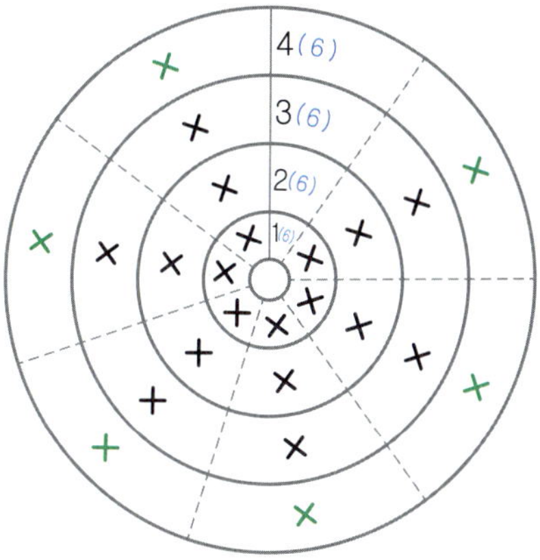

Mr. 블랙 생선

노란색

××	××	××	××	××	10 (10)
∨×	∨×	∨×	∨×	∨×	9 (10)
×	∧×	×	∧×	×	8 (5)
∧×	××	∧×	××	∧×	7 (7)
××	××	××	××	××	6 (10)
××	××	××	××	××	5 (10)

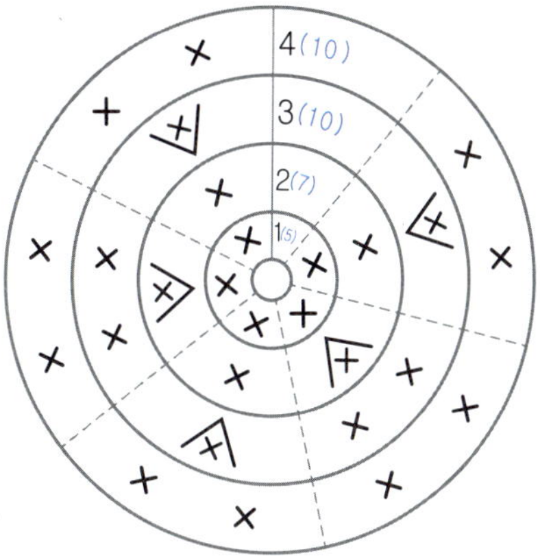

Ms. 브라운 얼굴

도안의 검은색 : 흰색, 도안의 초록색: 갈색

13단은 51까지만 황토색으로 뜨세요.

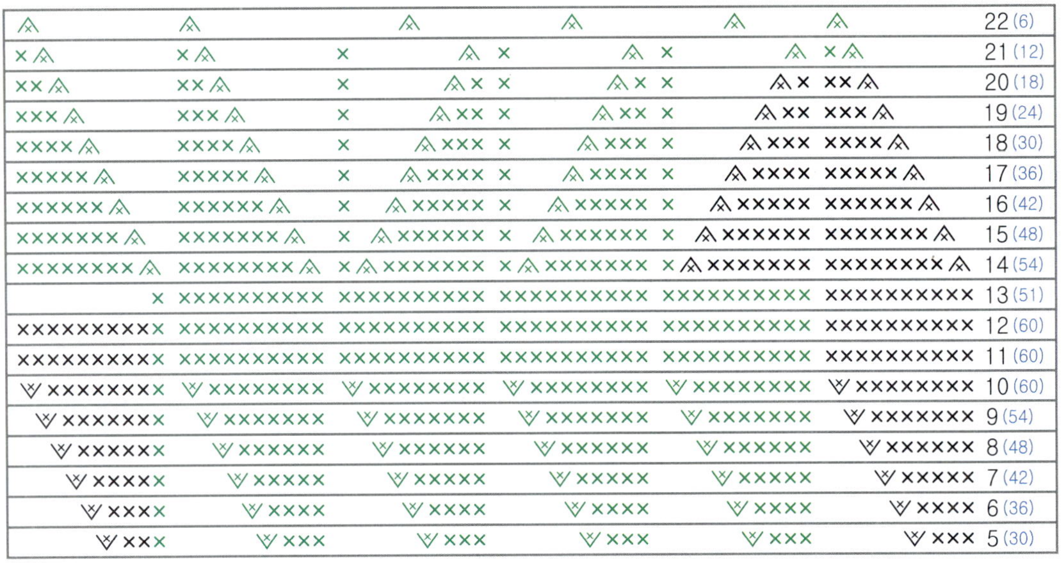

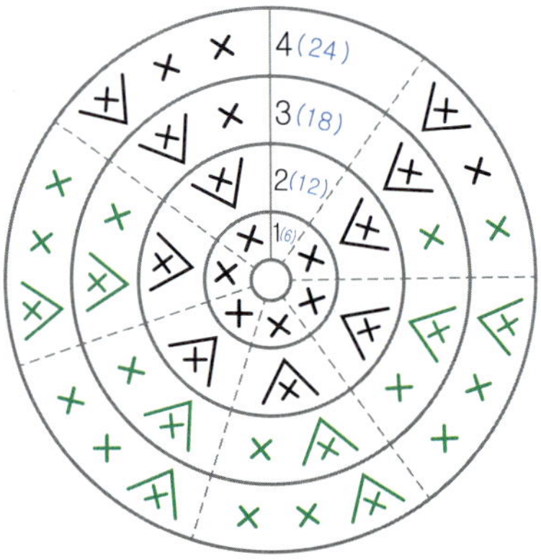

Ms. 브라운 몸통

도안의 검은색 : 흰색, 도안의 초록색: 갈색

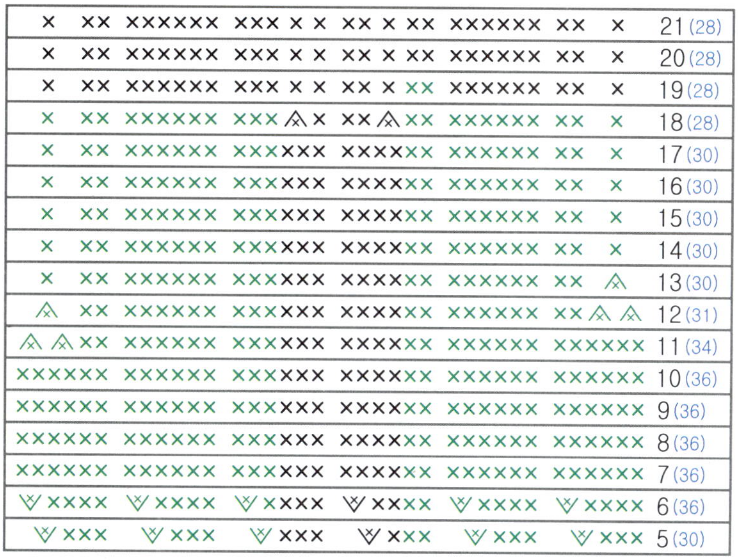

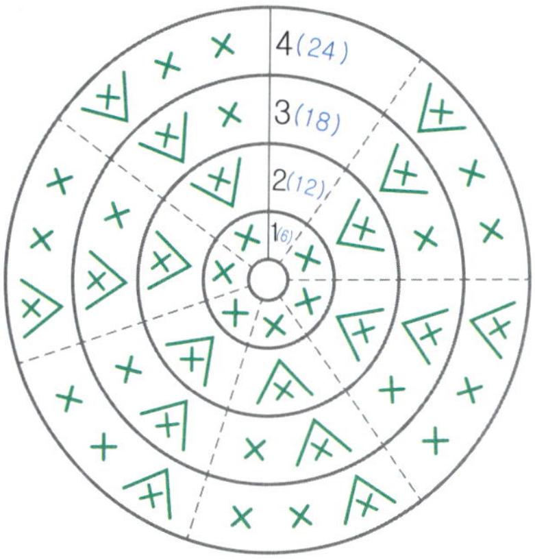

Ms. 브라운 다리 2개

검은색 : 흰색, 초록색 : 갈색

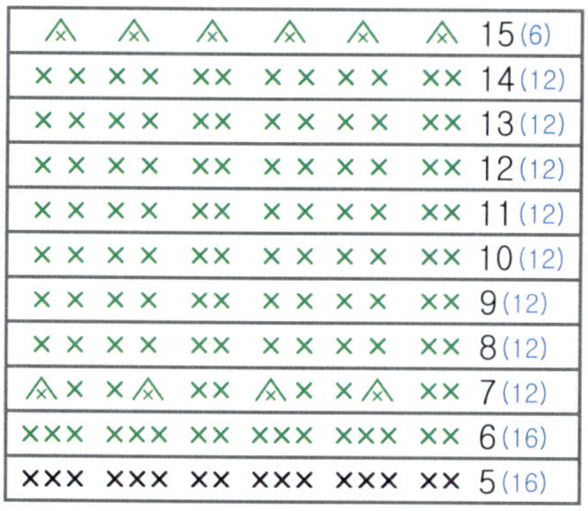

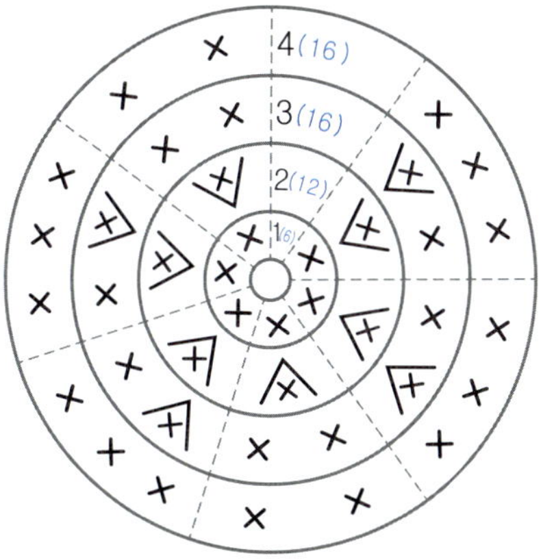

Ms. 브라운 팔 2개

도안의 검은색 : 흰색, 도안의 초록색 : 갈색

∧ × ∧ × ∧ ×	26 (6)
× × × × × × × × ×	25 (9)
× × × × × × × × ×	24 (9)
× × × × × × × × ×	23 (9)
× × × × × × × × ×	22 (9)
× × × × × × × × ×	21 (9)
× × × × × × × × ×	20 (9)
× × × × × × × × ×	19 (9)
× × × × × × × × ×	18 (9)
× × × × × × × × ×	17 (9)
× × × × × × × × ×	16 (9)
× × × × × × × × ×	15 (9)
× × × × × × × × ×	14 (9)
× × × × × × × × ×	13 (9)
× × × × × × × × ×	12 (9)
× × × × × × × × ×	11 (9)
× × × × × × × × ×	10 (9)
× × × × × × × × ×	9 (9)
× × × × × × × × ×	8 (9)
× × × × × × × × ×	7 (9)
× × × × × × × × ×	6 (9)
∧ × × ∧ × × ∧ × ×	5 (9)

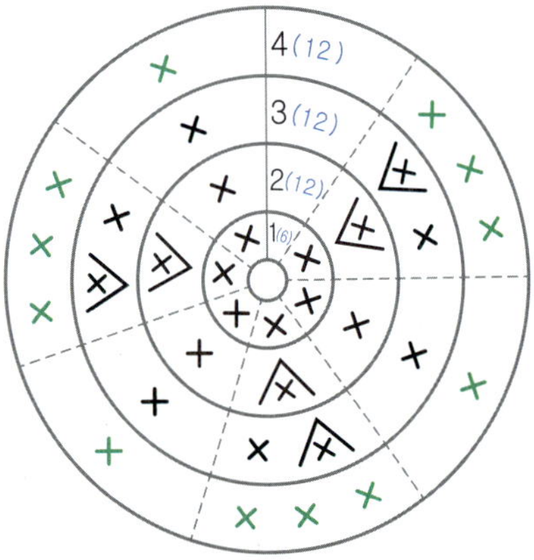

Ms. 브라운 생선

연두색

×× ×× ×× ×× ××	10 (10)
∨ ∨ ∨ ∨ ∨	9 (10)
× ∧ × ∧ ×	8 (5)
∧ ×× ∧ ×× ∧	7 (7)
×× ×× ×× ×× ××	6 (10)
×× ×× ×× ×× ××	5 (10)

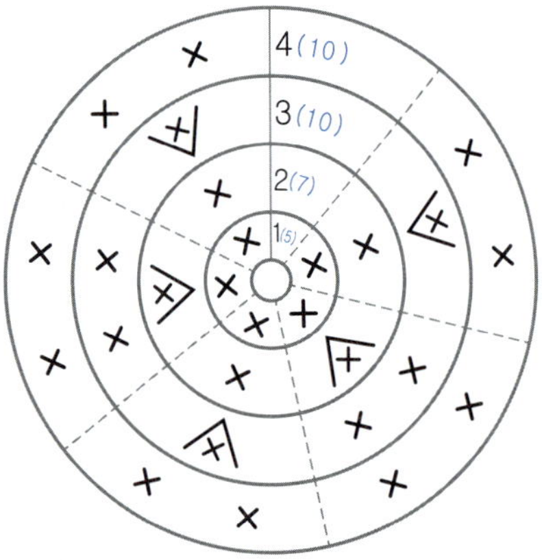

Ms. 브라운 귀 2개

갈색

×××× ×× ×××× ×× ××××	6(16)
∨×× ×× ∨×× ×× ∨××	5(16)

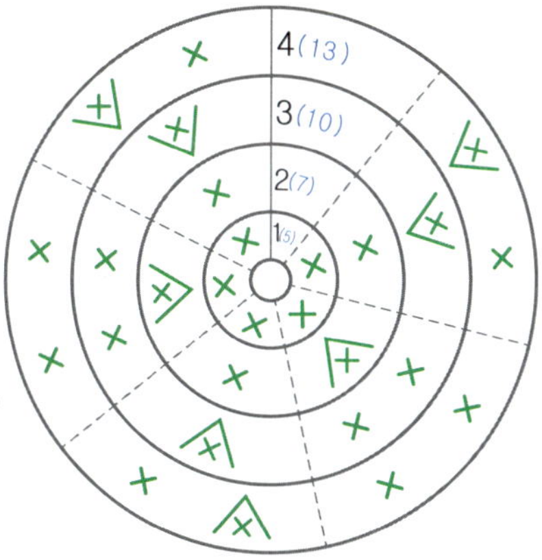

Ms. 브라운 꼬리

갈색

× × × × × ×	14(6)
× × × × × ×	13(6)
× × × × × ×	12(6)
× × × × × ×	11(6)
× × × × × ×	10(6)
× × × × × ×	9(6)
× × × × × ×	8(6)
× × × × × ×	7(6)
× × × × × ×	6(6)
× × × × × ×	5(6)

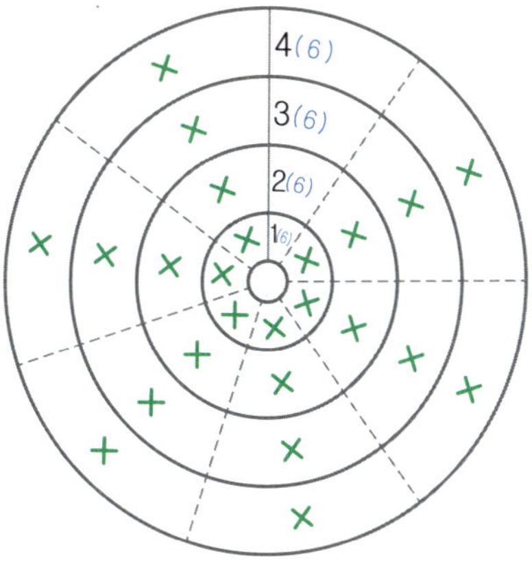

HOW TO MAKE

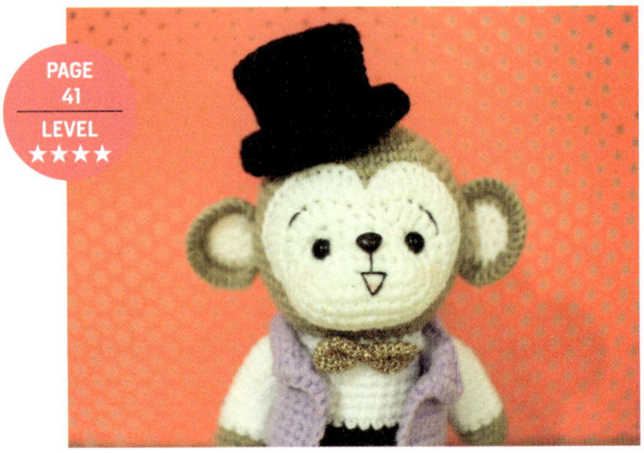

| WORKS 17 |

뽕! 마술사 몽

완성크기 20cm
바늘 모사용 코바늘 5호, 돗바늘, 자수용 바늘
사용실 황토색, 아이보리색, 보라색, 진보라색, 검은색, 금사
부재료 인형솜, 나사형 인형눈 2개, 나사형 인형코 1개, 검은색 자수실

몽 얼굴

황토색

∧ xxx	∧ xxx	∧ xxx	∧ xxx	∧ xxx	∧ xxx	21	(24)
∧ xxxx	∧ xxxx	∧ xxxx	∧ xxxx	∧ xxxx	∧ xxxx	20	(30)
∧ xxxxx	∧ xxxxx	∧ xxxxx	∧ xxxxx	∧ xxxxx	∧ xxxxx	19	(36)
∧ xxxxxx	∧ xxxxxx	∧ xxxxxx	∧ xxxxxx	∧ xxxxxx	∧ xxxxxx	18	(42)
∧ xxxxxxx	∧ xxxxxxx	∧ xxxxxxx	∧ xxxxxxx	∧ xxxxxxx	∧ xxxxxxx	17	(48)
xxxxxxxxx	xxxxxxxxx	xxxxxxxxx	xxxxxxxxx	xxxxxxxxx	xxxxxxxxx	16	(54)
xxxxxxxxx	xxxxxxxxx	xxxxxxxxx	xxxxxxxxx	xxxxxxxxx	xxxxxxxxx	15	(54)
xxxxxxxxx	xxxxxxxxx	xxxxxxxxx	xxxxxxxxx	xxxxxxxxx	xxxxxxxxx	14	(54)
xxxxxxxxx	xxxxxxxxx	xxxxxxxxx	xxxxxxxxx	xxxxxxxxx	xxxxxxxxx	13	(54)
xxxxxxxxx	xxxxxxxxx	xxxxxxxxx	xxxxxxxxx	xxxxxxxxx	xxxxxxxxx	12	(54)
xxxxxxxxx	xxxxxxxxx	xxxxxxxxx	xxxxxxxxx	xxxxxxxxx	xxxxxxxxx	11	(54)
xxxxxxxxx	xxxxxxxxx	xxxxxxxxx	xxxxxxxxx	xxxxxxxxx	xxxxxxxxx	10	(54)
∨ xxxxxxx	∨ xxxxxxx	∨ xxxxxxx	∨ xxxxxxx	∨ xxxxxxx	∨ xxxxxxx	9	(54)
∨ xxxxxx	∨ xxxxxx	∨ xxxxxx	∨ xxxxxx	∨ xxxxxx	∨ xxxxxx	8	(48)
∨ xxxxx	∨ xxxxx	∨ xxxxx	∨ xxxxx	∨ xxxxx	∨ xxxxx	7	(42)
∨ xxxx	∨ xxxx	∨ xxxx	∨ xxxx	∨ xxxx	∨ xxxx	6	(36)
∨ xxx	∨ xxx	∨ xxx	∨ xxx	∨ xxx	∨ xxx	5	(30)

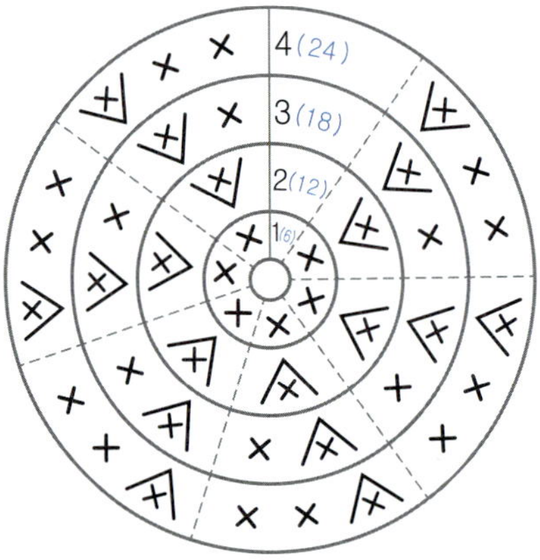

몽 보타이

금색

몽 귀

1~2단 : 흰색, 3~4단 : 황토색

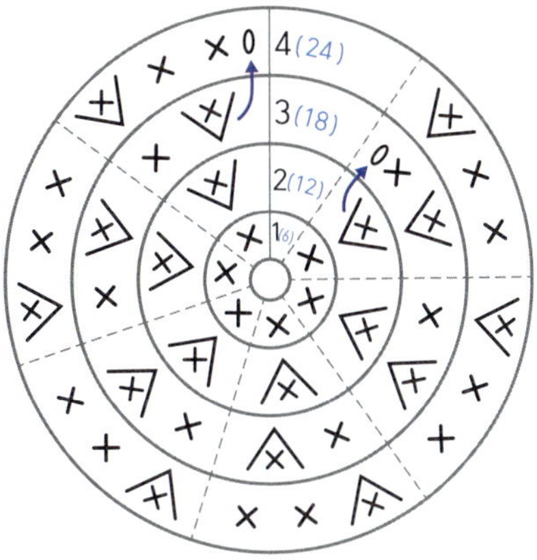

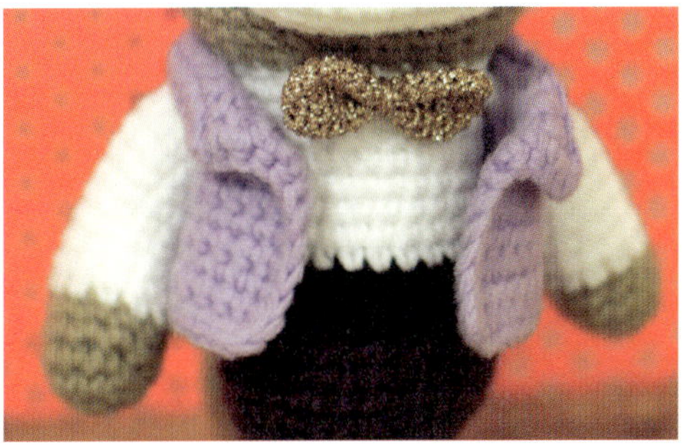

몽 얼굴

아이보리색

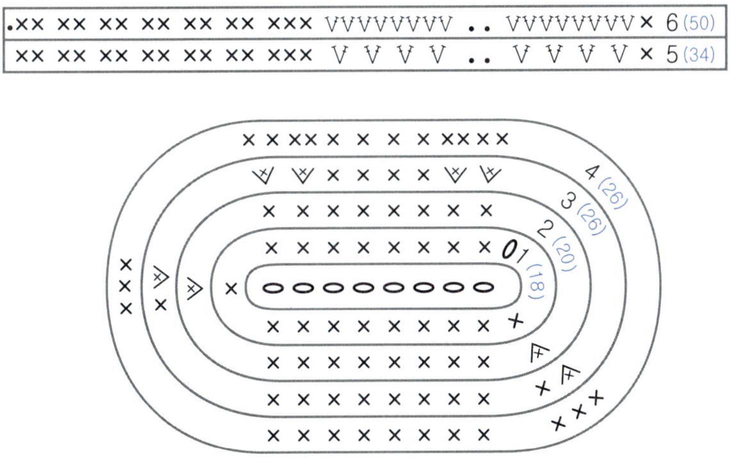

HOW TO MAKE

몽 몸통

1~10단 진보라색, 11~13단 검정색, 14~22단 흰색

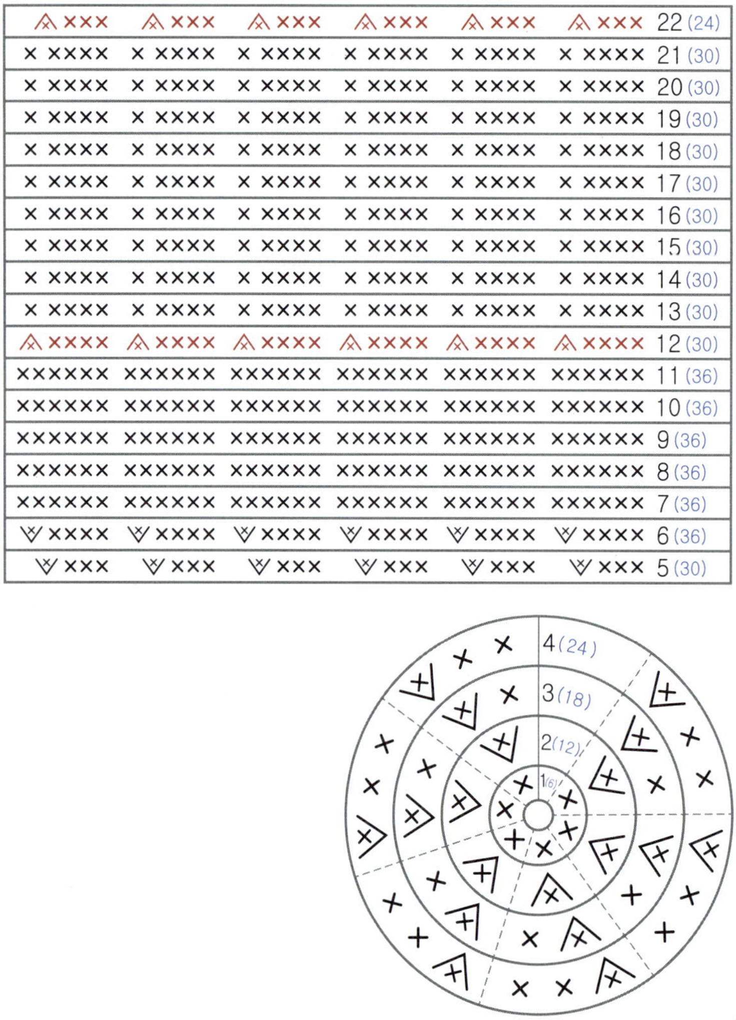

몽 꼬리

황토색

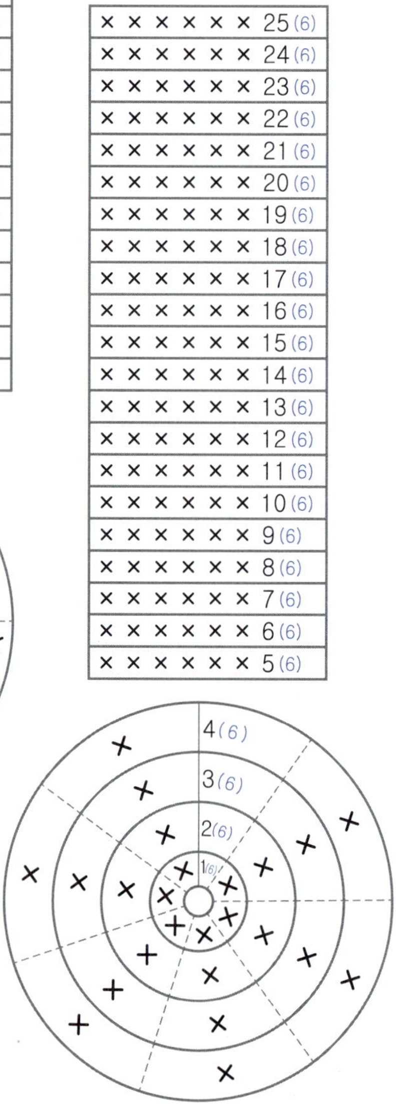

몽 팔 2개

1~4단 황토색, 5~15단 흰색

xx	xx	xx	xx	xx	xx	15 (12)
xx	xx	xx	xx	xx	xx	14 (12)
xx	xx	xx	xx	xx	xx	13 (12)
xx	xx	xx	xx	xx	xx	12 (12)
xx	xx	xx	xx	xx	xx	11 (12)
xx	xx	xx	xx	xx	xx	10 (12)
xx	xx	xx	xx	xx	xx	9 (12)
xx	xx	xx	xx	xx	xx	8 (12)
xx	xx	xx	xx	xx	xx	7 (12)
xx	xx	xx	xx	xx	xx	6 (12)
xx	xx	xx	xx	xx	xx	5 (12)

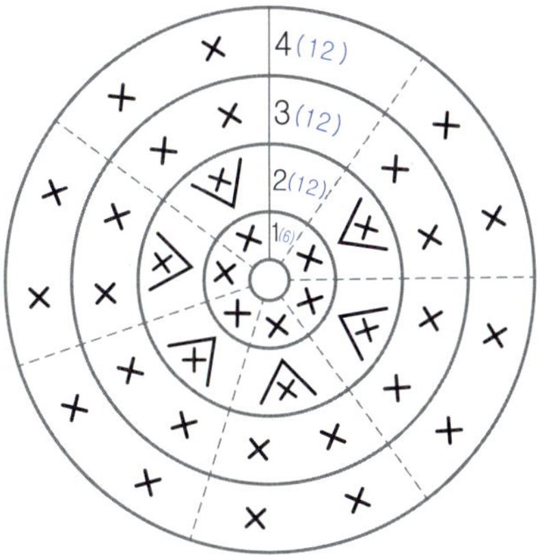

몽 다리

1~8단 검은색, 9~13단 진보라색

4단, 9단 이랑뜨기

xxx	xx	x	x	xx	xxx	13 (12)
xxx	xx	x	x	xx	xxx	12 (12)
xxx	xx	x	x	xx	xxx	11 (12)
xxx	xx	x	x	xx	xxx	10 (12)
xxx	xx	x	x	xx	xxx	9 (12)
xxx	xx	x	x	xx	xxx	8 (12)
xxx	xx	⋀	⋀	xx	xxx	7 (12)
xxx	xx	⋀ ⋀	⋀ ⋀	xx	xxx	6 (14)
xxx	xxx	xxx	xxx	xxx	xxx	5 (18)

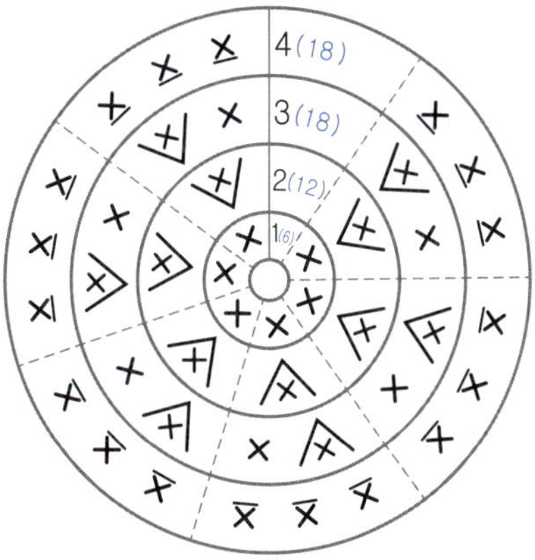

몸 조끼

보라색

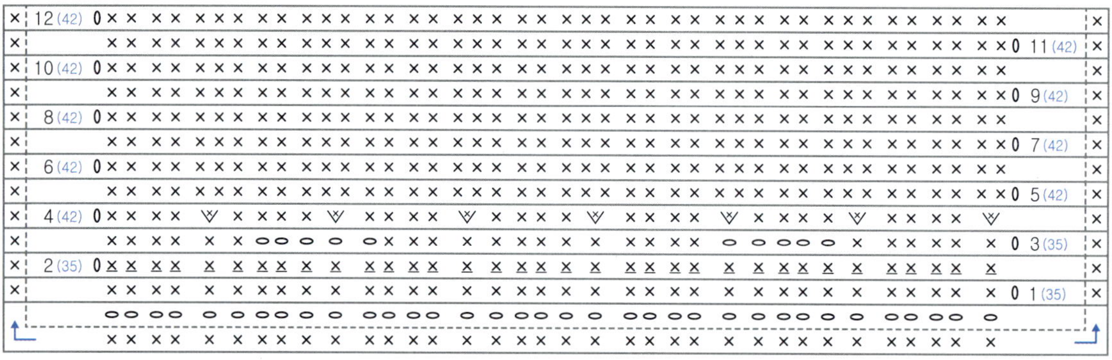

1~12단까지 떠준 후에 둘레를 짧은 뜨기로 마무리해줍니다. (실선 바깥쪽 참고)

몽 모자

검은색

: 이랑뜨기

: 이랑뜨기

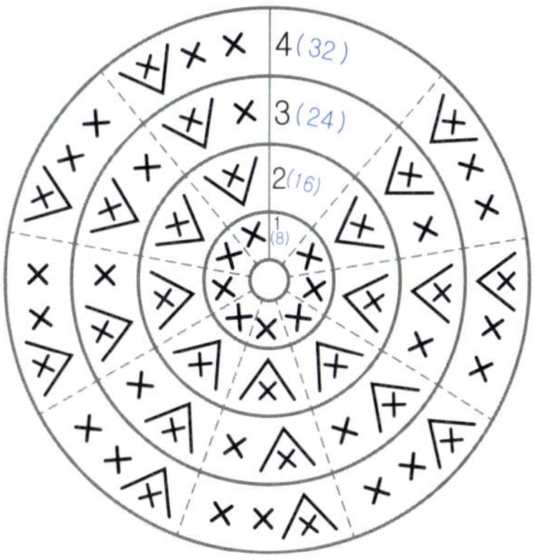

HOW TO MAKE

PAGE 43
LEVEL ★★★★★

| WORKS 18 |

왕자님을 기다려요, 인어공주

완성크기 23cm
바늘 모사용 코바늘 5호, 돗바늘, 자수용 바늘
사용실 베이지색, 흰색, 분홍색, 연두색, 민트색
부재료 인형솜, 나사형 인형눈 2개, 나사형 인형코 1개, 검은색 자수실

인어공주 얼굴

베이지색

∧xxx	∧xxx	∧xxx	∧xxx	∧xxx	∧xxx	20 (24)
∧xxxx	∧xxxx	∧xxxx	∧xxxx	∧xxxx	∧xxxx	19 (30)
∧xxxxx	∧xxxxx	∧xxxxx	∧xxxxx	∧xxxxx	∧xxxxx	18 (36)
∧xxxxxx	∧xxxxxx	∧xxxxxx	∧xxxxxx	∧xxxxxx	∧xxxxxx	17 (42)
xxxxxxxx	xxxxxxxx	xxxxxxxx	xxxxxxxx	xxxxxxxx	xxxxxxxx	16 (48)
xxxxxxxx	xxxxxxxx	xxxxxxxx	xxxxxxxx	xxxxxxxx	xxxxxxxx	15 (48)
xxxxxxxx	xxxxxxxx	xxxxxxxx	xxxxxxxx	xxxxxxxx	xxxxxxxx	14 (48)
xxxxxxxx	xxxxxxxx	xxxxxxxx	xxxxxxxx	xxxxxxxx	xxxxxxxx	13 (48)
xxxxxxxx	xxxxxxxx	xxxxxxxx	xxxxxxxx	xxxxxxxx	xxxxxxxx	12 (48)
xxxxxxxx	xxxxxxxx	xxxxxxxx	xxxxxxxx	xxxxxxxx	xxxxxxxx	11 (48)
xxxxxxxx	xxxxxxxx	xxxxxxxx	xxxxxxxx	xxxxxxxx	xxxxxxxx	10 (48)
xxxxxxxx	xxxxxxxx	xxxxxxxx	xxxxxxxx	xxxxxxxx	xxxxxxxx	9 (48)
∨xxxxxx	∨xxxxxx	∨xxxxxx	∨xxxxxx	∨xxxxxx	∨xxxxxx	8 (48)
∨xxxxx	∨xxxxx	∨xxxxx	∨xxxxx	∨xxxxx	∨xxxxx	7 (42)
∨xxxx	∨xxxx	∨xxxx	∨xxxx	∨xxxx	∨xxxx	6 (36)
∨xxx	∨xxx	∨xxx	∨xxx	∨xxx	∨xxx	5 (30)

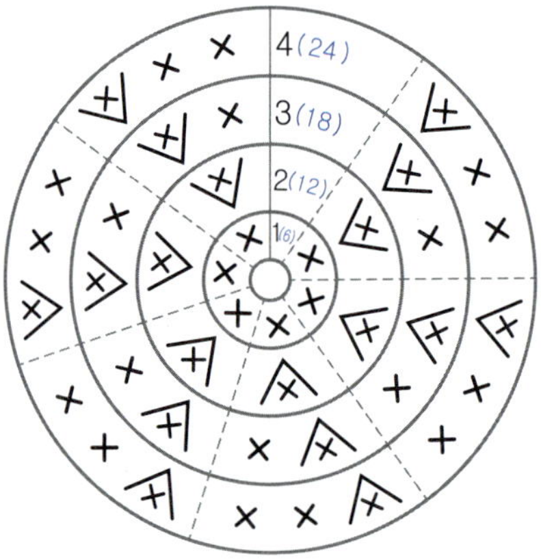

인어공주 팔 2개
베이지색

××	××	××	××	××	15(10)
××	××	××	××	××	14(10)
××	××	××	××	××	13(10)
××	××	××	××	××	12(10)
××	××	××	××	××	11(10)
××	××	××	××	××	10(10)
××	××	××	××	××	9(10)
××	××	××	××	××	8(10)
××	××	××	××	××	7(10)
××	××	××	××	××	6(10)
××	××	××	××	××	5(10)

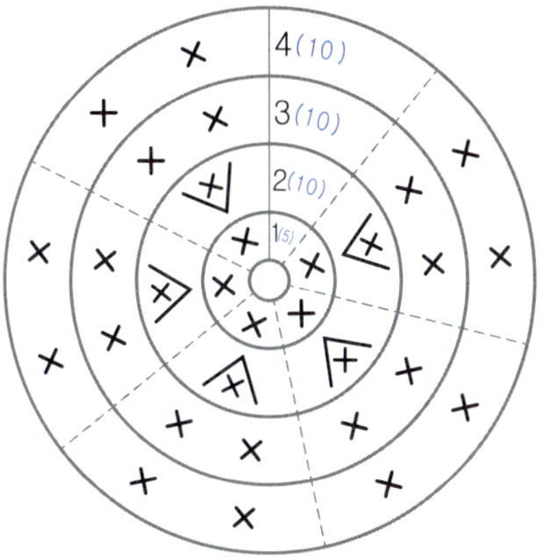

인어공주 치마
1~7단 민트색, 8~18단 연두색
8~17단은 모두 뒷줄에 걸어서 이랑뜨기로 뜨세요.

• ⋀×××	⋀×××	⋀×××	⋀×××	⋀×××	⋀××× 18(24)
⋀××××	⋀××××	⋀××××	⋀××××	⋀××××	⋀×××× 17(30)
⊺⊺⊺⊺⊺⊺	⊺⊺⊺⊺⊺⊺	⊺⊺⊺⊺⊺⊺	⊺⊺⊺⊺⊺⊺	⊺⊺⊺⊺⊺⊺	⊺⊺⊺⊺⊺⊺ 16(36)
⊺⊺⊺⊺⊺⊺	⊺⊺⊺⊺⊺⊺	⊺⊺⊺⊺⊺⊺	⊺⊺⊺⊺⊺⊺	⊺⊺⊺⊺⊺⊺	⊺⊺⊺⊺⊺⊺ 15(36)
⊺⊺⊺⊺⊺⊺	⊺⊺⊺⊺⊺⊺	⊺⊺⊺⊺⊺⊺	⊺⊺⊺⊺⊺⊺	⊺⊺⊺⊺⊺⊺	⊺⊺⊺⊺⊺⊺ 14(36)
⊺⊺⊺⊺⊺⊺	⊺⊺⊺⊺⊺⊺	⊺⊺⊺⊺⊺⊺	⊺⊺⊺⊺⊺⊺	⊺⊺⊺⊺⊺⊺	⊺⊺⊺⊺⊺⊺ 13(36)
V⊺⊺⊺	V⊺⊺⊺	V⊺⊺⊺	V⊺⊺⊺	V⊺⊺⊺	V⊺⊺⊺ 12(36)
V⊺⊺⊺	V⊺⊺⊺	V⊺⊺⊺	V⊺⊺⊺	V⊺⊺⊺	V⊺⊺⊺ 11(30)
V⊺⊺	V⊺⊺	V⊺⊺	V⊺⊺	V⊺⊺	V⊺⊺ 10(24)
V⊺	V⊺	V⊺	V⊺	V⊺	V⊺ 9(18)
ⱽ	ⱽ	ⱽ	ⱽ	ⱽ	ⱽ 8(12)
×	×	×	×	×	× 7(6)
⋀	⋀	⋀	⋀	⋀	⋀ 6(6)
⋀×	⋀×	⋀×	⋀×	⋀×	⋀× 5(12)
×××	×××	×××	×××	×××	××× 4(18)

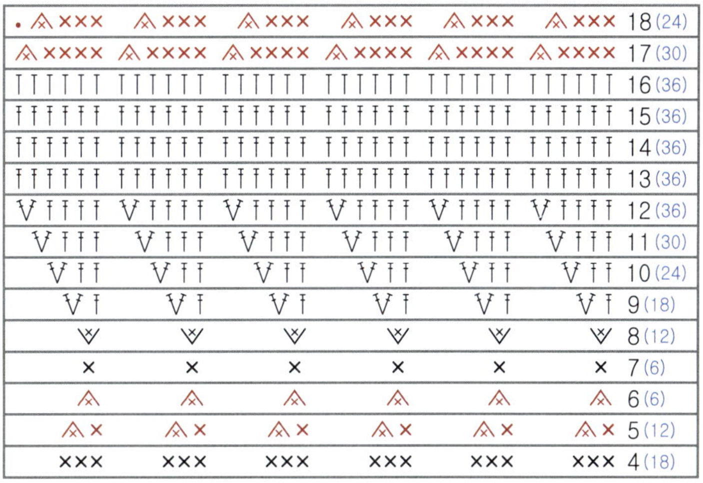

A

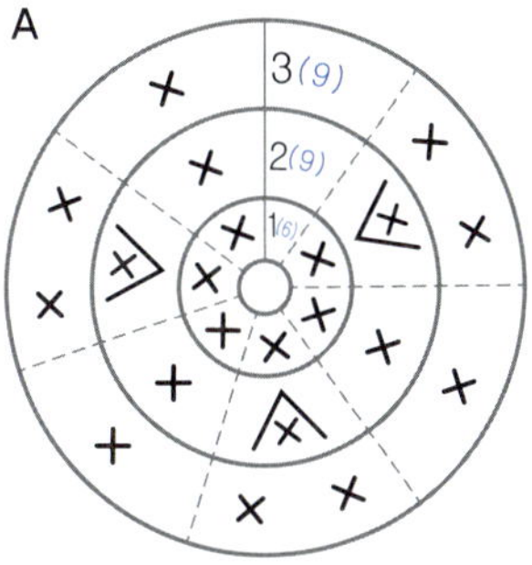

B

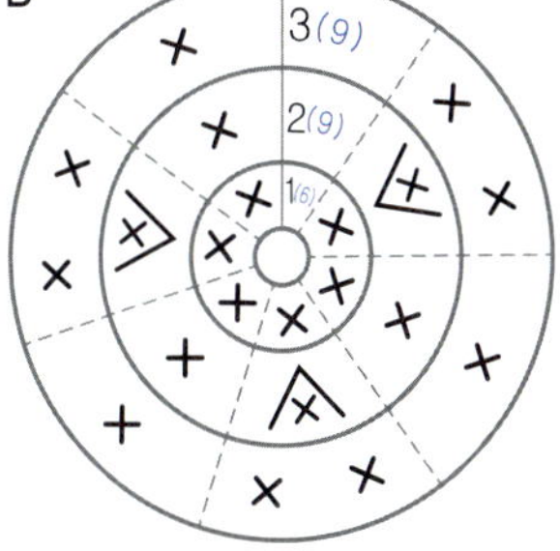

인어공주 다리 2개 떠서 몸통연결

1~11단 베이지색, 12~17단 분홍색, 18~27단 베이지색
18단은 이랑뜨기로 뜨세요.

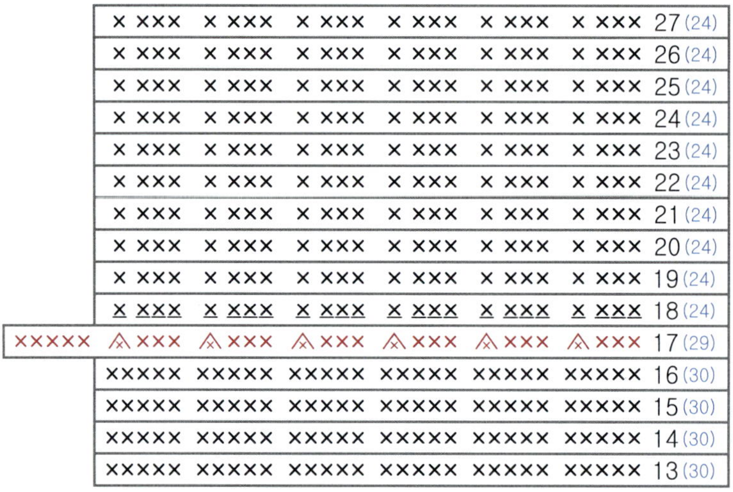

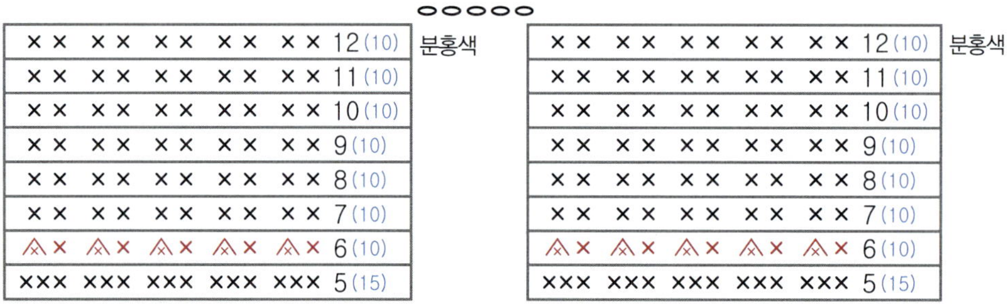

A

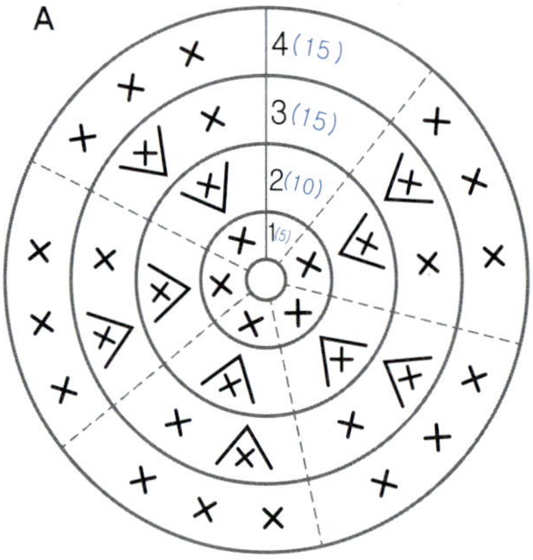

B

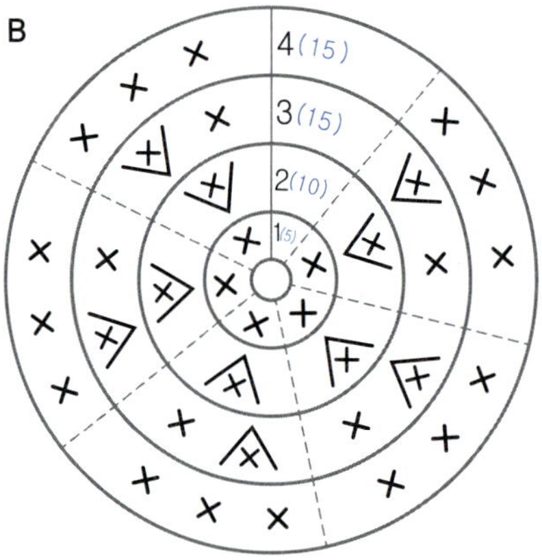

인어공주 비키니
분홍색

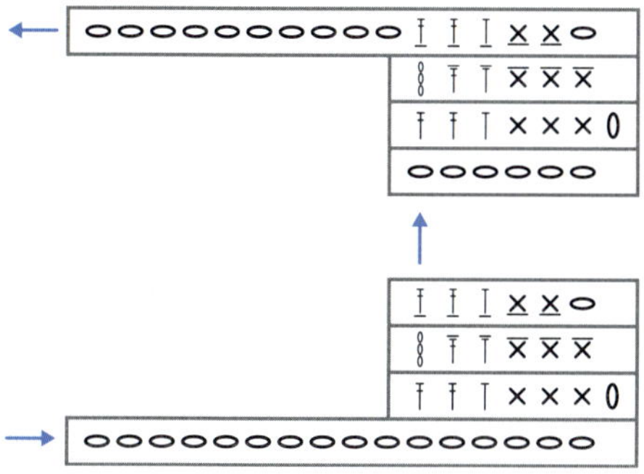

인어공주 코
흰색

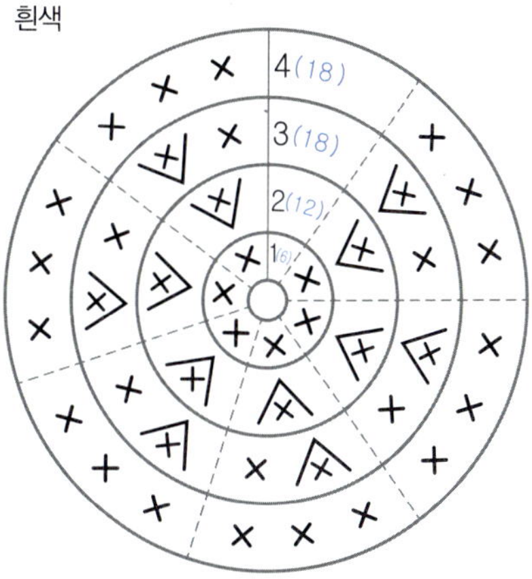

인어공주 귀 2개
베이지색

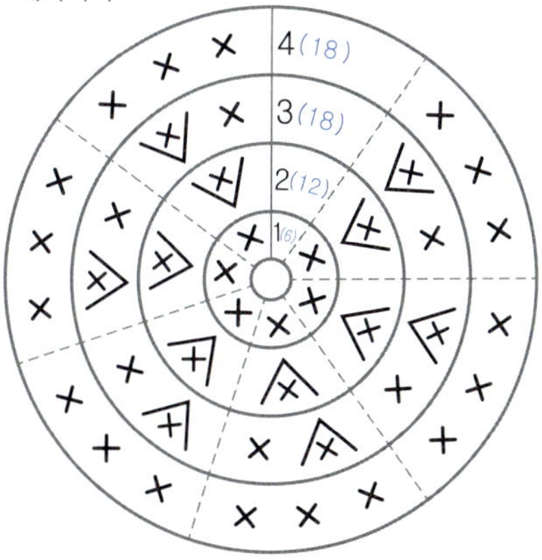

WORKS 19

오늘 고백하겠다냥

PAGE 44
LEVEL ★★★★★

완성크기 18cm
바늘 모사용 코바늘 5호, 돗바늘, 자수용 바늘
사용실 회색, 진회색, 흰색, 민트색, 파란색
부재료 인형솜, 나사형 인형눈 2개, 나사형 인형코 1개, 검은색 자수실, 단추

얼굴

회색

∧xxx	∧xxx	∧xxx	∧xxx	∧xxx	∧xxx	22 (24)
∧xxxx	∧xxxx	∧xxxx	∧xxxx	∧xxxx	∧xxxx	21 (30)
∧xxxxx	∧xxxxx	∧xxxxx	∧xxxxx	∧xxxxx	∧xxxxx	20 (36)
∧xxxxxx	∧xxxxxx	∧xxxxxx	∧xxxxxx	∧xxxxxx	∧xxxxxx	19 (42)
x xxxxxxx	x xxxxxxx	x xxxxxxx	x xxxxxxx	x xxxxxxx	x xxxxxxx	18 (48)
∧xxxxxxx	∧xxxxxxx	∧xxxxxxx	∧xxxxxxx	∧xxxxxxx	∧xxxxxxx	17 (48)
xxxxxxxxx	xxxxxxxxx	xxxxxxxxx	xxxxxxxxx	xxxxxxxxx	xxxxxxxxx	16 (54)
xxxxxxxxx	xxxxxxxxx	xxxxxxxxx	xxxxxxxxx	xxxxxxxxx	xxxxxxxxx	15 (54)
xxxxxxxxx	xxxxxxxxx	xxxxxxxxx	xxxxxxxxx	xxxxxxxxx	xxxxxxxxx	14 (54)
xxxxxxxxx	xxxxxxxxx	xxxxxxxxx	xxxxxxxxx	xxxxxxxxx	xxxxxxxxx	13 (54)
xxxxxxxxx	xxxxxxxxx	xxxxxxxxx	xxxxxxxxx	xxxxxxxxx	xxxxxxxxx	12 (54)
xxxxxxxxx	xxxxxxxxx	xxxxxxxxx	xxxxxxxxx	xxxxxxxxx	xxxxxxxxx	11 (54)
xxxxxxxxx	xxxxxxxxx	xxxxxxxxx	xxxxxxxxx	xxxxxxxxx	xxxxxxxxx	10 (54)
∨xxxxxxx	∨xxxxxxx	∨xxxxxxx	∨xxxxxxx	∨xxxxxxx	∨xxxxxxx	9 (54)
∨xxxxxx	∨xxxxxx	∨xxxxxx	∨xxxxxx	∨xxxxxx	∨xxxxxx	8 (48)
∨xxxxx	∨xxxxx	∨xxxxx	∨xxxxx	∨xxxxx	∨xxxxx	7 (42)
∨xxxx	∨xxxx	∨xxxx	∨xxxx	∨xxxx	∨xxxx	6 (36)
∨xxx	∨xxx	∨xxx	∨xxx	∨xxx	∨xxx	5 (30)

코

흰색

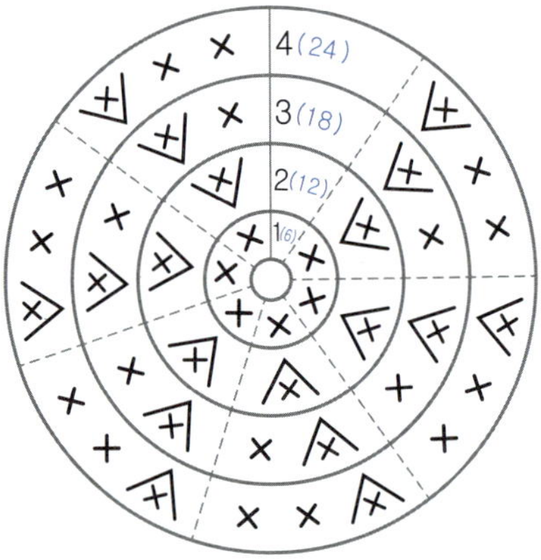

팔 2개

1~3단 회색, 4~5단 민트색, 6~7단 흰색
2단씩 색을 바꿔서 뜨세요.

×	××	××	×	××	××	13(10)
×	××	××	×	××	××	12(10)
×	××	××	×	××	××	11(10)
×	××	××	×	××	××	10(10)
×	××	××	×	××	××	9(10)
×	××	××	×	××	××	8(10)
×	××	××	×	××	××	7(10)
×	××	××	×	××	××	6(10)
∧	××	××	∧	××	××	5(10)

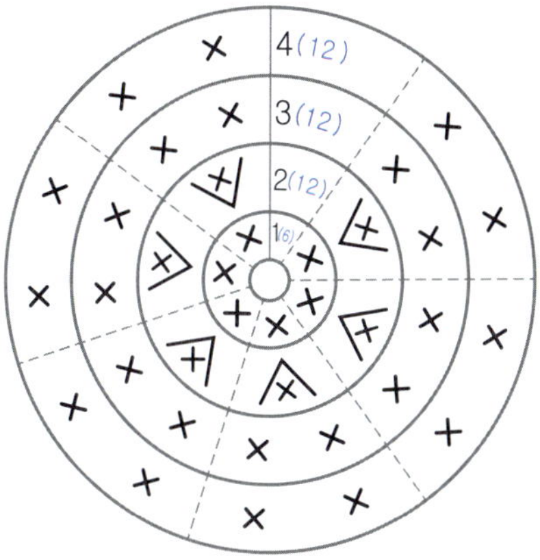

귀 2개

진회색

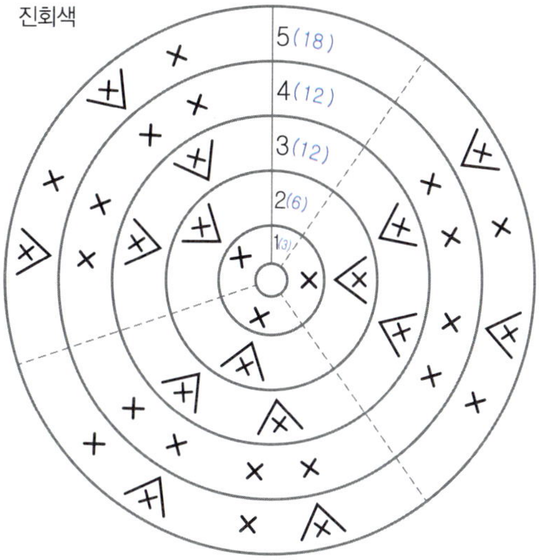

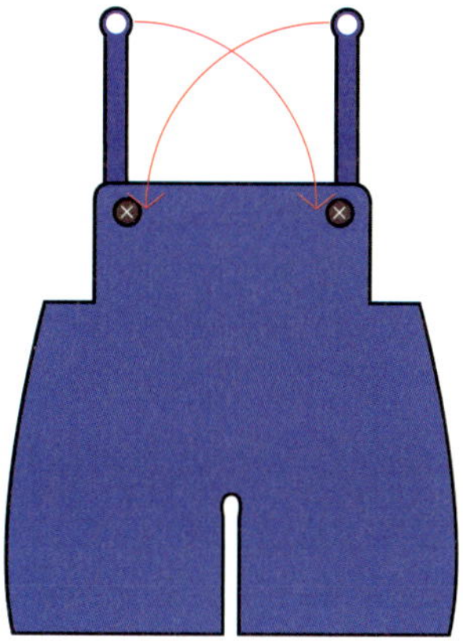

왼쪽 끈은 꼬리 구멍 끝난 곳부터 3번째 코에 코바늘을 넣어 사슬코를 30코 만든 후 5코는 뜨지 않고(단추구멍) 6번째 코부터 끝까지 빼뜨기 해줍니다. 4번째 코에 바늘을 넣어 빼뜨기한 후 남은 실은 모두 안쪽으로 숨겨주세요.

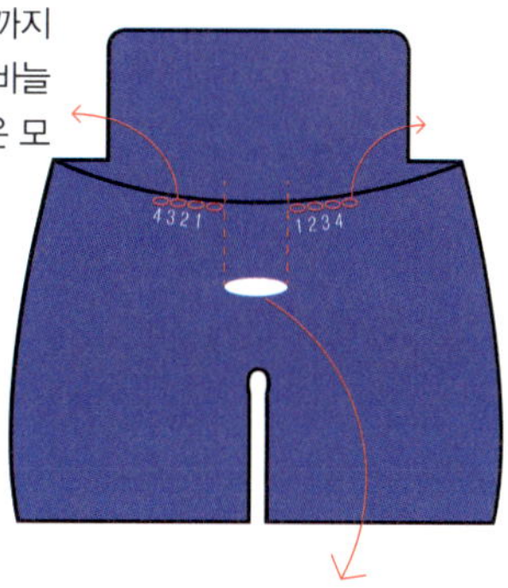

오른쪽 끈은 꼬리 구멍 끝난 곳부터 4번째 코에 코바늘을 넣어 사슬코를 30코 만든 후 5코는 뜨지 않고 6번째 코부터 끝까지 빼뜨기해줍니다. 3번째 코에 바늘을 넣어 빼뜨기한 후 남은 실은 모두 안쪽으로 숨겨주세요.

바지를 입혀보고 꼬리 구멍을 체크해둔 후에 바지를 벗겨서 꼬리를 동그랗게 달아줍니다. 꼬리에는 솜을 넣지 않아도 됩니다.

다리-2개 떠서 몸통 연결

1~16단 회색, 17~18단 민트색, 19~20단 흰색
2단씩 색 바꿔서 뜨세요.

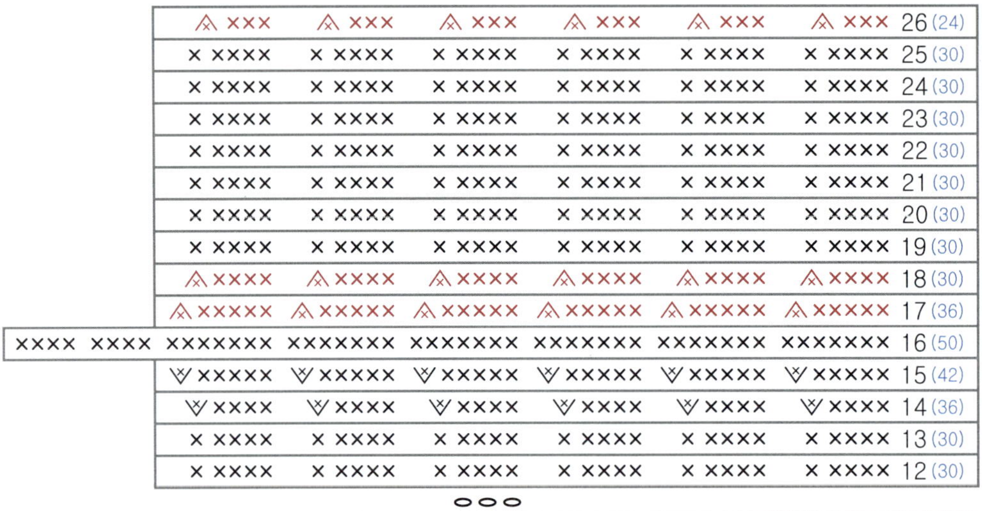

A

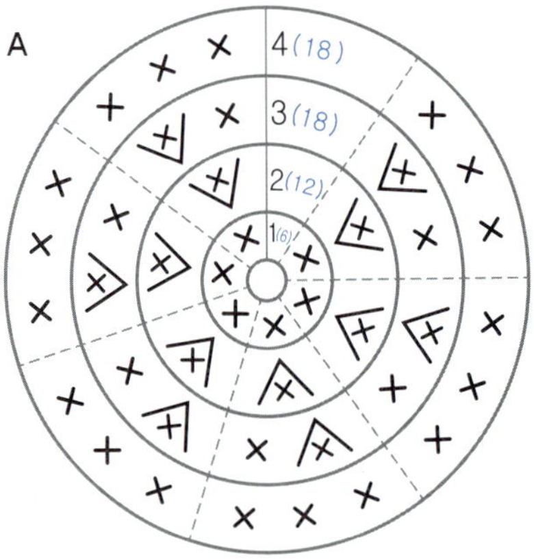

B

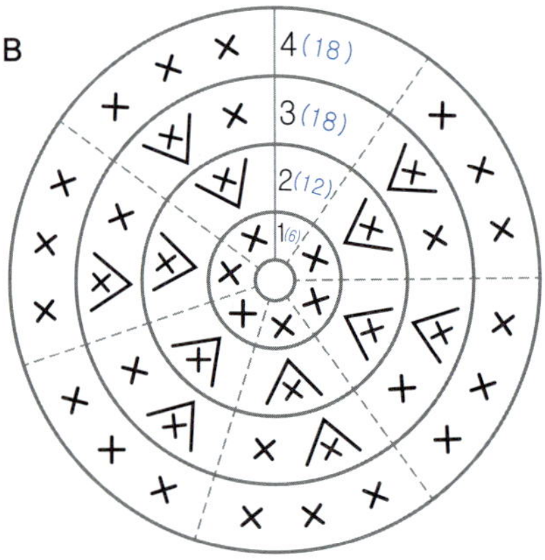

멜빵바지

B

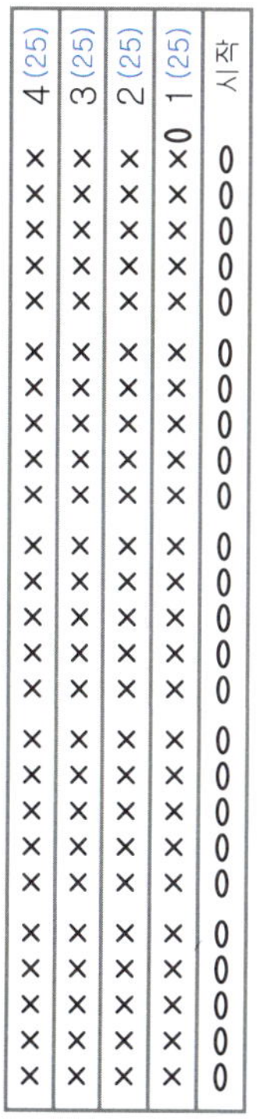

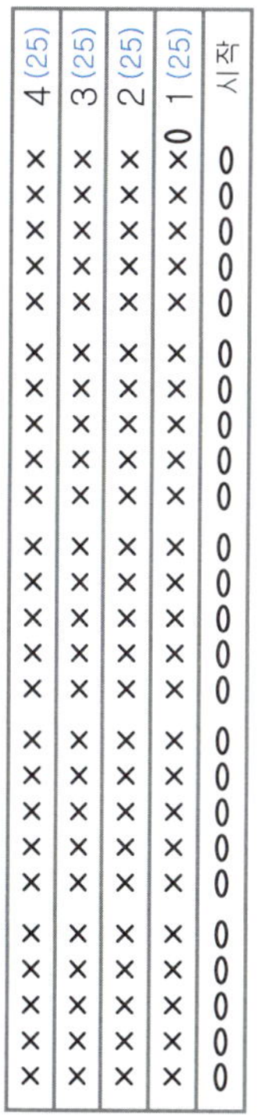

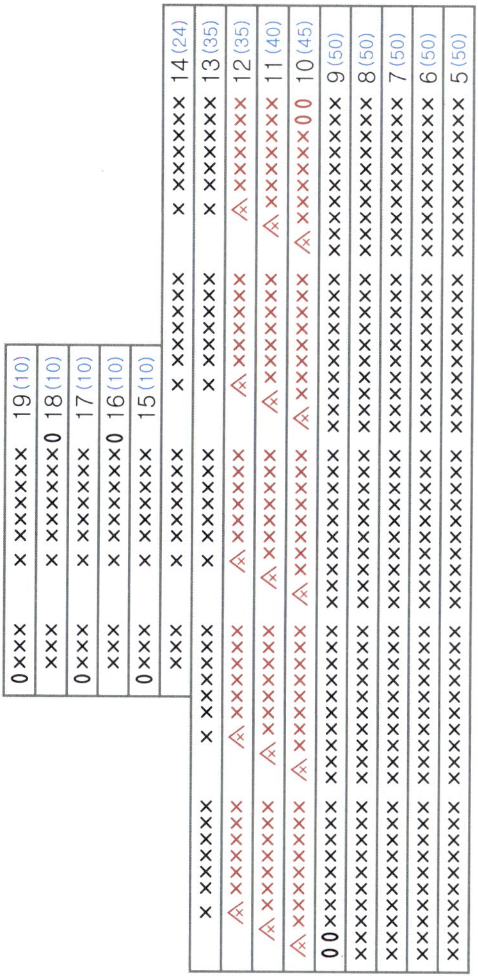

A

1단은 사슬코 위에 평면으로 뜬 후
2단에서 원형으로 합체해서 뜹니다.

꼬리

진회색

×	×	×	×	×	×	12(6)
×	×	×	×	×	×	11(6)
×	×	×	×	×	×	10(6)
×	×	×	×	×	×	9(6)
×	×	×	×	×	×	8(6)
×	×	×	×	×	×	7(6)
×	×	×	×	×	×	6(6)
×	×	×	×	×	×	5(6)

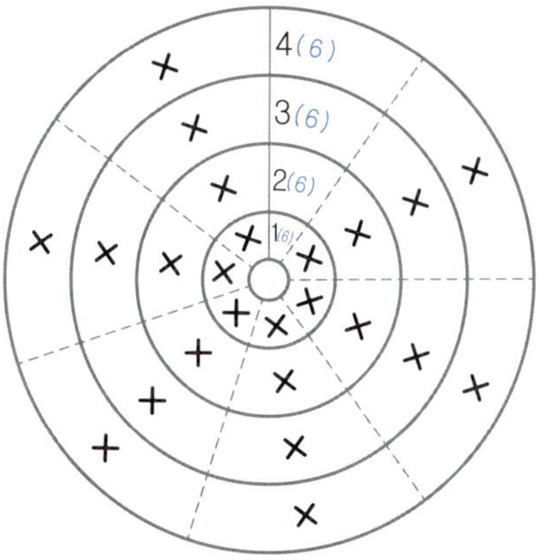

HOW TO MAKE

| **WORKS 20** |

소풍이 좋아, 시월이

완성크기 25cm
바늘 모사용 코바늘 5호, 돗바늘, 자수용 바늘
사용실 살구색, 빨간색, 하늘색, 흰색, 진분홍색, 진보라색
부재료 인형솜, 나사형 인형눈 2개, 검은색 자수실, 갈색 청바지용 재봉사

시월이 얼굴

살구색

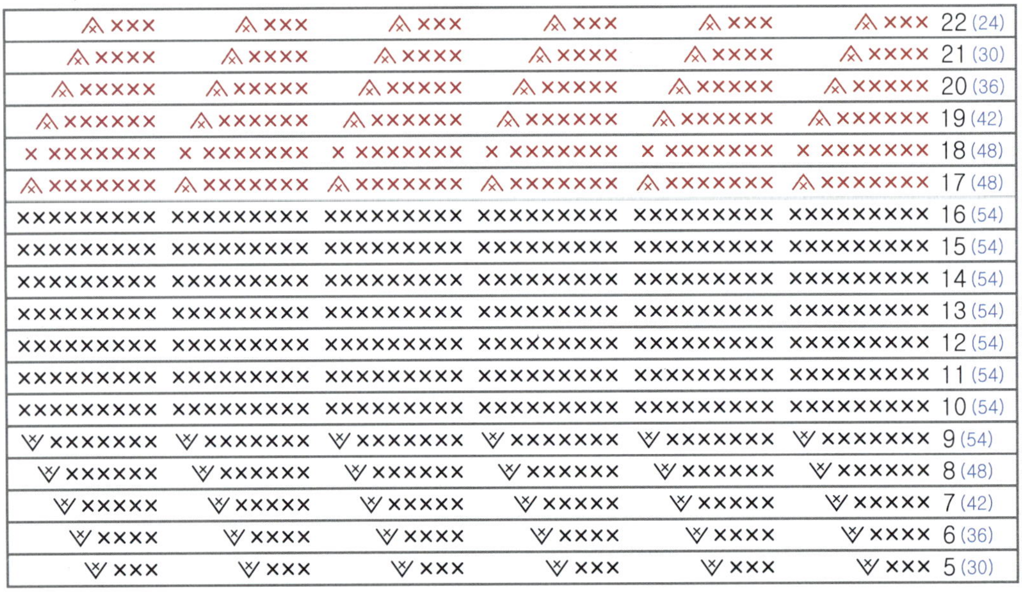

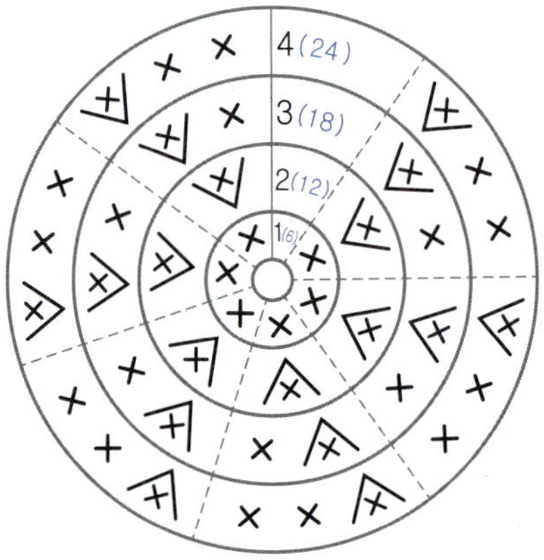

시월이 몸통

1~11단 흰색, 12~26단 하늘색

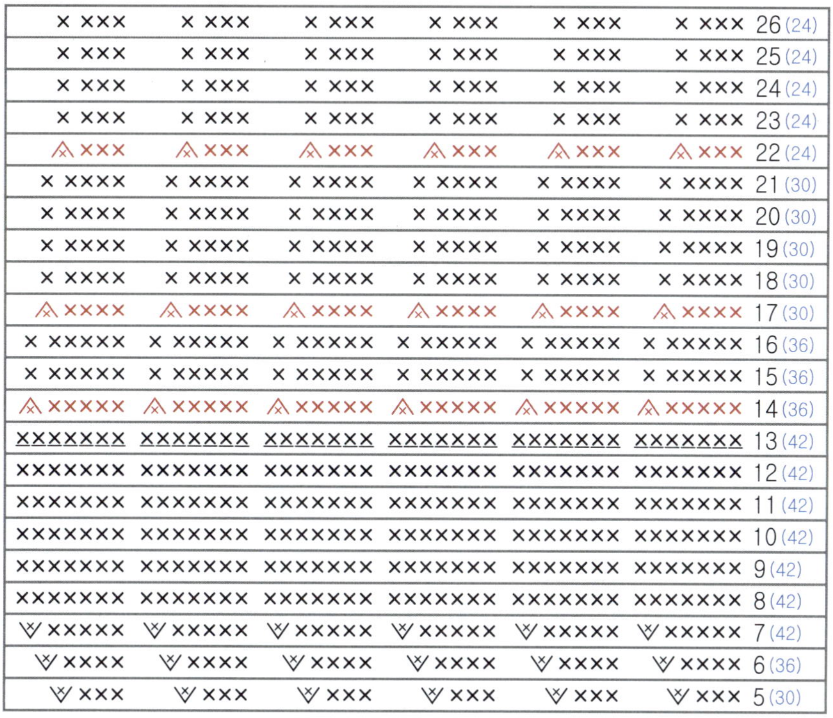

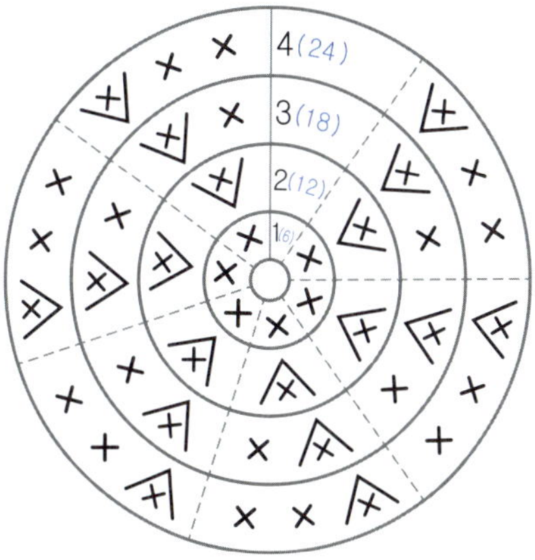

시월이 스커트

회색

몸통 13단에 이어서 뜨세요.

7단은 이랑뜨기로 뜨세요.

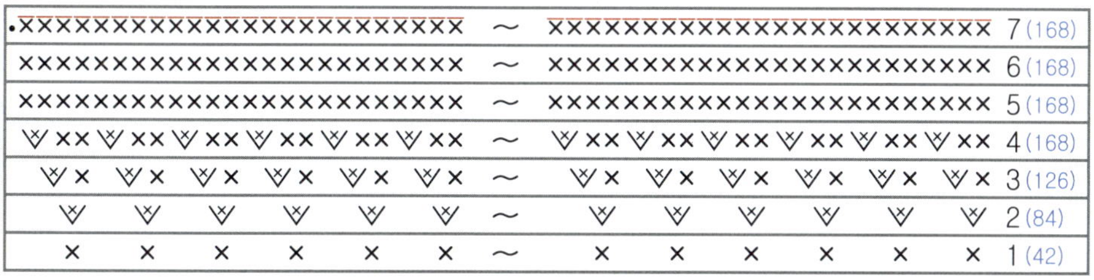

HOW TO MAKE

시월이 스커트 레이스

흰색

스커트의 7단에 이어서 뜨세요.

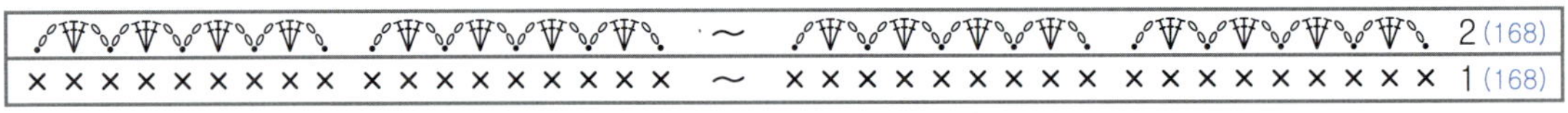

시월이 모자

사슬코 36코를 만드세요.

세움코 3코를 만든 후 5번째 코에 걸어 한길 긴뜨기를 합니다.

한단을 다 뜨고 나면 36코가 됩니다.

총8단을 뜹니다.

마지막 단은 도안에 따라 무늬뜨기를 합니다.

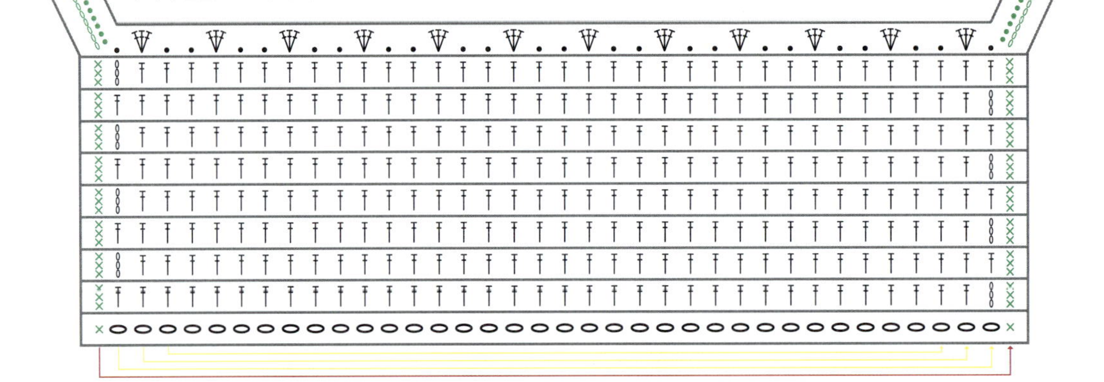

다 뜬후 그림과 같이 한쪽 면을 돗바늘로 꿰매줍니다.

양쪽에 사슬뜨기 20코씩 만든 후에 빼뜨기를 하여 모자 끈을 만듭니다.

모자 끈을 만들어 준 후에 울퉁불퉁한 옆면을 짧은뜨기로 정리해줍니다.

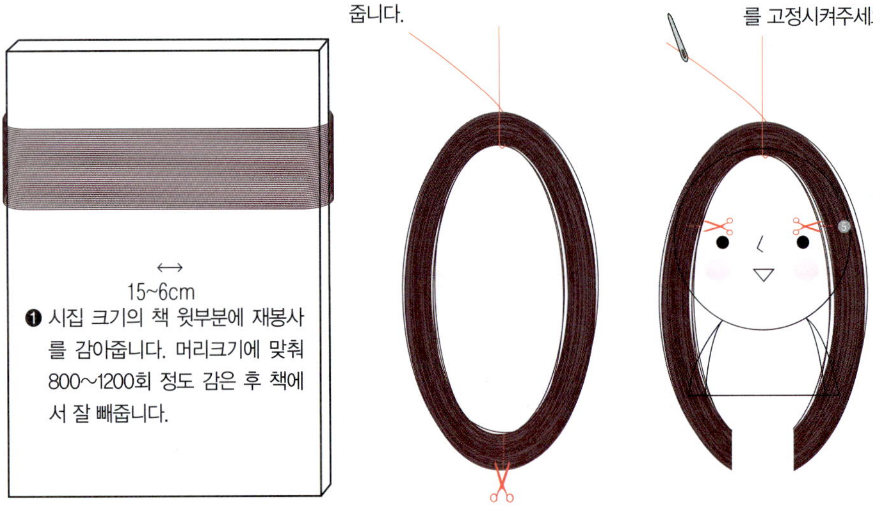

❶ 시집 크기의 책 윗부분에 재봉사를 감아줍니다. 머리크기에 맞춰 800~1200회 정도 감은 후 책에서 잘 빼줍니다.

❷ 같은 색 재봉사를 30cm 정도 잘라서 중앙 부분에 풀리지 않도록 세게 묶어줍니다.

❸ 2번 과정에서 묶은 곳의 반대편을 가위로 잘라줍니다.

❹ 2번 과정에서 묶고 남은 실을 일반바늘에 꿰어 머리와 함께 꿰매줍니다(모두 합체하고 눈, 코, 모두 완성한 후에 머리를 고정시켜주세요).

❺ 얼굴의 둘레를 실이 모두 둘러쌀 수 있도록 빗으로 잘 빗어준 후 앞머리를 잘라줍니다.

시월이 다리

1단~9단 보라색
10단 흰색
11~12단 흰색
13~14단 분홍색
2단마다 흰색과 분홍색으로
색을 바꾸며 떠주세요.

xx xx xx x x x x x x xx	24(14)
xx xx xx x x x x x x xx	23(14)
xx xx xx x x x x x x xx	22(14)
xx xx xx x x x x x x xx	21(14)
xx xx xx x x x x x x xx	20(14)
xx xx xx x x x x x x xx	19(14)
xx xx xx x x x x x x xx	18(14)
xx xx xx x x x x x x xx	17(14)
xx xx xx x x x x x x xx	16(14)
xx xx xx x x x x x x xx	15(14)
xx xx xx x x x x x x xx	14(14)
xx xx xx x x x x x x xx	13(14)
xx xx xx x x x x x x xx	12(14)
xx xx xx x x x x x x xx	11(14)
xx xx xx ⋀ ⋀ x x x x xx	10(14)
xx xx xx x⋀⋀ x x x ⋀ ⋀xx	9(16)
xx xx xx xxxxx⋀ ⋀⋀⋀x xxxx	8(20)
xx xx xx xxxxxxx xxxxxxx xxxx	7(24)
xx xx xx xxxxxxx xxxxxxx xxxx	6(24)
xx xx xx xxxxxxx xxxxxxx xxxx	5(24)

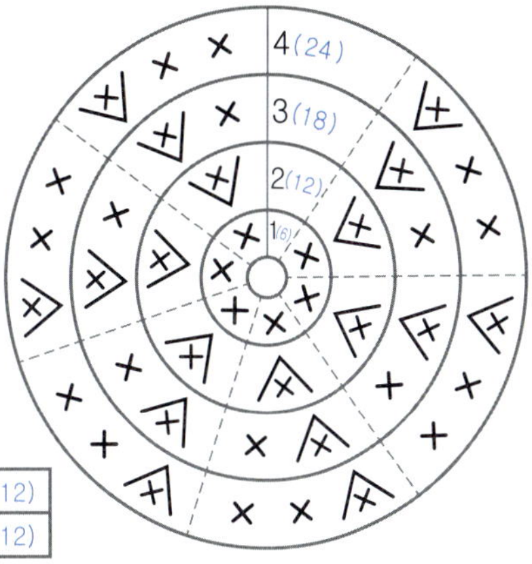

시월이 팔

1단~6단 살색
7단~22단 하늘색
8단은 이랑뜨기 하세요.

xx xx xx xx xx xx	22(12)
xx xx xx xx xx xx	21(12)
xx xx xx xx xx xx	20(12)
xx xx xx xx xx xx	19(12)
xx xx xx xx xx xx	18(12)
xx xx xx xx xx xx	17(12)
xx xx xx xx xx xx	16(12)
xx xx xx xx xx xx	15(12)
xx xx xx xx xx xx	14(12)
xx xx xx xx xx xx	13(12)
xx xx xx xx xx xx	12(12)
xx xx xx xx xx xx	11(12)
xx xx xx xx xx xx	10(12)
xx xx xx xx xx xx	9(12)
<u>xx xx xx xx xx xx</u>	8(12)
xx xx xx xx xx xx	7(12)
xx xx xx xx xx xx	6(12)
xx xx xx xx xx xx	5(12)

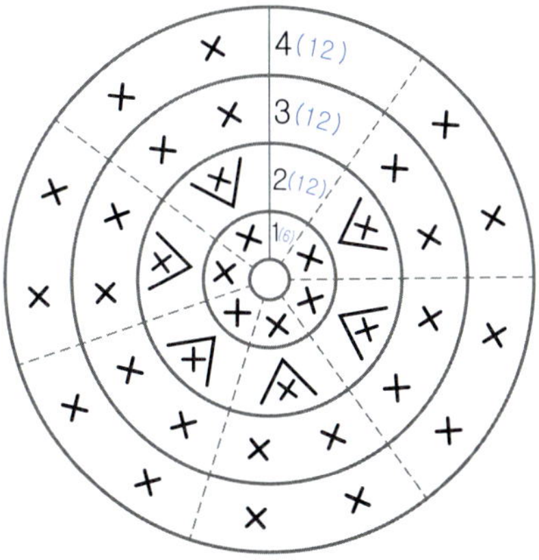

시월이 소매

흰색
8단에 걸어서 뜨세요.

•xx xx xx xx xx xx	2(12)
xx xx xx xx xx xx	1(12)

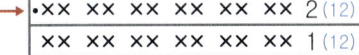

HOW TO MAKE

PAGE 49
LEVEL ★★★★★

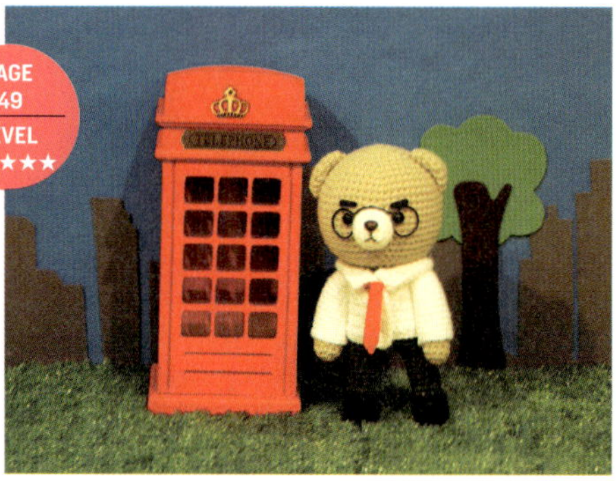

| WORKS 21 |

정체를 감춰야 해, 청년 클락

완성크기 19cm
바늘 모사용 코바늘 5호, 돗바늘, 자수용 바늘
사용실 베이지색, 흰색, 파란색, 진회색, 검은색
부재료 인형솜, 나사형 인형눈 2개, 나사형 인형코 1개, 검은색 자수실, 검은색 펠트, 노란색 펠트, 빨간색 펠트, 검은색 와이어, 단추

클락 얼굴

베이지색

∧××××	∧××××	∧××××	∧××××	∧××××	∧××××	21 (24)
∧×××××	∧×××××	∧×××××	∧×××××	∧×××××	∧×××××	20 (30)
∧××××××	∧××××××	∧××××××	∧××××××	∧××××××	∧××××××	19 (36)
∧×××××××	∧×××××××	∧×××××××	∧×××××××	∧×××××××	∧×××××××	18 (42)
∧××××××××	∧××××××××	∧××××××××	∧××××××××	∧××××××××	∧××××××××	17 (48)
×××××××××	×××××××××	×××××××××	×××××××××	×××××××××	×××××××××	16 (54)
×××××××××	×××××××××	×××××××××	×××××××××	×××××××××	×××××××××	15 (54)
×××××××××	×××××××××	×××××××××	×××××××××	×××××××××	×××××××××	14 (54)
×××××××××	×××××××××	×××××××××	×××××××××	×××××××××	×××××××××	13 (54)
×××××××××	×××××××××	×××××××××	×××××××××	×××××××××	×××××××××	12 (54)
×××××××××	×××××××××	×××××××××	×××××××××	×××××××××	×××××××××	11 (54)
×××××××××	×××××××××	×××××××××	×××××××××	×××××××××	×××××××××	10 (54)
∨××××××××	∨××××××××	∨××××××××	∨××××××××	∨××××××××	∨××××××××	9 (54)
∨×××××××	∨×××××××	∨×××××××	∨×××××××	∨×××××××	∨×××××××	8 (48)
∨××××××	∨××××××	∨××××××	∨××××××	∨××××××	∨××××××	7 (42)
∨×××××	∨×××××	∨×××××	∨×××××	∨×××××	∨×××××	6 (36)
∨××××	∨××××	∨××××	∨××××	∨××××	∨××××	5 (30)

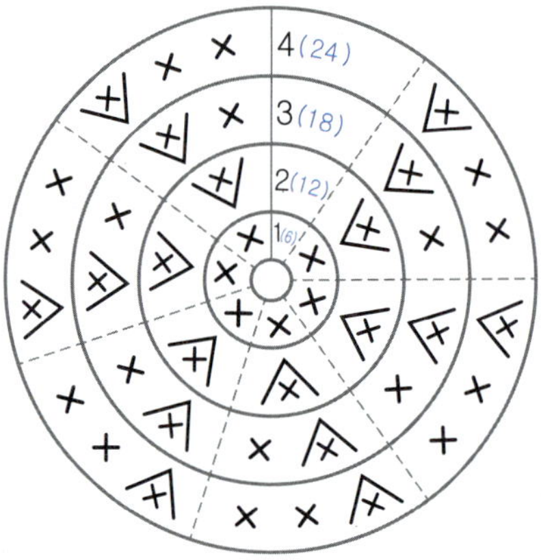

클락 신발
검은색

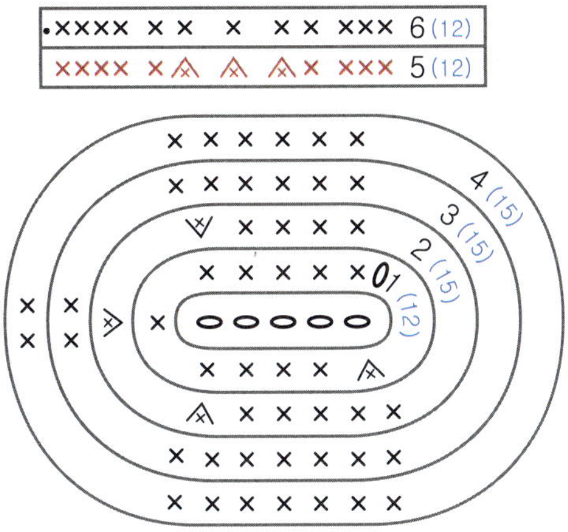

클락 팔 2개
1~4단 베이지색, 5~15단 파란색

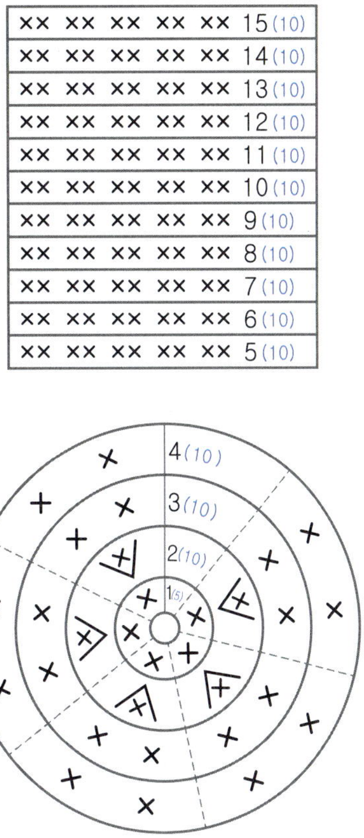

클락 코
흰색

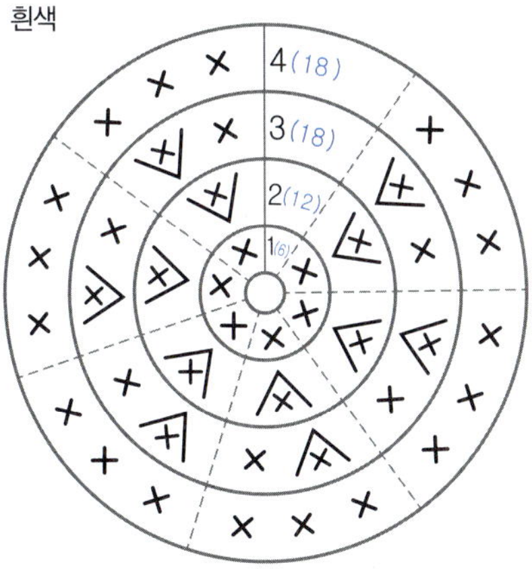

클락 귀 2개
베이지색

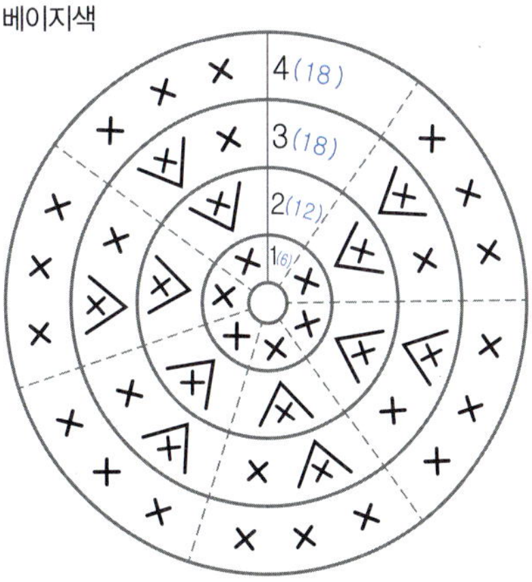

클락 몸통

1~5단 베이지색/6~18단 진회색/19~27단 파란색

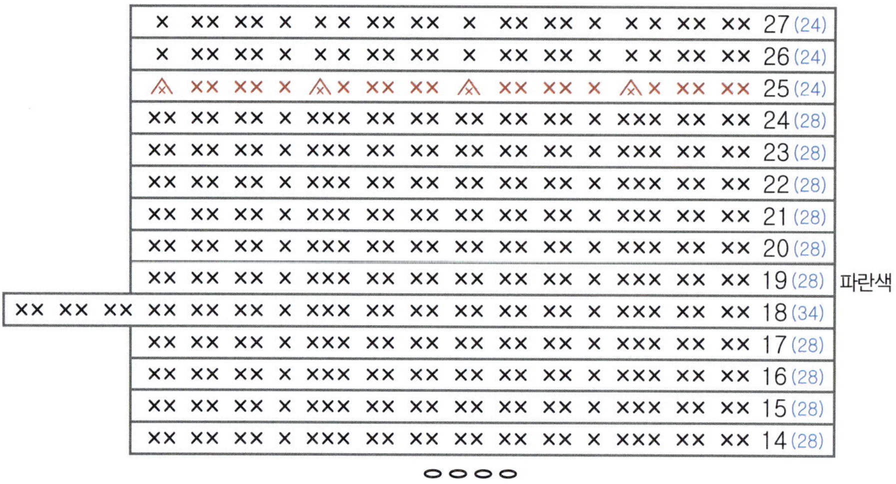

A

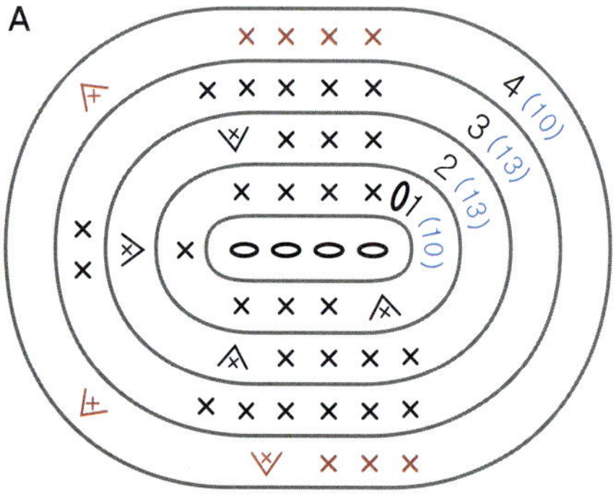

B

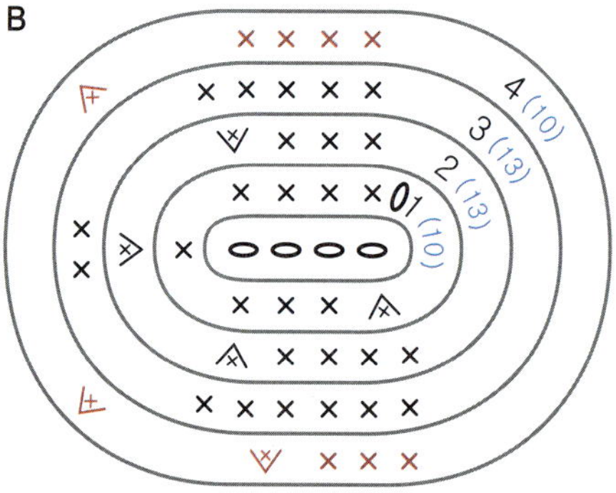

클락 셔츠

흰색

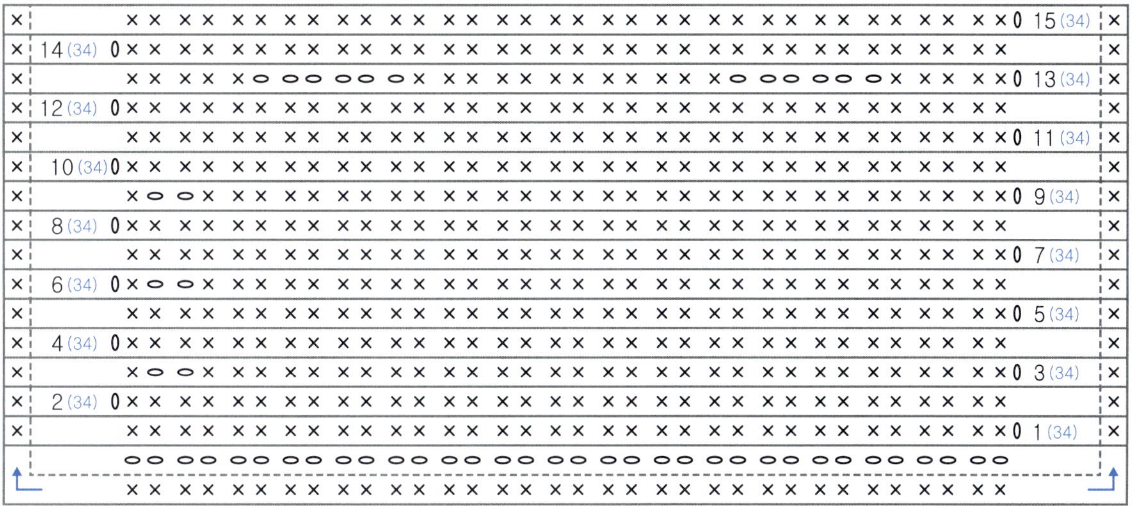

1~15단까지 떠준 후에 둘레를 짧은 뜨기로 마무리해줍니다(실선 바깥쪽 참고).

13단에서 만든 사슬코(6코)와 14단의 코(6코) 둘레를 짧은뜨기로 총 16단 떠주면 셔츠의 팔이 만들어집니다.

3, 6, 9단에서 만든 사슬은 단추구멍입니다.

눈썹

슈퍼베어 심볼 도안

노란색　빨간색　빨간색

1~3번 모양대로 펠트를 잘라서(3번은 테두리만) 1번위에 2번, 1,2번 위에 3번을 붙여주세요.

안경

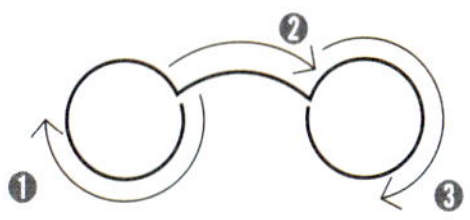

검은색 와이어

넥타이(약 28cm)

HOW TO MAKE

| WORKS 22 |

지켜줄게요, 슈퍼베어

완성크기 19cm
바늘 모사용 코바늘 5호, 돗바늘, 자수용 바늘
사용실 베이지색, 흰색, 파란색, 빨간색
부재료 인형솜, 나사형 인형눈 2개, 나사형 인형코 1개, 검은색 자수실, 검은색 펠트, 노란색 펠트, 빨간색 펠트, 노란색 펠트

슈퍼베어 얼굴

베이지색

∧xxx	∧xxx	∧xxx	∧xxx	∧xxx	∧xxx	21 (24)
∧xxxx	∧xxxx	∧xxxx	∧xxxx	∧xxxx	∧xxxx	20 (30)
∧xxxxx	∧xxxxx	∧xxxxx	∧xxxxx	∧xxxxx	∧xxxxx	19 (36)
∧xxxxxx	∧xxxxxx	∧xxxxxx	∧xxxxxx	∧xxxxxx	∧xxxxxx	18 (42)
∧xxxxxxx	∧xxxxxxx	∧xxxxxxx	∧xxxxxxx	∧xxxxxxx	∧xxxxxxx	17 (48)
xxxxxxxxx	xxxxxxxxx	xxxxxxxxx	xxxxxxxxx	xxxxxxxxx	xxxxxxxxx	16 (54)
xxxxxxxxx	xxxxxxxxx	xxxxxxxxx	xxxxxxxxx	xxxxxxxxx	xxxxxxxxx	15 (54)
xxxxxxxxx	xxxxxxxxx	xxxxxxxxx	xxxxxxxxx	xxxxxxxxx	xxxxxxxxx	14 (54)
xxxxxxxxx	xxxxxxxxx	xxxxxxxxx	xxxxxxxxx	xxxxxxxxx	xxxxxxxxx	13 (54)
xxxxxxxxx	xxxxxxxxx	xxxxxxxxx	xxxxxxxxx	xxxxxxxxx	xxxxxxxxx	12 (54)
xxxxxxxxx	xxxxxxxxx	xxxxxxxxx	xxxxxxxxx	xxxxxxxxx	xxxxxxxxx	11 (54)
xxxxxxxxx	xxxxxxxxx	xxxxxxxxx	xxxxxxxxx	xxxxxxxxx	xxxxxxxxx	10 (54)
∨xxxxxxx	∨xxxxxxx	∨xxxxxxx	∨xxxxxxx	∨xxxxxxx	∨xxxxxxx	9 (54)
∨xxxxxx	∨xxxxxx	∨xxxxxx	∨xxxxxx	∨xxxxxx	∨xxxxxx	8 (48)
∨xxxxx	∨xxxxx	∨xxxxx	∨xxxxx	∨xxxxx	∨xxxxx	7 (42)
∨xxxx	∨xxxx	∨xxxx	∨xxxx	∨xxxx	∨xxxx	6 (36)
∨xxx	∨xxx	∨xxx	∨xxx	∨xxx	∨xxx	5 (30)

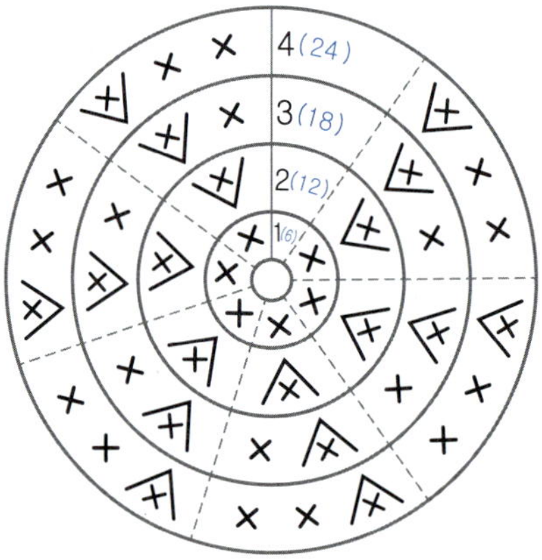

슈퍼베어 팔 2개

1~4단 베이지색, 5~15단 파란색

××	××	××	××	××	15(10)
××	××	××	××	××	14(10)
××	××	××	××	××	13(10)
××	××	××	××	××	12(10)
××	××	××	××	××	11(10)
TT	TT	T•	••	••	10(10)
TT	TT	T•	••	••	9(10)
××	××	××	××	××	8(10)
××	××	××	××	××	7(10)
××	××	××	××	××	6(10)
××	××	××	××	××	5(10)

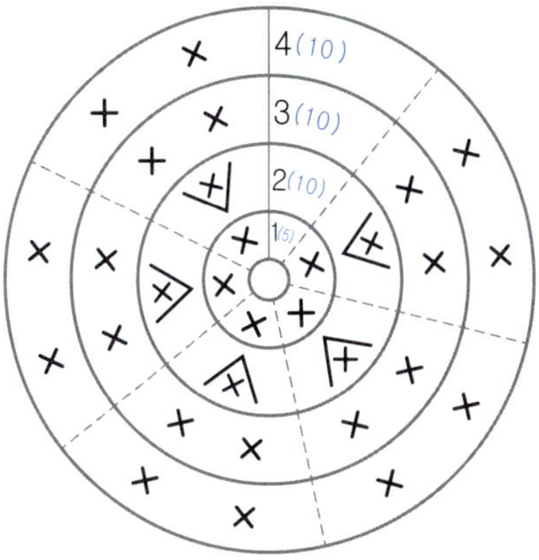

슈퍼베어 코

흰색

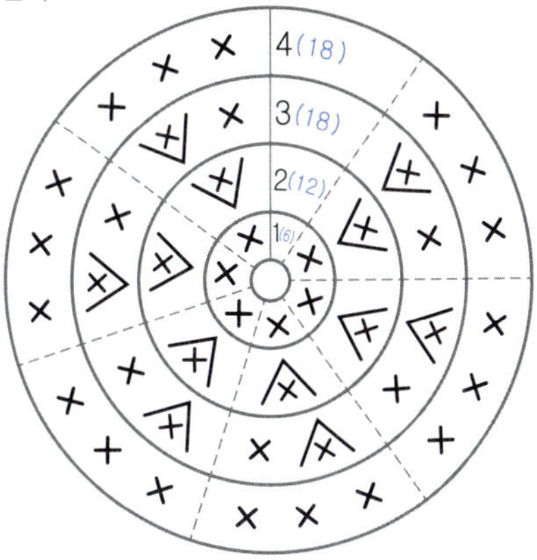

슈퍼베어 귀 2개

베이지색

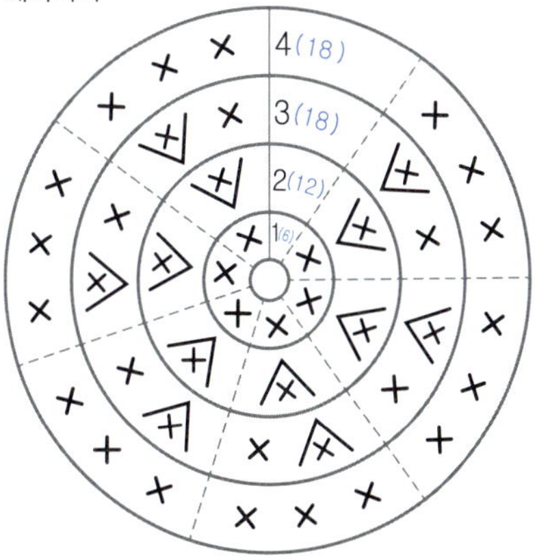

슈퍼베어 몸통

파란색

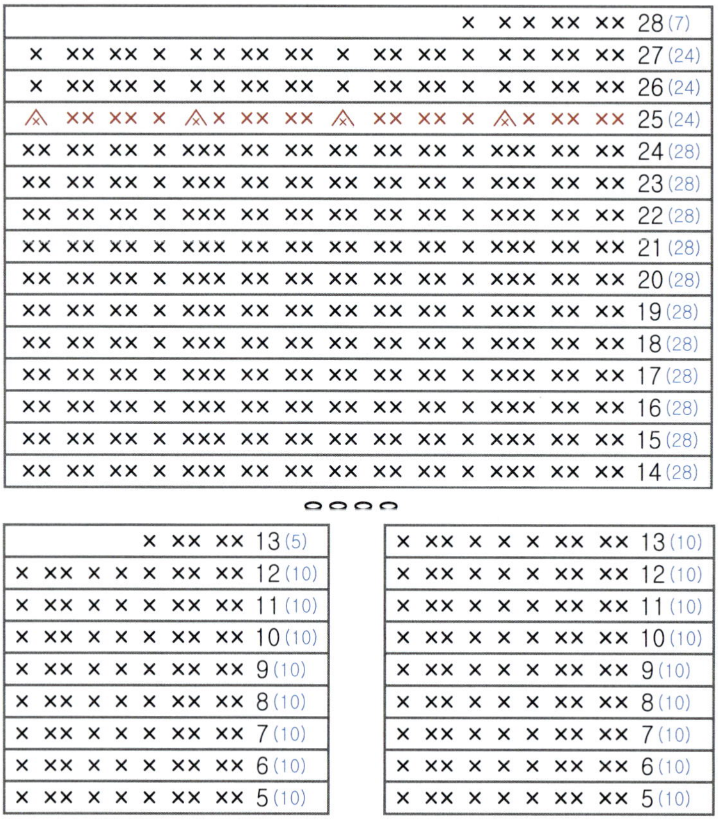
28 (7)
27 (24)
26 (24)
25 (24)
24 (28)
23 (28)
22 (28)
21 (28)
20 (28)
19 (28)
18 (28)
17 (28)
16 (28)
15 (28)
14 (28)
13 (5)
12 (10)
11 (10)
10 (10)
9 (10)
8 (10)
7 (10)
6 (10)
5 (10)
13 (10)
12 (10)
11 (10)
10 (10)
9 (10)
8 (10)
7 (10)
6 (10)
5 (10)

A

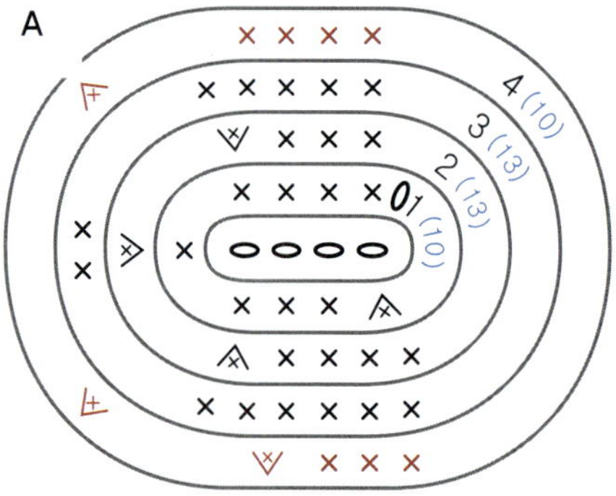
4 (10)
3 (13)
2 (13)
1 (10)

B

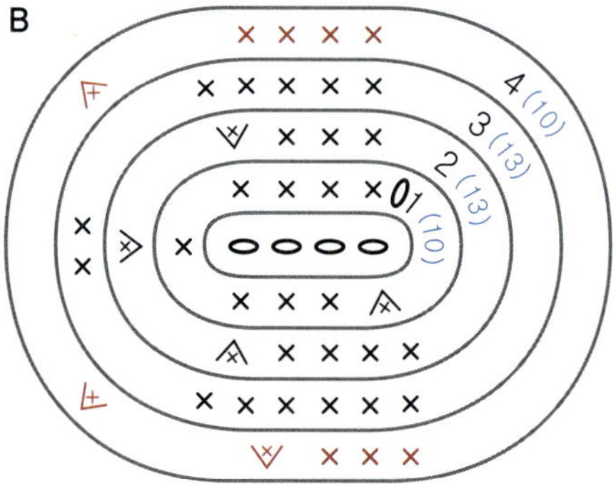
4 (10)
3 (13)
2 (13)
1 (10)

슈퍼베어 망토

빨간색

슈퍼베어 신발

빨간색

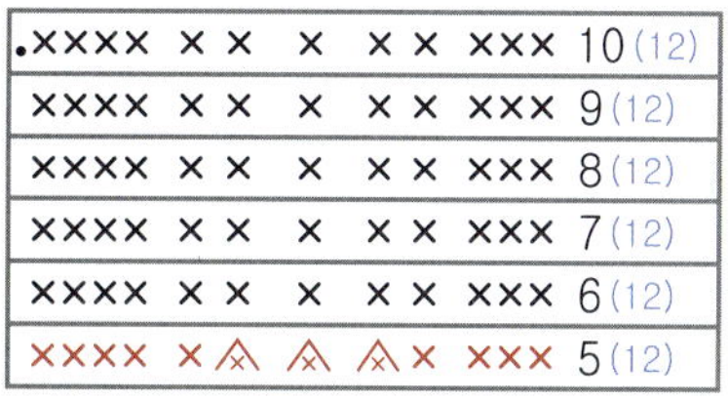

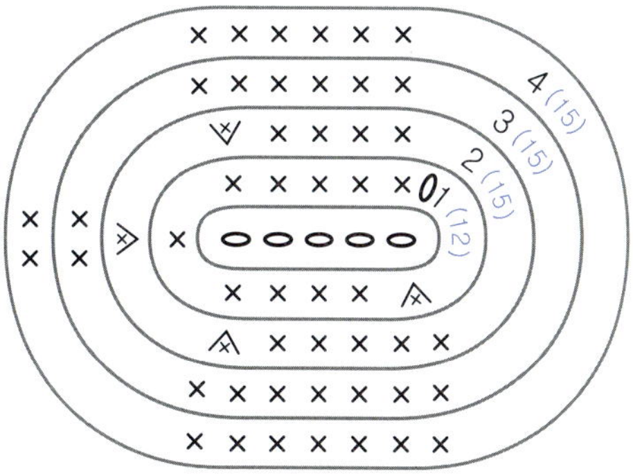

PAGE 52
LEVEL ★★★★★

| WORKS 23 |

이 언니가 좀 멋져, 원더레빗

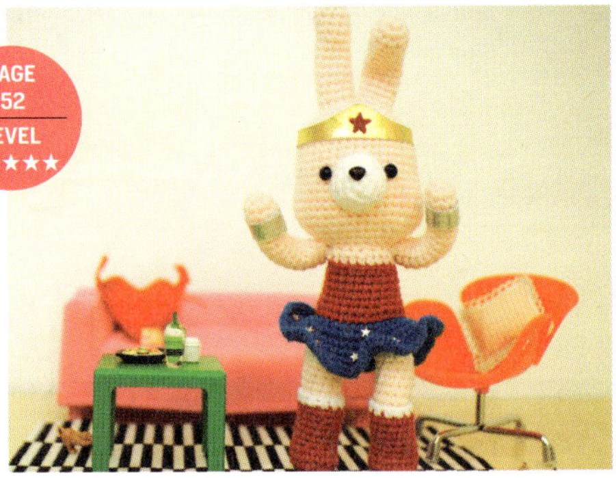

완성크기 25cm(귀 포함)
바늘 모사용 코바늘 5호, 돗바늘
사용실 살구색, 흰색, 빨간색, 파란색
부재료 인형솜, 나사형 인형눈 2개, 나사형 인형코 1개, 빨간색 펠트, 금색펠트, 은색 펠트

원더레빗 얼굴

살구색

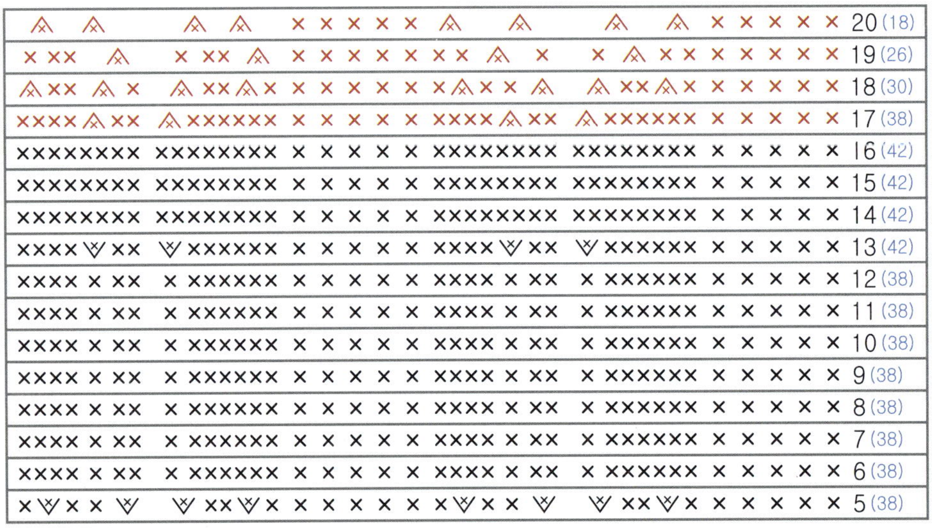

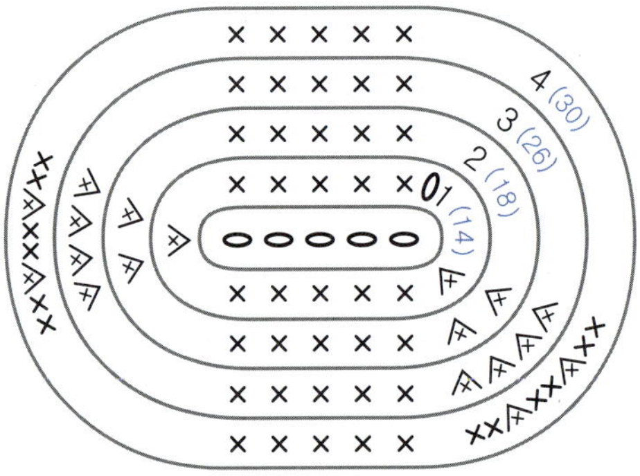

원더레빗 몸통

1~14단 살구색, 15~18단 흰색,
19~26단 빨간색, 27~28단 살구색
20, 27단은 이랑뜨기로 떠주세요.

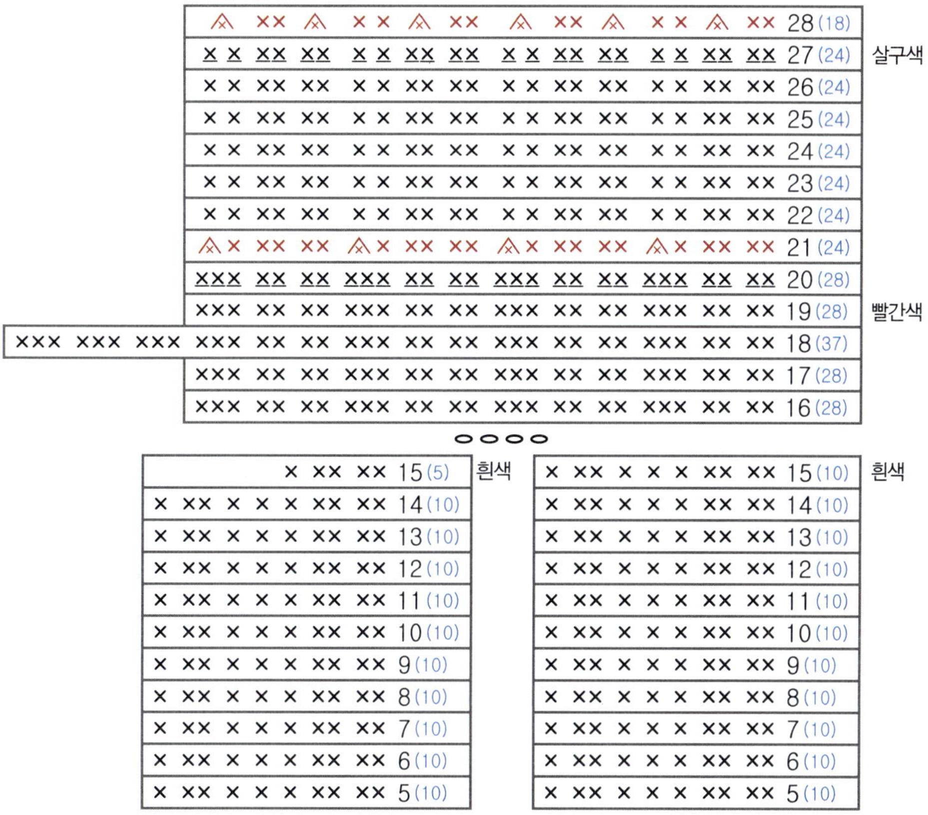

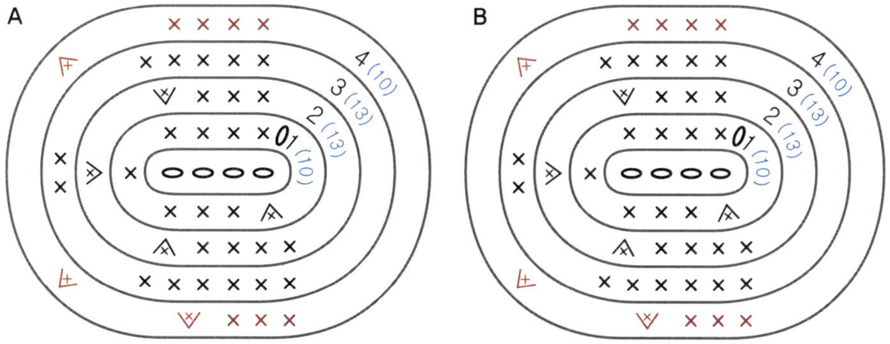

HOW TO MAKE

원더레빗 팔 2개

살구색

×× × ×× × ×× ×	15 (9)
×× × ×× × ×× ×	14 (9)
×× × ×× × ×× ×	13 (9)
×× × ×× × ×× ×	12 (9)
×× × ×× × ×× ×	11 (9)
×× × ×× × ×× ×	10 (9)
×× × ×× × ×× ×	9 (9)
×× × ×× × ×× ×	8 (9)
×× × ×× × ×× ×	7 (9)
×× × ×× × ×× ×	6 (9)
×× × ×× × ×× ×	5 (9)

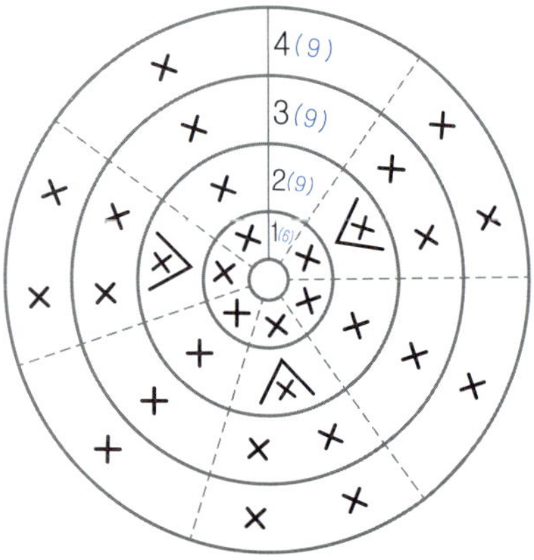

원더레빗 귀 2개

살구색

×× ×× ×× ×× ××	13 (10)
×× ×× ×× ×× ××	12 (10)
×× ×× ×× ×× ××	11 (10)
×× ×× ×× ×× ××	10 (10)
×× ×× ×× ×× ××	9 (10)
×× ×× ×× ×× ××	8 (10)
×× ×× ×× ×× ××	7 (10)
×× ×× ×× ×× ××	6 (10)
×× ×× ×× ×× ××	5 (10)

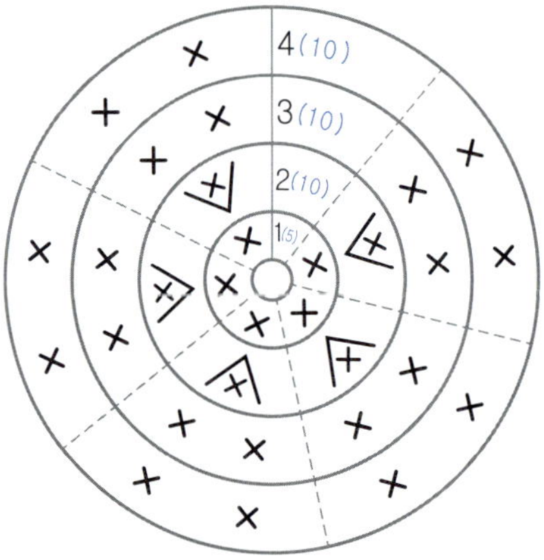

원더레빗 스커트

몸통 20단에 파란색으로 연결해줍니다.

마지막 단은 3호로 뜨세요.

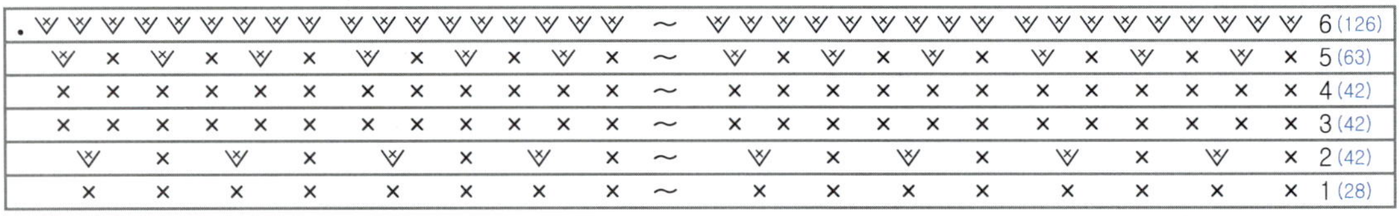

원더레빗 신발 2개

1~11단 빨간색, 12단 흰색

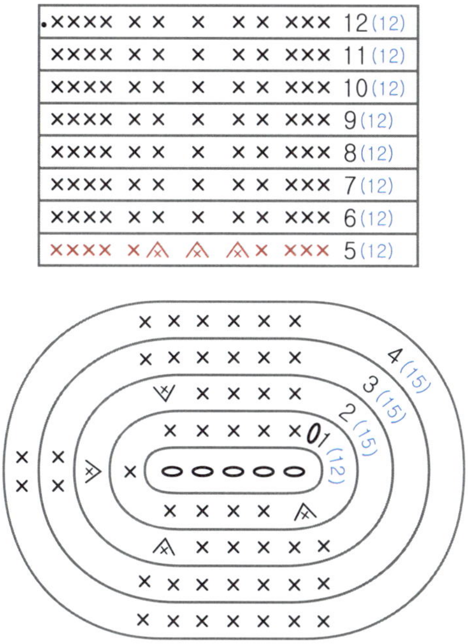

원더레빗 코

흰색

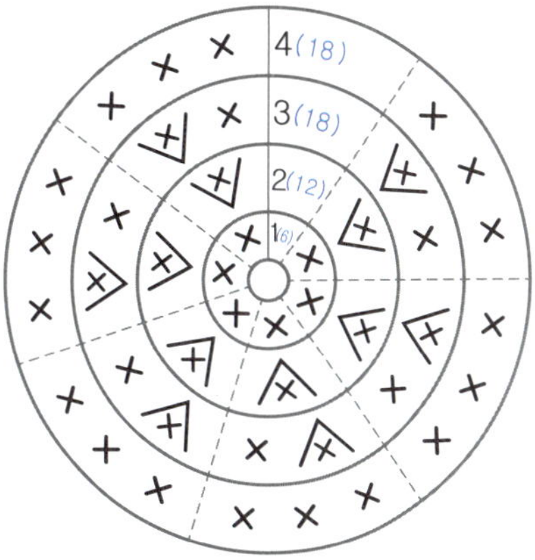

머리띠, 팔찌, 치마 등의 별모양은 펠트를 오려서 글루건으로 붙여줍니다.

머리띠

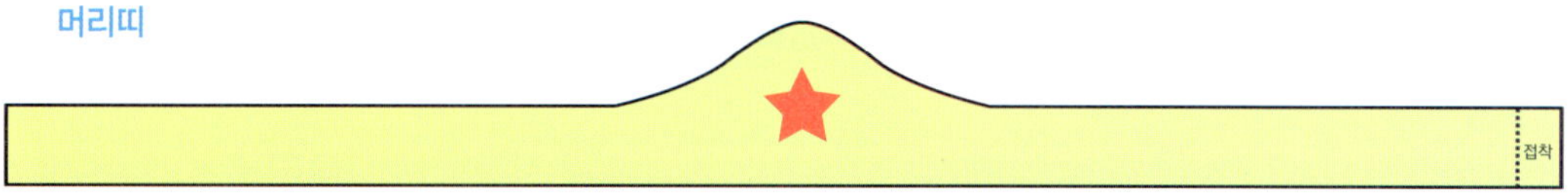

팔찌

*머리, 팔 두께에 따라 길이를 가감하여 잘라준 후 글루건으로 붙여주세요.

꼼 지 락 걸 의
스토리가 있는
손뜨개 인형

초판 1쇄 발행 2014년 6월 10일
초판 3쇄 발행 2016년 10월 15일

지은이 문주희
펴낸이 이지은
펴낸곳 팜파스
기획·진행 이진아
편집 정은아
디자인 ALL design group
마케팅 정우룡
인쇄 (주)미광원색사

출판등록 2002년 12월 30일 제10-2536호
주소 서울시 마포구 어울마당로5길 18 팜파스빌딩 2층
대표전화 02-335-3681 | **팩스** 02-335-3743
홈페이지 www.pampasbook.com | blog.naver.com/pampasbook
이메일 pampas@pampasbook.com | pampasbook@naver.com

값 15,800원
ISBN 978-89-98537-48-7 13590

이 도서의 국립중앙도서관 출판시도서목록(CIP)은 서지정보유통지원시스템 홈페이지(http://seoji.nl.go.kr)와 국가자료공동목록시스템(http://www.nl.go.kr/kolisnet)에서 이용하실 수 있습니다.(CIP제어번호: CIP2014015266)」